张季谦 仲志平 王再见 编著

网页设计与制作

WANGYE SHEJI YU ZHIZUO

中国科学技术大学出版社

图书在版编目(CIP)数据

网页设计与制作/张季谦，仲志平，王再见编著. —合肥：中国科学技术大学出版社，2010.8
(2014.1重印)
ISBN 978-7-312-02743-7

Ⅰ.网… Ⅱ.①张… ②仲… ③王… Ⅲ.主页制作—高等学校—教材 Ⅳ.TP393.092

中国版本图书馆CIP数据核字(2010)第164357号

出版 中国科学技术大学出版社
安徽省合肥市金寨路96号，邮编：230026
网址：http://press.ustc.edu.cn
印刷 安徽省瑞隆印务有限公司
发行 中国科学技术大学出版社
经销 全国新华书店
开本 787 mm×1092 mm 1/16
印张 14.5
字数 350千
版次 2010年8月第1版
印次 2014年1月第3次印刷
定价 25.00元

前　言

本书是按照高等院校《网页设计与制作》教学大纲的要求编写的基础教程，详细介绍了网页设计和制作的过程，内容涵盖常用软件、工具和技术的基本知识，以及各种方法和技巧。全书共分9章，第1章主要介绍网页设计与制作的基础知识，包括 Internet 概述、网页与网站的概念、网页制作常用工具简介；第2章讲解网页制作的基本语言——HTML网页设计语言；第3章主要介绍网页设计与制作的基本软件工具 FrontPage、Dreamweaver 的使用；第4章主要介绍网页设计与制作的一些基本工具的使用，包括用 Flash、Fireworks、Photoshop 等软件处理图片、创建与编辑动画等；第5、6章主要介绍有关动态网页制作方面的基础知识，以及语言环境和基本技巧，包括 JavaScript 特效在网页中的应用、动态网站制作基础等；第7章介绍网站中使用的两个交互平台——bbs论坛和留言本的制作方法；第8章介绍站点的规划和网站的整体设计思路、整体布局到具体实现的方式、站点的创建和管理、网站的上传与测试和推广与维护方面的知识；第9章安排了12个上机操作实例，让读者有针对性地进行实战训练，通过自学熟练掌握制作网页的基本技巧。附录部分介绍了常用的 HTML 标签。

书中的所有实例都精选自作者积累的教学素材，具有较强的代表性。内容安排深入浅出，循序渐进，每章后附有习题和上机训练题，实用性和可操作性均较强。读者只要按照书中实例的操作步骤学习，就容易掌握网页设计与制作的技能，并轻松地创建出具有个性化的个人网站或商业网站。

本书由张季谦、仲志平、王再见共同编著。第1、2、8、9章由张季谦编写；第3、4章由王再见编写；第5、6、7章由仲志平编写。本教材在编写过程中，得到了包括黄云飞老师在内的许多教师的关心和帮助，并提出宝贵的修改意见，对于他们的关心、支持和帮助，在此表示衷心的感谢！本书的出版得到了安徽师范大学出版基金和安徽省原子分子物理重点学科建设基金的资助，作者对此深表感谢！

本书可作为高等学校、高职院校计算机、网络及电子商务等专业的教学用书，同时也可作为网页制作的培训教程及网页制作爱好者或相关从业人员的自学参考用书。

由于编者水平所限，书中一定会有许多缺点和错误，恳请各位批评指正。

编　者

2010年7月

前　言

本书是按照高等院校网页设计与制作教学大纲的要求编写的基础教程，详细介绍了网页设计与制作的过程，内容涵盖常用软件、工具和技术的基本知识，以及各种方法和技巧。全书共分9章。第1章主要介绍网页设计与制作的基础知识，包括Internet概述，网页与网站的概念、网页制作常用工具简介；第2章讲解网页制作的基本语言——HTML网页设计语言；第3章主要介绍网页设计与制作的基本软件工具FrontPage、Dreamweaver的使用；第4章主要介绍网页设计与制作的一些基本工具的使用，包括用Flash、Fireworks、Photoshop等软件处理图片，创建与编辑动画等；第5、6章主要介绍有关动态网页制作方面的基础知识，以及语言环境和基本技巧，包括JavaScript特效在网页中的应用、动态网站制作基础等；第7章介绍网站中使用的两个交互平台——Bbs论坛和留言本的制作方法；第8章介绍站点的规划和网站的整体设计思路、整体布局到具体实现的方式、站点的创建和管理、网站的上传与测试和推广与维护方面的知识；第9章安排了18个上机操作实习，让读者有针对性地进行实践训练，通过自学熟练掌握制作网页的基本技巧。附录部分介绍了常用的HTML标签。

书中的所有实例都精选自作者积累的教学素材，具有较强的代表性。内容安排深入浅出，循序渐进，每章后附有习题和上机训练题，实用性和可操作性均较强。读者只要按照书中实例的操作步骤学习，就能够掌握网页设计与制作的技能，并轻松地创建出具有个性化的个人网站或商业网站。

本书由张学谦、叶志平、王时见共同编著。第1、2、8、9章由张学谦编写，第3、4章由王时见编写，第5、6、7章由叶志平编写。本教材在编写过程中，得到了包括黄云飞老师在内的许多教师的关心和帮助，并提出宝贵的修改意见，对于他们的关心、支持和帮助，在此表示衷心的感谢！本书的出版得到了安徽师范大学出版基金和安徽省[illegible]的资助，作者对此深表感谢！

本书可作为高等学校、高职院校计算机、网络及电子商务等专业的教学用书，同时也可作为网页制作的培训教程及网页制作爱好者或相关从业人员的自学参考用书。

由于编者水平所限，书中一定会有许多缺点和错误，敬请各位批评指正。

编　者

2010年[illegible]月

目 录

第1章　网页设计与制作基础

本章主要介绍网页制作基本知识，包括 Internet 的产生、发展与现状，以及 Internet 在我国的发展情况；TCP/IP 分层模型、IP 协议的基本内容；IP 地址、域名，以及域名体系的基本内容；Internet 的主要服务；网页及网站的概念；常用网页制作工具简介。

1.1　Internet 概述

1.1.1　Internet 的起源

Internet 即国际计算机互联网，又叫国际计算机信息资源网。Internet 是利用通信设备和线路将全世界不同地理位置的，功能相对独立的数以千万计的计算机系统互联起来，以功能完善的网络软件（网络通信协议、网络操作系统等）实现网络资源共享和信息交换的数据通信网。

Internet 是起源于美国国防部高级研究计划局 ARPA（Advanced Research Project Agency）于 1968 年主持研制的用于支持军事研究的计算机实验网 Arpanet。Arpanet 建网的初衷旨在帮助那些为美国军方工作的研究人员通过计算机交换信息。它的设计与实现是基于这样的一种主导思想：网络要能够经得住故障的考验而维持正常工作，当网络的一部分因受攻击而失去作用时，网络的其他部分仍能维持正常通信。1985 年美国国家科学基金会 NSF（National Science Foundation），为鼓励大学与研究机构共享他们非常昂贵的四台计算机主机，希望通过计算机网络把各大学与研究机构的计算机与这些巨型计算机连接起来，他们利用 Arpanet 发展出来的叫作 TCP/IP 的通讯协议自己出资建立了一个名为 NSFNET 的广域网，由于美国国家科学资金的鼓励和资助，许多大学、政府资助的研究机构，甚至私营的研究机构纷纷把自己的局域网并入 NSFNET。80 年代中期人们将这些互联在一起的网络看作一个互联网络，并以Internet来称呼它。我国曾将其译为“国际互联网”、“国际网”等。1997 年 7 月，全国科学技术名词审定委员会推荐使用中文译名“因特网”。

全球信息网即 WWW（World Wide Web），又被人们称为 3W、万维网等，是 Internet 上最受欢迎、最为流行的信息检索工具。Internet 网中的客户使用浏览器只要简单地点击鼠标，即可访问分布在全世界范围内 Web 服务器上的文本文件，以及与之相配套的图像、声音和动画等，进行信息浏览或信息发布。

WWW 是由欧洲粒子物理实验室（CERN）的科研人员于 1989 年负责开发的。最初动机就是想让几千名经常访问 CERN 的科学家坐在世界上任何地方的一台计算机前都可以用同一种方式共享信息资源，为分散在世界各地的物理学家组成的工作组提供信息服务，使组内成员可以方便地交换信息，或者交换彼此的想法。为了利用 Internet 实现这个目标，欧洲粒子物理实验室的科研人员提出了超文本数据结构。所谓超文本(Hypertext)数据结构，是一种用计算机来实现连接相关文档的结构，该连接以高亮单词或图像形式嵌入在文档的文字之中。当被激活时，便立即检索连接的文档并显示出来，在被连接的文档中又可以嵌套别的连接，如此多重嵌套，以至无穷。

WWW 服务采用了客户/服务器工作模式。在该模式中，信息资源以页面(也称网页或 Web 页)的形式存储在 Web 服务器中；用户查询信息时执行一个客户端的应用程序，简称客户程序(Client)或称为浏览器(Browser)程序。

浏览网页是互联网上最普及的应用，而浏览器则是互联网应用中最常用的工具软件，它的性能、功能和安全性将直接影响用户使用互联网的体验和感受。Web 浏览器是一个程序，它能对HTML文档的格式及其所含有的漫游指令进行转换。浏览器和服务器通过另一种公开的标准，即 HTTP(Hyper Text Transfer Protocol)来实现它们之间的通信。利用 HTML 和 HTTP 规范，Web 联合会已经能够使 Internet 上的任何一个用户都能轻而易举地创建和发布 Web 文档。

IE 浏览器是 Microsoft 公司设计开发的一个功能强大、很受欢迎的 Web 浏览器。在 Windows XP操作系统中内置了 IE 浏览器的升级版本 IE 6.0，与以前版本相比，其功能更加强大，使用更加方便，用户可以将计算机连接到 Internet，从 Web 服务器上搜索需要的信息，浏览 Web 网页，查看源文件，收发电子邮件，上传网页等。

Web 服务器(或称 HTTP 服务器)主要提供 HTTP 服务。客户端的浏览器软件具有 Internet地址(Web 地址)和文件路径导航能力，它向 Web 服务器发出请求，Web 服务器根据客户端的请求内容，将保存在 Web 服务器中的某个页面返回给客户端。浏览器程序接收到页面后对其进行解释，最终将图、文、声并茂的画面呈现给用户。

最初，Web 服务器只提供“静态”内容，即返回在 URL 里指定的文件的内容，一般具备将 URL 名映射到文件名的功能，并能实施某种安全策略。现在，可采用 CGI(通用网关接口)技术或 Java Servlet 技术从一个运行的程序里得出“动态”内容，可以采用应用关键字来组织脚本文件，而且现在的 Web 服务器通常还具备连接数据库的功能，这些形成了 Web 应用的出现。通常，一个 Web 服务器还提供其他服务。代理服务器可以通过缓存应答(页面)使得响应时间更短，也可以降低网络流量，对外能隐藏内部网信息。就目前的情况来看，功能强大的 Web 服务器大多数是运行在 Windows NT 或 UNIX 平台上。

1.1.2 计算机网络分类和应用

按计算机在地理范围上分布的远近可以将计算机网络分为以下 3 类：

① 局域网(Local Area Network，LAN)，地理范围小于十公里。

② 城域网(Metropolitan Area Network，MAN)，地理范围覆盖若干个单位或一个城市。

③ 广域网(Wide Area Network，WAN)，地理范围从几十公里到几千公里以上。

Internet 是全球最大的、开放的、由众多网络互联而成的计算机互联网，中文译名为“国际互联网”或“因特网”。

计算机网络有以下几个方面的应用：信息的获取与发布；电子邮件(E-mail)；网上交际；电

子商务;网络电话;网上事务处理;远程登录;文件传输;电子公告板;全球信息网;计算机网络的其他应用。

1.1.3 Internet的网络传输协议和域名地址解析

一个完整的Web网站构成包括:Web服务器+网页文件+IP地址。客户可以利用PC机浏览到众多不同的网站内容,其关系如图1.1所示。

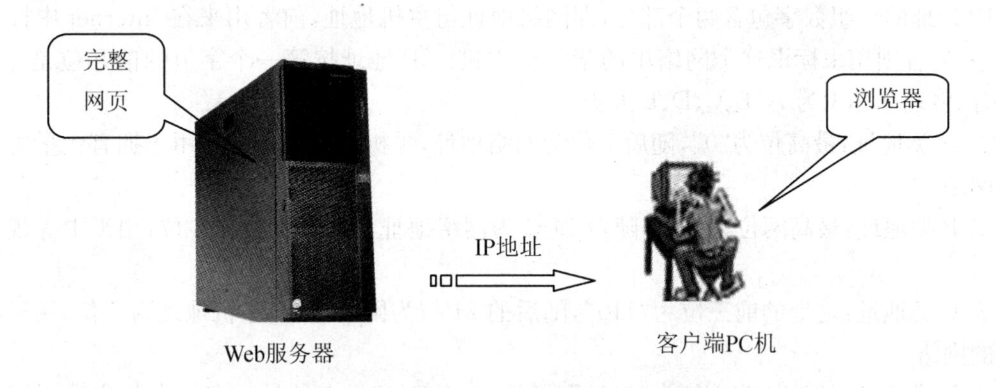

图1.1 客户端与Web服务器关系图

WWW采用客户机/服务器系统。在客户机方面(用户)使用的程序叫做Web浏览器。服务器上则主要存放网页文件,通常称为Web站点或Web网站。在Web网站上除了Web网页文件外,还有Web服务程序。服务器在解析网页时要遵循如下相关协议:

1. TCP/IP协议

Transfer Control Protocol/Internet Protocol(传输控制协议/网际协议),它是Internet国际互联网络的基础。

(1) TCP协议

TCP协议提供了一种可靠的数据交互服务。它把要发送的报文(即数据),分成每块不超过64K字节的数据段,再将每个数据段作为一个独立的数据包传送。在传送中,如果发生丢失、破坏、重复、延迟和乱序等问题,TCP就会重传这些数据包,最后接收端按正确的顺序将它们重新组装成报文。

(2) IP协议

IP协议主要规定了数据包传送的格式,除了要传送的数据外,还带有源地址和目的地址。目的地址可以帮助数据包寻找到达目的地的路径。由于因特网是一个网际网,数据从源地址到目的地址,途中要经过一系列的子网,靠相邻的子网一站站地传送下去。IP协议在传送过程中不考虑数据包的丢失或出错,纠错功能由TCP协议来保证。

浏览器和HTTP服务器总是通过TCP/IP通信。这就是说每台运行这种应用程序的计算机都需要运行TCP/IP软件,并且配置一个IP地址。

(3) IP地址

IP地址是Internet协议地址的简称。如同电话网络上标识一台电话机的是其电话号码一样,IP地址是对连接到Internet上的计算机进行标识的标准办法,分配给一台计算机的IP地址在 Internet 上是独一无二的。

目前使用的 IP 地址由 32 位二进制数组成。例如：10001100101110100101000010000001，为便于记忆，将 32 位代码分为 4 组，每组 8 位，然后转换为其对应的十进制代码，这样一来 IP 地址就用 4 组十进制数表示，每组数可取值 0～255，各组数之间用一个点号“.”隔开，IP 地址长 4 字节，每个字节的值用十进制数表示，其表示方法为：nnn. nnn. nnn. nnn。上面的数字就对应：140. 186. 81. 1。这种地址格式被称为点分十进制地址。

IP 地址的 4 组数字包含两个部分，即网络地址与主机地址，前者用来在 Internet 中标识一个网络，后者则用来标识这个网络中的某一台主机。IP 地址按第一个字节的前几位是 0 或 1 的组合，将地址标识为 A、B、C、D、E 五类。

① A 类地址：最高位为“0”，随后 7 位为网络地址，主机地址为 24 位，用于拥有大量主机的大型网络。

② B 类地址：最高两位为“10”，随后 14 位为网络地址，主机地址位 16 位，用于中等规模的网络。

③ C 类地址：地址的前三位为“110”，随后的 21 位为网络地址，主机地址为 8 位，用于小型规模的网络。

④ D 类地址：地址的前 4 位为“1110”，随后 28 位为多投点地址。多投点与广播不同之处在于允许每台机器自己选择是否要参与多投点递交。

⑤ E 类地址：地址前 5 位为“11110”，保留为将来或某些实验使用。

2. HTTP 协议

HTTP(Hypertext Transfer Protocol，超文本传输协议)是网络浏览的最常用、最基本的协议。

HTTP 是用于从 WWW 服务器传输超文本到本地浏览器的传送协议。它不仅保证计算机正确快速地传输超文本文档，还确定传输文档中的哪一部分，以及哪部分内容首先显示(如文本先于图形)等。超文本具有极强的交互能力，用户只需点击文本中的字和词组，即可阅读另一文本的有关信息，这就是超链接(Hyperlink)。超链接一般嵌在网页的文本或图像中。

3. 域名和域名系统

(1) 域名

IP 地址可以唯一地确定一台主机，但由于 IP 地址是数字型标识，这种数字地址显然不够直观，也难以记忆。为此，Internet 采用了一种字符型标识，用字符串标识主机地址，这就是域名。域名结构类似于下列结构：

计算机主机名·机构名·网络名·最高层域名

(2) 域名系统

能实现域名和 IP 地址之间双向转换的软件称为域名系统(Domain Name System)，简称 DNS。它是一种管理名字的方法。

(3) 中国互联网络的域名及管理

1997 年，中国互联网信息中心 CNNIC(China Internet Network Information Center)成立，全面负责我国境内的 Internet 域名注册及 IP 地址分配等工作，对国内用户接入 Internet 的域名系统实施统一的管理。CNNIC 将我国的二级域名分为两类，即类别域名和行政区域名。其中类别域名有:ac 适用于科研机构;com 适用于工、商、金融等企业;edu 适用于教育机构;gov 适用于政府部门;net 适用于网络运行与服务中心;org 适用于各种非营利性的组织、机构。行政区域名则适用于各省自治区、直辖市和特别行政区。

4. URL(Universal Resource Locator,统一资源定位器)网址

采用 URL 可以用一种统一的格式来描述 WWW 中各种信息资源,包括文件、服务器地址和目录等。以单个串的形式提供访问站点中文件所需的所有信息。

定义了域名或 IP 地址后,浏览者就可以在 WWW 上浏览或查询信息,这时必须在浏览器上输入查询目标的地址,这就是 URL,也称 Web 地址,俗称“网址”。

网址有两种书写形式:域名与 IP 地址。网址的语法格式一般由三部分组成:

协议+ “://” +主机域名(IP 地址)+目录路径

即:http://网页地址/目录/.../文件名

第一部分是协议(或称为服务方式);第二部分是存有该资源的主机 IP 地址(有时也包括端口号)或域名地址;第三部分是主机资源的具体地址,如目录和文件名等。

1.1.4 Internet 的主要服务

1. 电子邮件

电子邮件(简称 E-mail)简单地说就是通过 Internet 收发信件,是一种用电子手段提供信息交换的通信方式。一个完整的 Internet 邮件地址由以下两个部分组成:

登录名@主机名.域名

其中,“@”前面的部分通常是用户的登录名,即与服务器联机时输入的名字;“@”后面的部分是区域名,它标识用户所属的特定系统(主机),一般为邮件服务器的名字。

2. 远程登录

在 Internet 中,用户可以通过远程登录使自己成为远程计算机的终端,用户在本地计算机上用键盘和显示器与远程计算机进行交互,并在它上面运行程序或使用它的软件和硬件资源。

Telnet 是一个强有力的远程登录工具。登录时必须事先成为该远程计算机系统的合法用户,拥有响应的账号和口令。

3. 文件传输

FTP(File Transfer Protocol)是文件传输协议的英文缩写,是一种与 Telnet 类似的联机服务。它允许用户从远程计算机上获得一个文件副本传送到本地计算机上,或将本地计算机上的一个文件副本传送到远程计算机上。同样,远程计算机在进行文件传输时要求输入用户的账号和口令。但 Internet 上有许多 FTP 服务器都提供免费软件和信息,用户登录时不记名,这种 FTP 服务称为匿名 FTP 服务。

FTP 采用“客户机/服务器”工作方式,客户端要在本地计算机上安排 FTP 客户程序。使用 FTP 可传送任何类型的文件,如文本文件、二进制文件、声音文件、图像文件和数据压缩文件等。

FTP 就是完成两台计算机之间的文件拷贝。从远程计算机拷贝文件至本地的计算机上,称之为“下载(download)”文件。若将文件从本地计算机中拷贝至远程计算机上,则称之为“上载(upload)”文件。

4. 新闻讨论组

新闻组(Usenet)是一个在 Internet 上提供给网络用户用来彼此交换信息或是讨论某一共同话题的系统。在新闻组上交流的信息或文章称为网络新闻或网络论坛,可以将任何问题张贴上网,它会随着网络散播到世界各地。新闻讨论组的存在,使 Internet 的应用从简单的浏览上升到积极地参与。在 Internet 上,提供网络新闻服务的主机叫做 News(新闻)服务器。

1.2 网页与网站简介

1.2.1 网页、网站和主页

1. 网页(Web Page)

网页是按照网页文档规范编写的一个或多个文件,是网站中的一页,通常是 HTML 格式(文件扩展名为. html 或. htm 或. asp 或. aspx 或. php 或. jsp 等)。网页通常用图像文档来提供图画。网页要使用网页浏览器来阅读。

文字与图片是构成一个网页的两个最基本的元素。可以简单地理解为:文字就是网页的内容,图片就是美化网页的元素。除此之外,网页的元素还包括动画、音乐、程序等。

网页是构成网站的基本元素,是承载各种网站应用的平台。通俗地说,网站就是由网页组成的。如果只有域名和虚拟主机而没有制作任何网页的话,客户仍旧无法访问网站。

2. 网站(Web Site)

网站是指存放在网络服务器上的完整信息的集合体,是一系列网页的组合。它包含一个或多个网页,这些网页拥有相同或相似的属性,并以超链接方式连接在一起,形成一个整体,描述一组完整的信息。

网站也是互联网信息服务类企业的代名词,如新浪网站、搜狐网站等。

3. 主页(Home Page)

主页就是网站默认的首页。主页默认的文件名格式为 index. htm 或 default. htm。一般来说,主页是一个网站中最重要的网页,也是访问最频繁的网页。它是一个网站的标志,体现了整个网站的制作风格和性质。主页上通常会有整个网站的导航目录,所以主页也是一个网站的起点站或者说主目录。网站的更新内容一般都会在主页上突出显示。

1.2.2 静态网页和动态网页

1. 静态网页

静态网页是一个 HTML 或 HTM 文件。服务器传送 HTML 代码的文件,不加处理直接下载到客户端的浏览器,再由浏览器解释为可见的对象呈现给浏览者。运行在客户端的页面是已经事先做好并存放在服务器中的网页。

早期的网页外观是静态的,只有文字与静态的图片,用户只能被动地阅读网页制作者提供的信息。其网页的内容也是静态的,若无外来干预,其内容不会自动改变,也无法通过网页实现与访问网页者交互信息的功能。因此,为了克服静态网页的呆板、缺乏交互性等缺点,使网页变得绚丽多彩、充满互动性，动态网页便应运而生。

2. 动态网页

动态网页是网页能够按照客户的需求做出动态响应的网页。客户通过浏览器发出页面请求后，服务器根据URL携带的参数运行服务器端程序，产生的结果页面再返回给客户端。动态网页的格式通常有三种：ASP、JSP和PHP。

动态网页技术包括网页的动态表现技术与网页的动态内容技术。前者是网页外观的动态表现技术，如GIF动画、Flash技术、DHTML（动态HTML）技术、VHTML（虚拟HTML）技术、VRML（虚拟实现造型语言）技术等。而网页的动态内容技术是通过一定的计算机语言如CGI、ASP、JSP等编程，使得计算机按照网页设计者设置的网页格式，生成所需要内容的网页并传送给访问网页者浏览。网页中常见的论坛和bbs留言本即是动态网页的实际应用。

不仅如此，人们还在网页中添加更多的多媒体动态表现效果——音频与视频。随着多媒体技术的发展，人们已经不满足简单的文件传输，电子邮件，远程登录等网络应用，更希望网络提供实时交互的服务，如：视频会议、视频点播、远程多媒体教学和网上购物等。

3. 音频

通过计算机的声卡等多媒体设备来实现声音的传输和播放。一般有Wave波形音频、MIDI音频和CD音频、MP3等格式的文件。

4. 视频

通过视频采集和处理实现图像的传输和播放。一般有AVI、MOV、MPEG等格式的文件。

1.2.3 网站的分类

按照网站的不同情况可以进行如下分类：

1. 根据网站提供的服务分类

信息类网站、交易类网站、互动游戏类网站、有偿信息类网站、综合类网站等等。

2. 根据网站的性质分类

政府网站、企业网站、商业网站、教育科研机构网站、个人网站、非营利机构网站、其他类型的网站。

3. 根据在大型搜索引擎上的设置分类

新闻与媒体类网站、政府与政治类网站、科学与教育类网站、商业与经济类网站、健康与医药类网站、电脑与网络类网站、社会与文化类网站、艺术与人文类网站、娱乐与休闲类网站、参考资料类网站等等。

1.2.4 网页设计的基本原则与构成元素

网页设计一般遵循如下基本原则：主题鲜明、结构合理、形式与内容统一、技术与艺术统一、整体与局部统一。

而构成网页的基本元素包括：文字、图像、超链接、表格、表单、动画、导航栏、音频、视频等。

1. 文字

网页中的信息以文字为主。与图片相比，文字虽然不如图片那样能够很快引起浏览者的注意，但却能准确地表达信息的内容和含义。

2. 图像

用户在网页中使用的图像格式主要包括 GIF、JPEG 和 PNG 等，其中使用最广泛的是 GIF 和 JPEG 两种格式。

3. 超链接

超级链接技术是 WWW 流行起来的最主要原因。它是从一个网页指向另一个目的端的链接。

4. 动画

在网页中为了更有效地吸引浏览者的注意，许多网站的广告都做成了动画形式。网页中的动画主要有两种：GIF 动画和 Flash 动画。其中 GIF 动画只能有 256 种颜色，主要用于简单动画和图标。

5. 音频和视频

音频和视频是多媒体网页的重要组成部分。用于网络的声音文件的格式非常多，常用的有 MIDI、WAV、MP3 和 AIF 等。而常用的视频文件的格式包括 AVI，MOV，MPEG 等。

6. 导航栏

导航栏的作用就是引导浏览者游历站点。事实上，导航栏就是一组超级链接，这组超级链接的目标就是本站点的主页以及其他重要网页。

7. 表格

在网页中表格用来控制网页中信息的布局方式，包括两个方面：一是使用行和列的形式来布局文本和图像以及其他的列表化数据；二是可以使用表格来精确控制各种网页元素在网页中出现的位置。

8. 表单

网页中的表单通常用来接受用户在浏览器端的输入，然后将这些信息发送到网页设计者设置的目标端。这个目标可以是文本文件、Web 页、电子邮件，也可以是服务器端的应用程序。表单一般用来收集联系信息，接受用户要求，获得反馈意见，设置来宾签名簿，让浏览者注册为会员并以会员的身份登录站点等。

9. 其他常见元素

网页中除了以上几种最基本的元素之外，还有一些其他的常用元素，包括悬停按钮、Java 特效、ActiveX 等各种特效。它们不仅能点缀网页，使网页更活泼有趣，而且在网上娱乐、电子商务等方面也有着不可忽视的作用。

1.3 网页制作常用工具简介

1.3.1 网页制作工具

目前有许多设计 Web 页面的工具软件，总体上可以分为“非可视化”和“可视化”两大类。“非可视化”类是采用 HTML 语言，并直接利用编辑软件来编制 Web 页面，称为“批处理”方式；“可视化”类为使用 Dreamweaver、FrontPage 等页面设计软件，不需了解 HTML 就可直接对页面进行排版,称为“所见即所得”可视化方式。两种方式各有优缺点。批处理方式要求掌握大量的HTML标记,制作效率低,但制作的页面简洁,可用各种文本编辑工具直接制作,适合于对HTML语法比较熟悉的用户;所见即所得方式不要求掌握大量复杂的HTML标记,用多种可视化专用工具制作,制作效率高,但是用这种方法形成的页面,最终都要被翻译为HTML源文。用所见即所得方式先制作一个页面的框架,然后再对其翻译后的HTML编码进行修改设计,可以做到事半功倍。下面简单介绍两款常用的可视化编辑软件。

1. Microsoft FrontPage

FrontPage是一款功能强大,简单易用的可视化网页编辑软件。页面制作由FrontPage中的Editor完成,其工作窗口由3个标签页组成,分别是“所见即所得”的编辑页、HTML代码编辑页和预览页。FrontPage带有图形和GIF动画编辑器,支持CGI和CSS。向导和模板都能使初学者在编辑网页时感到更加方便。

2. Dreamweaver

由Macromedia公司出品的Dreamweaver,属于“所见即所得”的网页编辑软件,是网页三剑客之一。它是一个很专业的网页设计软件,包括可视化编辑、HTML代码编辑的软件包,可视化编辑界面,具有直观性和高效性,用户不必编写复杂的HTML源代码就可以生成跨平台、跨浏览器的网页。它能在可视化操作和源代码操作中同时看到工作进程,实现了对HTML源代码和可视化操作的双重管理。

Dreamweaver支持动态网页技术。它支持ActiveX、JavaScript、Java、Flash、ShockWave等特性,而且还能从头到尾通过拖拽制作动态的HTML动画,支持动态HTML(Dynamic HTML)的设计,使得页面没有plug-in也能够在Netscape和IE 4.0浏览器中正确地显示页面的动画。

总之,Dreamweaver是网页设计者的首选软件。Dreamweaver与Flash、Fireworks实现了无缝链接,可以方便地调用Fireworks进行网页图像的处理,可以方便地把Flash设计的动画插入到网页中,从而形成了一个完美的网页设计开发环境。

1.3.2　网页素材处理工具

制作网页必须掌握一些常用的网页图片等素材处理的工具软件,目前这类软件非常之多,常见的有如下几种:

1. Photoshop

Photoshop是Adobe公司旗下最为出名的图像处理软件之一,是集图像扫描、编辑修改、图像制作、广告创意、图像输入与输出于一体的图形图像处理软件,深受广大平面设计人员、电脑美术爱好者和网页设计人员的喜爱。Photoshop的应用领域广泛,在图像、图形、文字、视频、出版等方面都有涉及,包括平面设计、修复照片、广告摄影、影像创意、艺术文字、网页制作、建筑效果图后期修饰、绘画、绘制或处理三维贴图、婚纱照片设计、视觉创意、图标制作、界面设计等。用户可以利用该软件实现各种专业化的图像制作、处理及合成。

2. Fireworks

由Macromedia出品的Fireworks,与Flash和Dreamweaver一起合称为Macromedia的网页制作三剑客。Fireworks可用于制作网站Logo,进行平面图像处理;还可以制作GIF格式的动画，当动画比较简单并且颜色较少时，一般用 Fireworks 做成 GIF 动画。它是一款较好的网页图形及图像处理工具，其最主要的特点就是有机地把矢量图像处理和位图处理结合起来，简化了网络图形设计的工作难度。不仅如此，该软件可以加速 Web 设计与开发，是一款创建与优化 Web 图像和快速构建网站与 Web 界面原型的理想工具。

3. Flash

Flash 动画是近几年网络界最耀眼的多媒体技术之一。许多网站内容都采用 Flash 动画来增添动态效果，特别是在网站和电视广告领域，用 Flash 软件可以制作出十分精美的广告宣传片段。Flash 是美国 Macromedia 公司所设计的一种二维动画软件，通常包括 Macromedia Flash，用于设计和编辑 Flash 文档，以及 Macromedia Flash Player，用于播放 Flash 文档。现在，Flash 已经被 Adobe 公司购买，最新版本为 Adobe Flash CS5。该软件可以用于制作网页的动画插图和页面广告，它生成的 SWF 作品不但画面精美，而且文件非常小。稍微复杂一点的动画一般都用 Flash 制作。Dreamweaver 中专门提供了插入 Flash 文件的功能。网页设计者可以使用 Flash 创建漂亮的、可改变尺寸的、极其紧密的导航界面、技术说明以及其他奇特的效果，它是一种交互式 Web 矢量动画软件，可以将 ActionScript、音频、视频、图形、动画以及富有新意的界面融合在一起，从而制作高品质的网页动态效果。

4. CorelDRAW

CorelDRAW Graphics Suite 是一款由世界顶尖软件公司之一的加拿大 Corel 公司开发的图形图像软件。它被广泛地应用于商标设计、标志制作、模型绘制、插图描画、排版及分色输出等等诸多领域。用于商业设计和美术设计的 PC 机上几乎都安装了 CorelDRAW，其被喜爱的程度可见一斑。CorelDRAW 的文字处理与图像的输出输入构成了排版功能。它的文字处理功能是迄今所有软件中最为优秀的；同时它支持绝大部分图像格式的输入与输出，几乎可与其他软件畅行无阻地交换共享文件。所以大部分用 PC 机作美术设计者都直接在 CorelDRAW 中排版，然后分色输出。

5. Ulead Gif Animator

网页中经常会用到一些小巧的动画图片，既可以增添网页动态效果，又不影响浏览的速度，常见的有 GIF 格式的图片。而这种图片可以采用友立公司出版的动画 GIF 制作软件，内建的 Plugin 有许多现成的特效可以立即套用，可将 AVI 文件转成动画 GIF 文件，而且还能将动画 GIF 图片最佳化，能将网页上的动画 GIF 图档“减肥”，以便更快速地浏览网页。例如，Easy GIF Animator 是个小而强大的动画制作工具，有多样化的选项可供设定，提供了高压缩高画质的 GIF 动画。主要功能有：简单快速建立 GIF 动画，内建预览器，可将动画转成灰阶，可设定每个图片的透明色，可设定动画回转数、影格持续时间、显示位置。

综合练习题

一、填空题

1. 网页按其表现形式可分为______和______两种。

2. URL又称为__________，其全称为__________。URL代表的______功能是提供一种在Internet上查找任何信息的______，是对Internet上资源的一种准确定位机制。

3. __________指将一个网站中的不同页面链接起来的功能。

4. 将制作好的网页上传到网上的过程即是__________。

5. 网页支持的图片格式有______、______及______等。

6. __________又称万维网，也可以简称为Web或3W，是一种建立在Internet上的庞大的基于超文本的网络信息系统。

7. __________是构成Web站点的基本单位，是一种包含HTML格式内容的文本文件。

8. __________是网站的第一个网页，也称为首页，是网站的门面，其功能是引导用户访问。

9. 现有域名www. sina. com. cn其中www代表__________，sina代表__________，com代表__________，cn代表__________。

二、选择题

1. 属于静态网页的是__________。
   A. index. asp　B. index. jsp　C. index. htm　D. index. php
2. 世界上第一个Web浏览器是______。
   A. IE　B. navigator　C. mosaic　D. Internet
3. 不属于超媒体的是__________。
   A. 图像　B. 文本　C. 动画　D. 声音
4. 不能作为网页脚本语言的是__________。
   A. VBScript　B. VCScript　C. JavaScript　D. PHP
5. 〈title〉〈/title〉标记必须包含在______标记中。
   A. 〈head〉〈/head〉　B. 〈p〉〈/p〉
   C. 〈body〉〈/body〉　D. 〈table〉〈/table〉
6. 在网页的源代码中表示段落的标记是______。
   A. 〈head〉〈/head〉　B. 〈p〉〈/p〉
   C. 〈body〉〈/body〉　D. 〈table〉〈/table〉
7. Internet上使用的最重要的两个协议是__________。
   A. TCP和Telnet　B. TCP和IP　C. TCP和SMTP　D. IP和Telnet
8. 目前在Internet上应用最为广泛的服务是__________。
   A. FTP服务　B. WWW服务　C. Telnet服务　D. Gopher服务

三、简答题

1. 静态网页与动态网页有什么区别？
2. 什么是网站？什么是主页？

3. 什么是 WWW 服务?

4. 网页的文件结构是怎样组织的?

5. 常用的网页设计工具有哪些?

6. TCP/IP 在互联网中起什么样的作用? IP 地址分为哪几类,是如何分类的? IP 地址 210.43.96.201 是哪类地址,其网络 ID 号是多少?

7. 简述域名系统结构,举例说明什么是顶层域名、二级域名和三级域名。

8. 举例说明常用的搜索引擎及使用搜索引擎查找信息的方法。

四、上机操作题

1. 上网浏览各类感兴趣的网站,熟悉网址的输入方式。

2. 利用搜索引擎查找各种信息,学会利用关键词查找。尝试下载与网页设计与制作相关的软件,如绘图、制作动画等软件。

3. 在网站上申请一个免费的电子邮箱。

第 2 章　HTML 语言基础

本章主要介绍网页设计与制作所使用的基本 HTML 网页设计语言，包括发展历史、语法结构、标记简介等内容。

2.1　HTML 简介

2.1.1　HTML 的发展历史

HTML 的全称是 Hypertext Marked Language，即超文本标记语言，是一种用来制作超文本文档的简单标记语言。HTML 是由 Web 的发明者 Tim Berners-Lee 和同事 Daniel W. Connolly 于 1990 年创立的一种标记式语言。它是标准通用化标记语言 SGML 的应用。用 HTML 编写的超文本文档称为 HTML 文档，它能独立于各种操作系统平台（如 UNIX，Windows 等）。使用 HTML 语言，将所需要表达的信息按某种规则写成 HTML 文件，通过专用的浏览器来识别，并将这些 HTML 文件“翻译”成可以识别的信息，即所有的计算机都能够理解的一种用于出版的“母语”，就是现在所见到的网页。

自 1990 年以来 HTML 就一直被用作 WWW（即 World Wide Web 的缩写，也可简写为 Web，中文叫作万维网）的信息表示语言，用于描述 Homepage 的格式设计和它与 WWW 上其他 Homepage 的连接信息。使用 HTML 语言描述的文件需要通过 WWW 浏览器显示出效果。

HTML 是一种建立网页文件的语言，透过标记式的指令（Tag），将影像、声音、图片、文字、动画、影视等内容显示出来。事实上每一个 HTML 文档都是一种静态的网页文件，这个文件里面包含了 HTML 指令代码，这些指令代码并不是一种程序语言，它只是一种排版网页中资料显示位置的标记结构语言，易学易懂，非常简单。HTML 的普遍应用就是带来了超文本的技术——通过单击鼠标从一个主题跳转到另一个主题，从一个页面，跳转到另一个页面，与世界各地主机的文件链接。

超文本传输协议规定了浏览器在运行 HTML 文档时所遵循的规则和进行的操作。HTTP 协议的制定使浏览器在运行超文本时有了统一的规则和标准。

2.1.2　HTML 文档

HTML 文档也称为 Web 文档，它由文本、图形、声音和超链接组成。每个 HTML 文档称为一个 Web 页面，页面是浏览器中看到的内容。Internet 上的 Web 站点一般由多个页面组成，可以通过超链接在页面间切换。所有的页面均放在作为服务器的计算机上，它向任何发出请求的计算机提供指定页面。

建立一个 HTML 文档，实际进行的工作就是编写 HTML 命令代码。简单来讲就是构建一套标记符号和语法规则，将所要显示出来的文字、图像、声音等要素按照一定的标准要求排放，形成一定的标题、段落、列表等单元。例如：

(1) 图片调用

语法格式：〈img src="文件名"〉

(2) 页面之间的跳转

语法格式：〈A href="文件路径/文件名"〉〈/A〉

(3) 展现多媒体的效果

音频：〈embed SRC="音乐地址" autostart=true〉

视频：〈embed SRC="视频地址" autostart=true〉

从上面可以看到创建 HTML 超文本文件时需要用到的一些标签。在 HTML 中每个用来作标签的符号都是一条命令，它告诉浏览器如何显示文本。这些标签均由"〈"和"〉"符号以及一个字符串组成。而浏览器的功能是对这些标记进行解释，显示文字、图像、动画，播放声音。这些标签符号用"〈标签名字 属性〉"来表示。

HTML 只是一个纯文本文件，它能用任意的文本编写器书写。例如，HTML 语言可直接使用普通的文本编辑器进行编辑。创建一个 HTML 文档，只需要两个工具，一个是 HTML 编辑器，一个是 Web 浏览器。HTML 编辑器是用于生成和保存 HTML 文档的应用程序；Web 浏览器则是用来打开 Web 网页文件，查看 Web 资源的客户端程序。

2.2 HTML 语言的结构

2.2.1 HTML 语言的基本结构

超文本标识语言结构简单，语法较松散，易学易用。超文本文档包括文档头和文档体两部分。在文档头里对这个文档进行了一些必要的定义，文档体中才是要显示的各种文档信息。序(HTML 的版本声明)是超文本标识语言的附加标识，放在 HTML 文档的第一行。在一般的文档中也许没有，序只是用来告知浏览器所遵循的 HTML 版本，当前的浏览器一般不要求含有序，而且也不会处理序，因此该标识可以忽略。但是若想编写严格遵循标准通用标识语言(SGML)的 HTML 文档，那么就该保留序的位置。一个网页的 HTML 文档所需要的基本标签如下所示：

〈html〉文件开始

〈head〉标头区开始——头部信息 } 文件头

〈title〉...〈/title〉标题区

〈/head〉标头区结束

〈body〉本文区开始

本文区内容——文档主体，正文部分 } 文件体

〈/body〉本文区结束

〈/html〉文件结束

其中〈html〉〈/html〉在最外层，表示这对标记间的内容是 HTML 文档。有时也可省略

〈html〉〈/html〉标记，因为.html或.htm文件被Web浏览器默认为是HTML文档。〈head〉〈/head〉之间包括文档的头部信息，如文档总标题等，若不需头部信息则可省略此标记。〈title〉〈/title〉将文档的题目放在标题栏中。〈body〉〈/body〉标记一般不省略，表示正文内容的开始，用于设置文档的可见部分。

下面是两个最基本的超文本文档的源代码。

【例2.1】 简单的HTML示例

```
〈html〉
〈head〉〈title〉一个简单的HTML示例〈/title〉〈/head〉
〈body〉
〈center〉
〈H3〉欢迎光临我的主页〈/H3〉〈br〉
〈hr〉
〈font size=2〉这是我第一次做主页，无论怎么样，我都会努力做好！〈/font〉
〈/center〉
〈/body〉
〈/html〉
```

将上述代码用“记事本”编写，并保存为扩展名.htm或.html的文档，网页效果如图2.1所示。

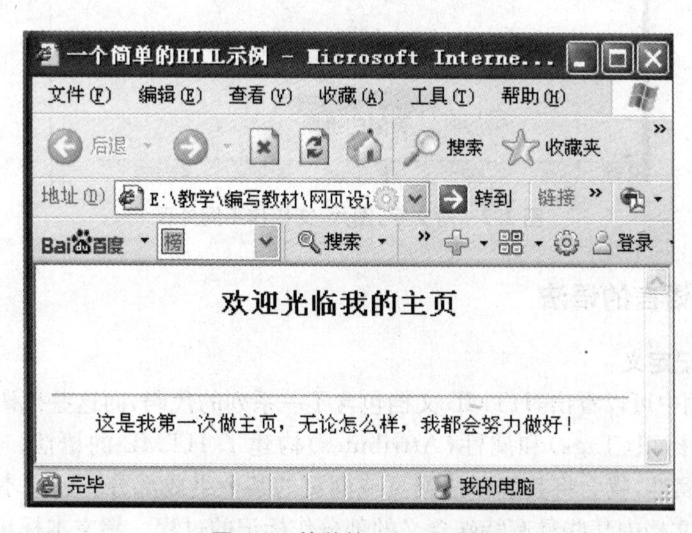

图2.1　简单的HTML示例

【例2.2】 使用多种标识元素的超文本文档

```
〈html〉
〈head〉 〈title〉对文字、图片、文档作不同处理〈/title〉〈/head〉
〈body〉
〈a href="http://www.wuhu.gov.cn"〉芜湖〈/a〉
〈center〉
```

```
〈h2〉链接图片、文档，改变字体、字号等〈/h2〉
〈ol〉〈li〉〈font face="隶书"〉半城山，半城水。〈/font〉
〈li〉〈 font face="华文行楷"〉镜湖风光〈/font〉
〈/ol〉
〈img border="0" src="jh.jpg" width="108" height="70"〉
〈font size="5"〉美丽的镜湖〈/font〉〈br〉
〈/center〉
〈/body〉
〈/html〉
```

将上述代码用“记事本”编写，并保存为扩展名.htm或.html的文档，网页效果如图2.2所示。

图2.2 对文字、图片、文档作不同处理

2.2.2 HTML语言的语法

1. 超文本标记定义

从上面的实例中可以看出，HTML文档包含了一系列的代码，而这些代码遵循一定的语法规则，即由一定的标识(Tags)和属性(Attributes)构建了HTML的语法。浏览器只要读到HTML的标识和属性，就会将其解释成网页或网页的某个组成部分。超文本标记又可称为标识或标签，就是给文档中某些具有特殊含义的部分作标记的过程。超文本标记用一对左右尖括号“〈”和“〉”表示。如：标识的符号〈br〉、〈LI〉、〈h2〉等等。

整个网页页面由特定内容形成的许多单元构成，而每个单元又由一个标识控制，每个标识一般由三部分组成——一个起始标识(Opening Tag)、单元内容、一个结束标识(Ending Tag)。其基本语法构成为：

〈x〉受控元素〈/x〉

其中，x代表标记名称。〈x〉和〈/x〉就如同一组开关，起始标识〈x〉为开启(ON)某种功能，单元名称和属性由起始标记给出；中间的部分是单元的内容部分；结束标识〈/x〉(通常为起始标识加上一个斜线“/”)为关(OFF)功能,受控制的文字等元素信息便放在两标识之间。

例如,标题栏单元的标记形式:

〈title〉送上虎年最美好的祝福〈/title〉

其中〈title〉和〈/title〉是起始和结束标记,“送上虎年最美好的祝福”是单元的基本内容。

引入标记后,就可以将所要显示的内容用相应的标记进行编辑和排版,从而形成一个HTML文档。

2. 超文本标记分类

通常可分为两类。一类用来识别网页上的组件或描述组件的样式,如网页的标题〈title〉、网页的主体〈body〉、标题〈h1〉、标题〈h2〉、粗体〈b〉、斜体〈I〉、段落〈P〉、分项符号清单〈ul〉和编号清单〈ol〉等;另一类用来指向其他资源,如〈a〉用来识别网页内的位置或超链接,〈img〉用来插入图片,〈embed〉用来插入声音等。

HTML的标识嵌于文本格式的文档中,用来控制文字、图片等在浏览器中的表现形式,以及如何建立图片、文件之间的链接。使用超文本标识语言“修饰”过的文档一般都应该满足,无论在什么操作系统下,使用什么浏览器,读起来或看上去其“模样”都不会改变。

使用用超文本标记需要注意以下几点:

① 超文本标记一般是成对出现,用带斜杠的元素表示结束。如:〈HTML〉和〈/HTML〉。但也有些标记只有起始标记而没有结束标记,如:〈br〉,它在网页中表示引入一个换行动作。还有些标记可以省略,如:段落的结束标记〈/P〉就可以省略。

② 超文本标记忽略大小写,如:〈HTML〉和〈html〉是等效的,但其中实体内容的名称是要区分大小写,如“&NAME”和“&name”是表示不同的实体。

③ 一个标记元素可写在多行,参数位置不受限制。

总之,整个HTML文档都是由标记构成的,HTML文档的标记为编写该文档建立了固定的框架,只需要在这个框架中填充内容就行了。

3. 超文本标记属性

(1) 属性

属性是存储属性值的变量。在标识中添加一些属性,用来完成某些特殊效果或功能。例如:〈x a1="v1",a2="v2",...,an="vn"〉受控文字等元素〈/x〉。

HTML中的许多标识都可以提供相关信息的属性设置。如设置文档的第2级标题文字,位置居中,文字为蓝色。其例句如下:

〈font size="3" color="#FF0000"〉设置字符的尺寸和颜色〈/font〉

〈font	(空格)	size	="3"	(空格)	color	="#FF0000"〉	设置字符的尺寸和颜色	〈/font〉
起始标识	空格	属性	属性值	空格	属性	属性值	内容	结束标识

(2) 属性值

标识的属性通常含有一个值(Value),该值应在规定的范围内选取。例如,〈font〉标识中的size属性,其值为1~7,小于1或大于7均无效(注:但不会出错)。

(3) HTML语言的常用标识及属性

见附录。

2.3 HTML语言标记简析

HTML标签的命令种类繁多，常用HTML标签命令可分为以下几种类型：文件结构命令；文字版面编辑命令；链接命令；列表命令；表格命令；表单命令；图像命令；框架命令。

下面对一些常用的标记作简要介绍。

2.3.1 文件结构标记

文件结构命令用来标记出HTML文件的结构，常用的文件结构命令有：

(1) 〈html〉〈/html〉

定义超文本文档，用于标记HTML文档的开始和结束。

(2) 〈head〉〈/head〉

设置页面的头标部分，包含当前文档的一些相关信息（如定义样式、网页的标题、网页中使用的脚本语言等）。

(3) 〈title〉〈/title〉

HTML文档均应该包含〈title〉标识，用来指明文件的标题。其内容将显示在浏览器的标题栏内。

(4) 〈body〉〈/body〉

放置Web页面的正文内容，包含文件内的文字、超级链接文字的颜色、背景色彩、图片、动画、影像、音效等几乎所有对网页的展示功能。

(5) 〈meta〉

用来介绍与文件内容相关的信息。每一个〈meta〉标识用于指明一个名称或数值对，常常放在头标识〈head〉中。

(6) 〈base href="URL"〉

设置连接的基准路径，该标识可以大大简化网页内部超链接的全路径，只要给出相对于Base原指定的基准地址的相对路径即可。〈base〉为单标识，通常放在〈head〉区内。若文档中写有〈base href="http://www.sohu.com"〉，且站内有文件File1.htm，这样可以在〈body〉中简单地写〈a href="File1.htm"〉…〈/a〉来链接文件“File1.htm”。

2.3.2 页面布局与文字设计

文字版面编辑命令用来将HTML文件中的文字以特定的格式显示。常用的文字版面编辑命令有以下几种：

1. 标题标签〈Hn〉

一般文章都有标题、副标题、章和节等结构，HTML中也提供了相应的标题标签〈Hn〉，其中n为标题的等级。HTML总共提供六个等级的标题，用于指定不同级别的标题，n越小，标题字号就越大。例2.3包含所有从〈H1〉到〈H6〉等级的标题。

【例 2.3】 文字标题

```
〈html〉
〈head〉〈title〉HTML 标题文字大小〈/title〉
〈/head〉
〈body〉
〈H1〉一级标题〈/H1〉
〈H2〉二级标题〈/H2〉
〈H3〉三级标题〈/H3〉
〈H4〉四级标题〈/H4〉
〈H5〉五级标题〈/H5〉
〈H6〉六级标题〈/H6〉
〈/body〉〈/html〉
```

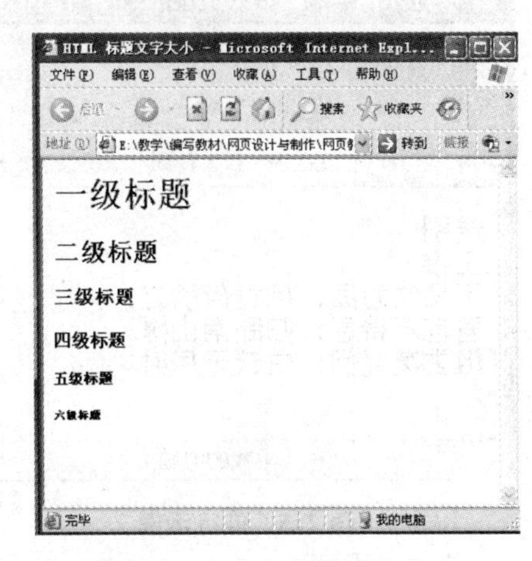

图 2.3　HTML 标题文字大小

运行结果如图 2.3 所示。

2. 换行标识〈br〉

在编写 HTML 文件时，不必考虑太细的设置，也不必理会段落过长的部分会被浏览器切掉。因为在 HTML 语言规范里，每当浏览器窗口被缩小时，浏览器会自动将右边的文字转折至下一行。所以，编写者对于自己需要断行的地方，应加上〈br〉标签。

【例 2.4】 无换行标识

```
〈html〉
〈head〉
〈title〉没有分行效果〈/title〉
〈/head〉
〈body bgcolor="LightGreen"〉
        送别
        王维
    下马饮君酒，问君何所之。
    君言不得意，归卧南山陲。
    但去莫复问，白云无尽时。
〈/body〉
〈/html〉
```

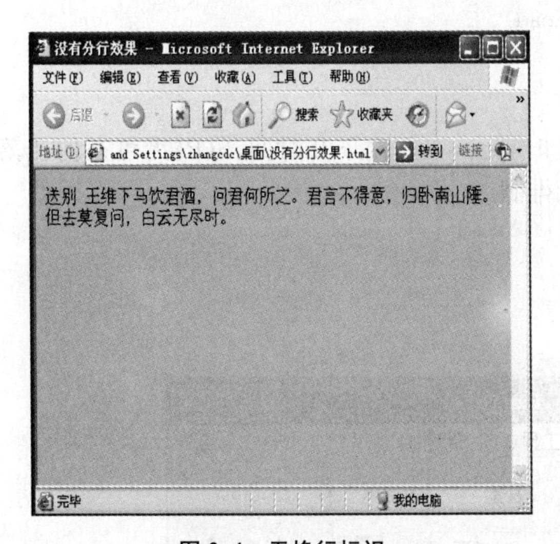

图 2.4　无换行标识

运行结果如图 2.4 所示。在浏览器窗口内〈body〉中的文字排在一行，不会分行显示。因为浏览器会忽略 HTML 标识中多余的空格符或回车符，所以不能利用空格符或回车符排列格式化网页的内容。

【例 2.5】 添加换行标识效果

```
〈html〉
〈head〉〈title〉换行示例〈/title〉〈/head〉
〈body〉
        送别〈br〉
```

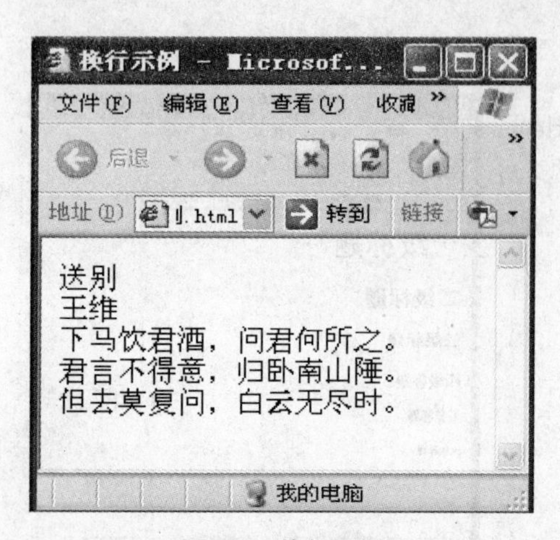

图 2.5 换行示例

王维〈br〉
下马饮君酒，问君何所之。〈br〉
君言不得意，归卧南山陲。〈br〉
但去莫复问，白云无尽时。
〈/body〉
〈/html〉

运行结果如图 2.5 所示。

3. 段落标识〈P〉〈/P〉

为了排列整齐、清晰，文字段落之间常用〈P〉〈/P〉来作标记。文件段落的结束标记〈/P〉是可以省略的，因为下一个〈P〉的开始就意味着上一个〈P〉的结束。

〈P〉标签还有一个属性 align，它用来指名字符显示时的对齐方式，一般值有 center、left、right 三种。下面用一个例子来说明这个标签的用法。

【例 2.6】 添加段落标识效果

〈html〉
〈head〉 〈title〉段落标签〈/title〉 〈/head〉
〈body〉
〈P align=center〉
浣溪沙〈P〉一曲新词酒一杯，去年天气旧亭台，夕阳西下几时回。〈P〉无可奈何花落去，似曾相识燕归来。小园香径几徘徊。〈/P〉
〈/body〉
〈/html〉

运行结果如图 2.6 所示。

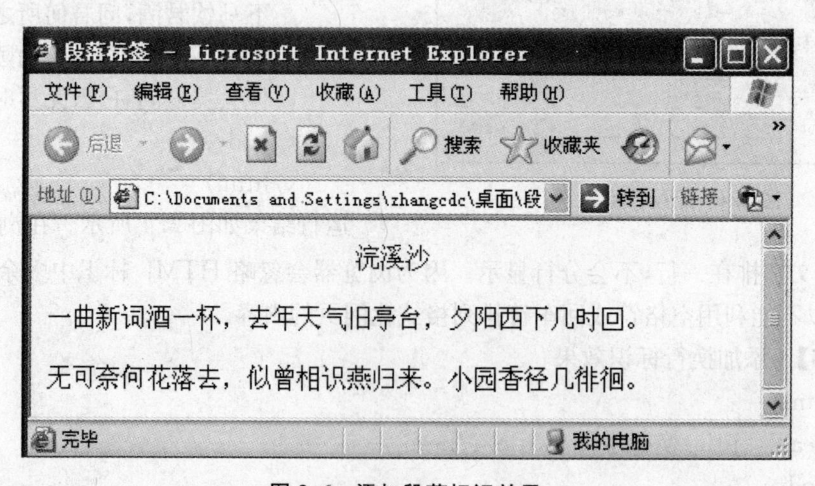

图 2.6 添加段落标识效果

4. 预定义文本格式标记〈pre〉〈/pre〉

在此标记之间的内容将以预格式化的文本方式显示，包括回车换行以及跳格等。

【例2.7】 预定义格式文本标识

```
〈html〉
〈head〉〈title〉预定义格式标识 〈/title〉〈/head〉
〈body〉
〈P〉PRE标记用于以预定义的格式显
    示文本。
〈pre〉      送别
        王维
  下马饮君酒，问君何所之。
        君言不得意，归卧南山陲。
  但去莫复问，白云无尽时。〈/pre〉
〈/body〉
〈/html〉
```

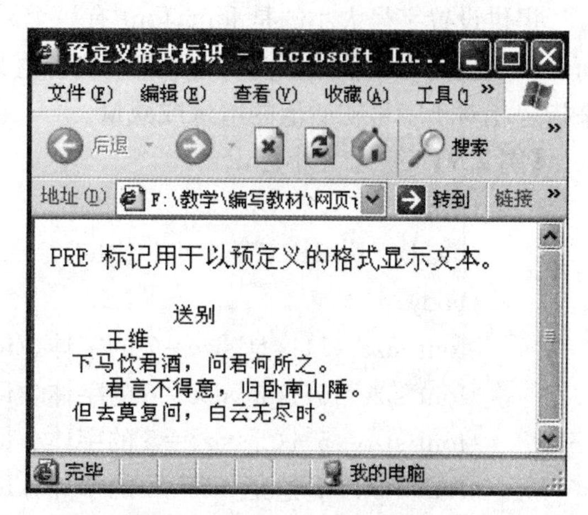

图2.7 预定义格式文本标识

运行结果如图2.7所示。

5. 水平线标识〈hr〉

作为文本与文本之间的分界标识，通常是一个全宽的水平线，还可以用它来画竖线。这个标签可以在屏幕上显示一条水平线，用以分割页面中的不同部分。〈hr〉有三个属性：size表示水平线的宽度；width表示水平线的长，用占屏幕宽度的百分比或像素值来表示；align表示水平线的对齐方式，有left，right，center三种。

【例2.8】 线段粗细、长度与排列的设定

```
〈head〉〈title〉线段粗细、长度与排列的设定〈/title〉〈/head〉
〈body〉
〈P〉这是第一条线段粗细，无size设定，取内定值SIZE=1来显示〈BR〉〈hr〉
〈P〉这是第二条线段粗细，size=10〈br〉          〈hr size=5〉
〈P〉这是第三条线段长度的设定，无width设定，取width内定值100%来显示〈br〉
〈hr size=3〉
〈P〉这是第四条线段长度的设定，width=50(点数方式)〈br〉〈hr width=50 size=5〉
〈P〉这是第五条线段长度的设定，width=50%(百分比方式)〈br〉〈hr width=50% size
  =7〉
〈P〉这是第六条线段排列，无align设定，(取内定值center显示)〈br〉〈hr width=50%
  SIZE=5〉
〈P〉这是第七条线段排列，向右对齐〈br〉〈hr width=70% size=2 align=right〉
〈/body〉
```

6. 字符格式标记

〈sup〉〈/sup〉用来定义上标；〈B〉〈/B〉表示粗体；〈I〉〈/I〉表示斜体；〈U〉〈/U〉用来显示文字加下划线；〈em〉〈/em〉表示强调(通常用斜体)；〈strong〉〈/strong〉表示用粗体着重强调；〈TT〉

〈/TT〉则用来定义等宽打字机字体。

7. 字体标记

〈basefont〉表示变更网页默认字体、尺寸与颜色；〈font〉〈/font〉表示改变字符串的字体、尺寸与颜色，〈font〉元素和其相关的属性如 size、color 和 face 可以用来控制网页中文本的显示。

(1) 文字的字号大小标识

提供设置字号大小的是 font，font 有一个属性 size，通过指定 size 属性就能设置字号大小，而 size 属性的有效值范围为 1～7，其中缺省值为 3。可在 size 属性值之前加上"＋"、"－"字符，来指定相对于字号初始值的增量或减量。

【例 2.9】 字号大小标识

```
〈html〉
〈head〉 〈title〉字号大小〈/title〉 〈/head〉
〈body〉
〈font size=7〉这是 size=7 的字体〈/font〉〈br〉
〈font size=6〉这是 size=6 的字体〈/font〉〈br〉
〈font size=5〉这是 size=5 的字体〈/font〉〈br〉
〈font size=4〉这是 size=4 的字体〈/font〉〈br〉
〈font size=3〉这是 size=3 的字体〈/font〉〈br〉
〈font size=2〉这是 size=2 的字体〈/font〉〈br〉
〈font size=1〉这是 size=1 的字体〈/font〉〈br〉
〈font size=－1〉这是 size=－1 的字体〈/font〉〈br〉
〈/body〉
〈/html〉
```

运行结果如图 2.8 所示。

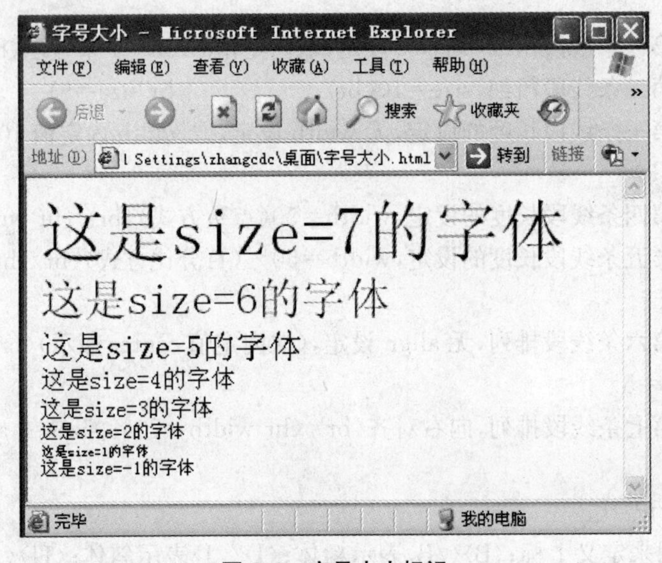

图 2.8　字号大小标识

(2) 文字的字体标识

HTML 提供了定义字体的功能，用 face 属性来完成这个工作。face 的属性值可以是本机上的任一字体类型，但只有对方的电脑中装有相同的字体才可以在浏览器中显示预先设计的风格。设置 face 属性值的格式为：〈font face="字体"〉。

【例 2.10】 字体标识

```
〈html〉
〈head〉 〈title〉字体〈/title〉 〈/head〉
〈body〉 〈center〉
〈font face="楷体_GB2312"〉欢迎光临〈/font〉〈br〉
〈font face="宋体"〉欢迎光临〈/font〉〈br〉
〈font face="仿宋_GB2312"〉欢迎光临〈/font〉〈br〉
〈font face="黑体"〉欢迎光临〈/font〉〈br〉
〈font face="Arial"〉Welcome my homepage.〈/font〉〈br〉
〈font face="Comic Sans MS"〉Welcome my homepage.〈/font〉〈br〉 〈/center〉
〈/html〉
```

运行结果如图 2.9 所示。

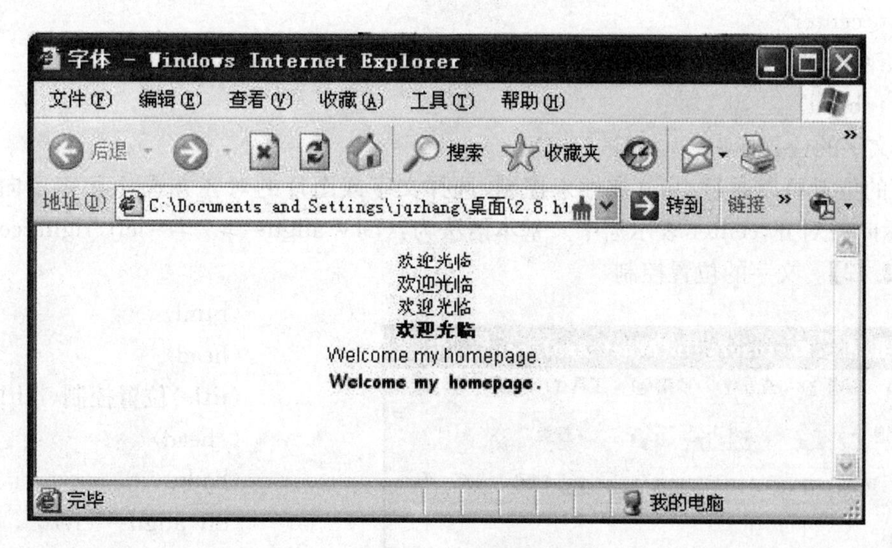

图 2.9　字体标识

为了让文字富有变化，或者为了着意强调某一部分，HTML 提供了一些标签产生这些效果。常用的标签有：

①〈B〉〈/B〉，粗体。

②〈I〉〈/I〉，斜体。

③〈U〉〈/U〉，加下划线。

④〈TT〉〈TT〉，打字机字体。

⑤〈BIG〉〈/BIG〉，大型字体。

⑥〈small〉〈/small〉，小型字。

⑦〈blink〉〈/blink〉,闪烁效果。

⑧〈EM〉〈/EM〉,表示强调,一般为斜体。

⑨〈strong〉〈/strong〉,表示特别强调,一般为粗体。

(3) 文字的颜色标识

文字颜色的设置格式如下:〈font color＝color_value〉…〈/font〉。这里的颜色值可以是一个十六进制数(用“＃”作为前缀),也可以是相应的颜色名称。

【例 2.11】 文字的颜色

```
〈html〉
〈head〉 〈title〉文字的颜色〈/title〉 〈/head〉
〈body bgcolor＝000080〉 〈center〉
〈font color＝white〉色彩斑斓的世界〈/font〉〈br〉
〈font color＝red〉色彩斑斓的世界〈/font〉〈br〉
〈font color＝＃00FFFF〉色彩斑斓的世界〈/font〉〈br〉
〈font color＝＃FFFF00〉色彩斑斓的世界〈/font〉〈br〉
〈font color＝＃FFFFFF〉色彩斑斓的世界〈/font〉〈br〉
〈font color＝＃00FF00〉色彩斑斓的世界〈/font〉〈br〉
〈/center〉
〈/body〉
〈/html〉
```

(4) 文字的位置标识

文字的位置可以通过 align 属性来控制,选择文字或图片的对齐方式,left 表示向左对齐,right 表示向右对齐,center 表示居中。基本语法为:〈DIV align＝＃〉＃＝left/right/center。

【例 2.12】 文字的位置控制

```
〈html〉
〈head〉
〈title〉位置控制〈/title〉
〈/head〉
〈body〉
〈div align＝left〉
    你好!〈br〉
〈div align＝right〉
    你好!〈br〉
〈div align＝center〉
    你好!〈br〉
〈/body〉
〈/html〉
```

运行结果如图 2.10 所示。

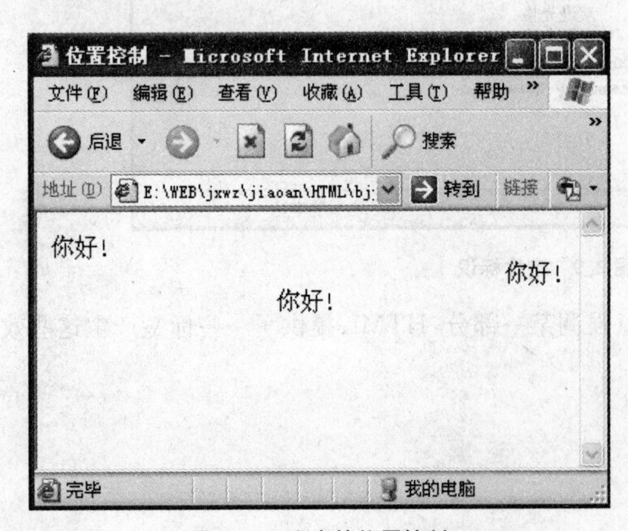

图 2.10　文字的位置控制

2.3.3 活动字幕专题标记〈marquee〉

在网页的设计过程中，动态效果的插入会使网页更加生动灵活、丰富多彩。活动字幕的使用使得整个网页更有动感，显得很有生气。现在的网站中也越来越多地使用活动字幕来加强网页的互动性。活动字幕也称为滚动看板、滚动字幕。用 Javascript 编程可以实现活动字幕效果；用 Dreamweaver 的图层及时间线功能可以做出非常漂亮的滚动看板。

滚动字幕在 FrontPage 的组件里有，但是 FrontPage 这个软件只能支持单行文字，且它只能支持一行滚动，而用 HTML 的〈marquee〉活动字幕标记所需的代码最少，能够以较少的下载时间换来较好的效果。基本语法格式为：〈marquee〉...〈/marquee〉。〈marquee〉标签可以实现元素在网页中移动的效果，以达到动感十足的视觉效果。〈marquee〉标签有很多属性，用来定义元素不同的移动方式。

1. 字幕所在位置

align 用于设定活动字幕的位置，除了居左、居中、居右三种位置外，又增加靠上(align=top)和靠下(align=bottom)两种位置。

2. 字幕背景色

〈bgcolor=#〉用于设定活动字幕的背景颜色，#是 16 进制数码，或者是预定义色彩，如：〈marquee bgcolor=red〉是红色的〈/marquee〉。

3. 字幕移动方向

〈direction=#〉用于设定活动字幕的滚动方向，默认为从右向左：←←←。可选的值有 right、down、up，滚动方向分别为：right 表示→→→，up 表示↑，down 表示↓。

4. 滚动的方式

〈behavior=#〉用于设定滚动的方式，用它来控制属性，默认为循环滚动，可选的值主要有三种方式：behavior="scroll"，表示由一端滚动到另一端；behavior="slide"，表示由一端快速滑动到另一端，滚动一次，然后停止滚动且不再重复；behavior="alternate"，表示在两端之间来回滚动。

5. 字幕区域面积

〈height=# width=#〉表示滚动区域的大小，width 是宽度，height 是高度。特别是在做垂直滚动的时候，一定要设 height 的值。

6. 字幕边框尺寸

Hspace 和 Vspace 分别用于设定滚动字幕的左右边框和上下边框的宽度。

7. 字幕滚动的速度

Scrollamount 表示速度，值越大速度越快。默认为 6，建议设为 1～3 比较好。

8. 延迟时间

〈scrolldelay=#〉用于设定滚动两次之间的延迟时间。这也是用来控制速度的，默认为 90，值越大，速度越慢。通常是不需要设置的。

9. 循环

〈loop=#〉用于设定滚动的次数，当 loop=-1 表示一直滚动下去，若未指定则循环不止(infinite)，直到页面更新。

10. 滚动字幕加超链接

如何给滚动字幕加超链接？这跟平时的超链接是完全一样的。格式为：〈a href＝＊＊＊〉〈/a〉。只要在文字外面加上〈a href＝＊＊＊〉和〈/a〉就可以了。

11. 字幕鼠标响应效果

如何制作当鼠标停留在文字上，文字停止滚动的效果？示例代码如下：

〈marquee scrollAmount＝2 width＝300 onmouseover＝stop() onmouseout＝start()〉文字内容〈/marquee〉

12. 多行文本向上滚动——公告栏方式

如何实现多行文本向上滚动？示例代码如下：

〈marquee scrollAmount＝2 width＝300 height＝160 direction＝up〉□早晨好啊！〈br〉□空气好清新啊〈br〉□你好呢？〈p〉

需要注意的是，由于〈mqrquee〉标记只能作用于一段文本，因此多行文本的活动字幕分行时只能用〈br〉标记，不能用〈p〉标记。

13. 在字幕内容中加入图像

〈marquee〉虽是一个活动字幕标记，但它允许在其中加入图像。下面是一个加入了图片的示例代码：

〈marquee〉〈img src＝"image/abc. gif" width＝"17" height＝"16"〉这是加入图像的活动字幕〈/marquee〉

2.3.4 超链接(hyperlink)命令标识〈a〉

1. 语法规则

超文本中的链接标记〈a〉是其最重要的特性之一，利用标记〈a〉可以指向任何一个文件源：一个HTML网页，一个图片，一个影视文件等。因此，使用者可以从一个页面直接跳转到其他的页面、图像或者服务器。链接标记的基本格式如下：

〈a href＝"资源地址"〉链接文本〈/a〉

标签〈a〉表示一个链接的开始，〈/a〉表示链接的结束；属性"href"定义了这个链接所指文件的地址；通过点击〈a〉〈/a〉当中的内容，即可打开"链接文字"指定的文件。

2. 链接种类

链接分为本地链接、URL链接和内部链接。在各种链接的各个要素中，资源地址是最重要的，一旦路径上出现差错，该资源就无法从用户端取得。要正确的引用文件，就要了解文件的路径格式。

(1) 本地链接

对同一台机器上的不同文件进行的链接称为本地链接。它使用文件路径的表示方法来指示一个文件。例如，在当前电脑里设计网页，所有网页相关的档案全部放在"c：\www"文件夹里，现在假设"c：\www"里有"index. htm"、"text1. htm"、"p1. gif"、"p2. gif"四个文档。则"index. htm"页的绝对路径是：〈a href＝"/c|/www/index. htm"〉，相对路径是：〈a href＝"index. htm"〉。

绝对路径要给电脑一个非常详尽的位置，让电脑顺着路径去找到文档。而相对路径如果没有特别指定，就会直接在 index. htm 所在目录下寻找。

一般情况下，不用绝对路径，因为资源常常是放在网上供其他人浏览的，写成绝对路径时，当整个目录中的所有文件移植到服务器上时，带有“C:\”的资源地址将无法访问。相对路径则避免了重新修改文件资源路径的麻烦。

(2) URL 链接

URL 即统一资源定位器，通过它可以以多种通讯协议与外界沟通来存取信息。URL 链接的形式是“协议名://主机. 域名/路径/文件名”，可链接到网页的其他站点或页面，格式如下：

〈a href＝http://网址　target＝窗口名称〉

【例 2.13】 链接到新浪网

```
〈html〉
〈head〉链接到其他站点〈/head〉
〈body〉
〈a href＝http://www. sina. com. cn　target＝_black〉新浪网〈/a〉
〈/body〉
〈/html〉
```

运行结果如图 2.11 所示。

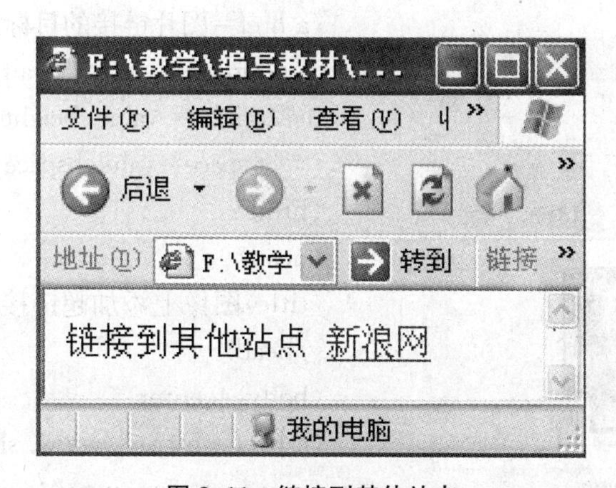

图 2.11　链接到其他站点

【例 2.14】 电子邮件链接

〈a href＝"mailto: E-mail 地址 cc＝抄送人 email 地址　&subject＝邮件主题 & body＝邮件正文"〉 写信给你 〈/a〉

```
〈html〉
〈head〉链接到邮件界面〈/head〉
〈body〉
〈a href＝" mailto:abc@126. com? cc＝abc2@163. com & subject＝新年祝福 &body
    ＝新年到了，祝你新年万事如意!"〉给你写封信〈/a〉
〈/body〉
〈/html〉
```

图 2.12 中，左图显示利用超链接实现发送邮件的效果，右图是点击“给你写封信”后的结

果图。

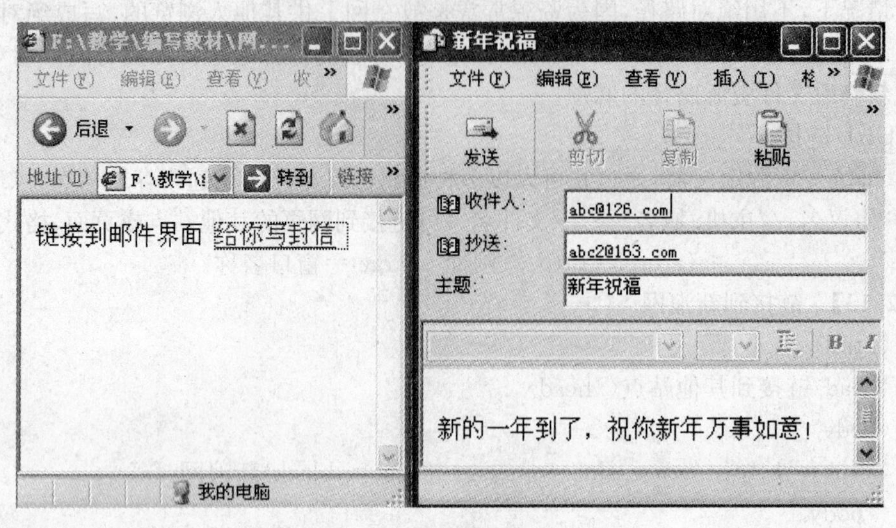

图 2.12　链接到邮件界面

【例 2.15】 图片上建立超链接

图 2.13　图片上建立超链接

```
〈a href=图片链接的目标地址 target=窗口名称〉
  〈img src = value alt = value border = value
  aligh = value height = value width = value
  vspace=value hspace=value〉〈/a〉
〈html〉
〈head〉
〈title〉图像上添加超链接〈/title〉
〈/head〉
〈body〉〈center〉
〈a href=http://www.sina.com.cn〉
〈img src=dog.jpg〉〈/a〉
〈/body〉
〈/html〉
```

点击该页面中的图像后，即可跳转到新浪网，如图 2.13 所示。

2.3.5　列表标记(Lists)

在 HTML 页面中，列表命令可以起到提纲挈领的作用。列表主要分为两种类型：一是符号列表，二是有序列表。符号列表使用的一对标签是〈ul〉〈/ul〉，每一个列表项前使用〈li〉。序号列表使用标签〈ol〉〈/ol〉，每一个列表项前使用〈li〉，每个项目都有前后顺序之分，多数用数字表示。

(1) 定义列表

①〈dl〉〈/dl〉，设定定义列表的标识。

②〈dt〉,设定定义列表的项目。

③〈dd〉,设定定义列表的项目说明。

④〈dl compact〉,设定紧密排列的定义列表。

(2) 序号列表(Ordered List)

示例代码如下：

```
〈OL type="A"〉
〈li〉项目一
〈li〉项目二
〈ol type="a"〉
〈li〉子项目 A
〈li〉子项目 B
〈/ol〉    〈li〉项目三
〈/ol〉
```

(3) 符号列表

示例代码如下：

```
〈ul type="square"〉
〈li〉第一章
〈li〉第二章
〈P〉下篇
〈li〉第一章
〈/ul〉
```

2.3.6　表格标记(Tables)

1. 语法格式

① 〈table〉〈/table〉,用来定义一个表格。

② 〈caption〉〈/caption〉,给出表格的标题。

③ 〈th〉〈/th〉,表头单元。

④ 〈td〉〈/td〉,表格单元。

⑤ 〈tr〉〈/tr〉,表格行。

这些表格标记可以用来精确定义页面文本或图片等的排版格式,这是一种常用的页面内容组织形式,许多网站的页面采用表格来布局网页内容。

【例 2.16】　创建一个有三个单元格的表格

第一、二、三个单元格的内容分别是“苹果”、“梨子”和“香蕉”;表的边框不可见。

代码如下：

```
〈head〉〈title〉使用无边框表格〈/title〉〈/head〉
〈body〉
〈table〉〈tr〉〈td〉苹果〈/td〉〈td〉梨子〈/td〉〈td〉香蕉〈/td〉〈/tr〉
```

```
</table>
</body>
```

运行结果如图 2.14 所示。表格由标记<table>和</table>生成。表格的行由<tr>标记定义，每一行由单元格组成，单元格用<tr>和</tr>标记。

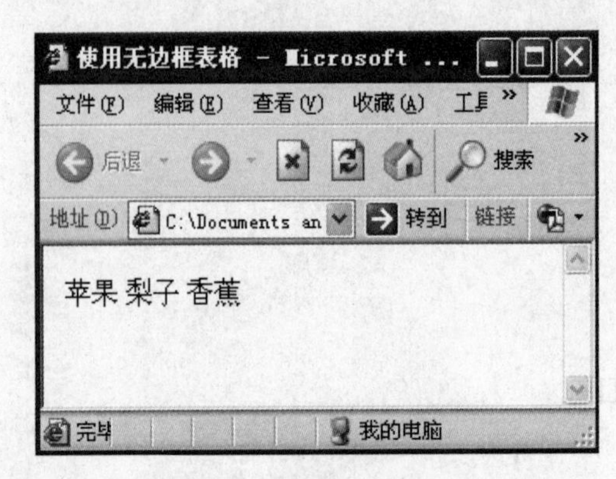

图 2.14　使用无边框表格

2. 表格边框

<table>标记的 border 属性用于指定表格的边框。如果将值设置为 0，则不会显示边框。

【例 2.17】　带边框的表格

```
<html>
<head>
<title>使用带边框表格</title>
</head>
<body>
<table border=2>
<tr><td>苹果</td><td>梨子</td><td>香蕉</td></tr>
<tr><td>4 箱</td><td>10 箱</td><td>20 箱</td></tr>
</table>
</body>
</html>
```

运行结果如图 2.15 所示。

3. 表格的标题

代码格式为：<caption>内容</caption>。<caption>标记紧跟在<table>标记后面，该标记用于指定表格的标题。<th>标记用于指定每一列的标题。

【例 2.18】　带标题的表格

```
<head>  <title>使用带标题的表格</title></head>
<body><table border=2>
<caption>水果类</caption>
<tr><td>苹果</td><td>梨子</td><td>香蕉</td></tr>
```

```
<tr><td>4 箱</td><td>10 箱</td><td>20 箱</td></tr>
</table>
</body>
```

运行结果如图 2.16 所示。

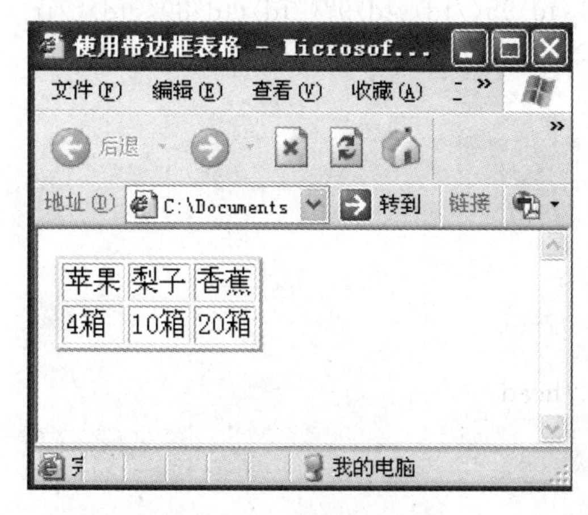

图 2.15　使用带边框表格

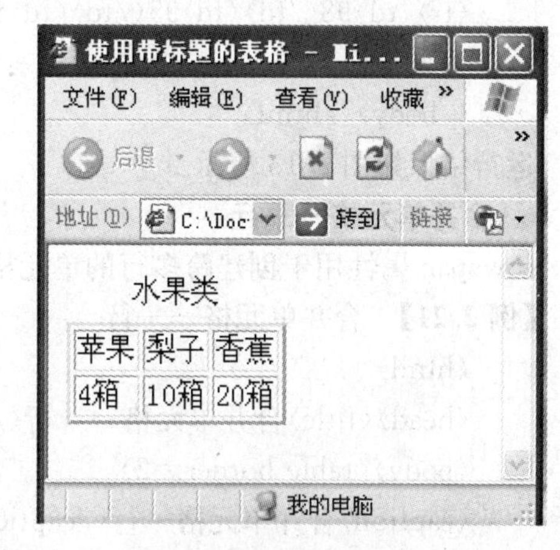

图 2.16　使用带标题的表格

4. 插入行和列

可以使用<td>和<tr>标记在表中插入行和列

【例 2.19】　在表格中插入行和列

```
<html>
<head>
<title>在表格中插入行与列</title>
</head>
<body><table border=2><caption>水果类</caption>
<tr><td>苹果</td><td>梨子</td><td>香蕉</td><td>桃子</td></tr>
<tr><td>4 箱</td><td>10 箱</td><td>20 箱</td><td>12 箱</td></tr>
<tr><td>2 元/斤</td> <td>1.5 元/斤</td><td>4 元/斤</td><td>3 元/斤</td></tr>
</table>
</body>
</html>
```

运行结果如图 2.17 所示。

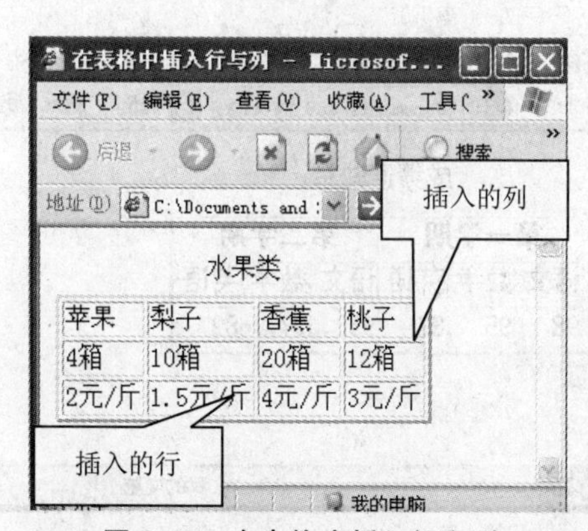

图 2.17　在表格中插入行和列

5. 合并单元格——列

colspan 属性用于创建跨多列的单元格。

【例 2.20】　合并单元格——列

```
<html>
<head><title>合并单元格——列</title>
</head>
<body>
```

```
〈table border=2〉
〈caption〉成绩通知单〈/caption〉
〈tr〉〈th colspan=3〉第一学期〈/th〉〈th colspan=3〉第二学期〈/th〉〈/tr〉〈tr〉〈td〉语文
    〈/td〉〈td〉数学〈/td〉〈td〉英语〈/td〉〈/tr〉
〈tr〉〈td〉98〈/td〉〈td〉95〈/td〉〈td〉87〈/td〉〈td〉95〈/td〉〈td〉97〈/td〉〈td〉89〈/td〉〈/tr〉
〈/table〉
〈/body〉〈/html〉
```

运行结果如图 2.18 所示。

6. 合并单元格——行

rowspan 属性用于创建跨多行的单元格。

【例 2.21】 合并单元格——行

```
〈html〉
〈head〉〈title〉合并单元格——行〈/title〉〈/head〉
〈body〉〈table border=2〉
〈caption〉合并单元格—行〈/caption〉
〈tr〉〈th〉〈/th〉〈th〉〈/th〉
〈th〉螺母〈/th〉〈th〉螺铨〈/th〉〈th〉锤子〈/th〉〈/tr〉
〈tr〉〈td rowspan=3〉第一季度〈/td〉
    〈td〉一月份〈/td〉〈td〉2500〈/td〉〈td〉1000〈/td〉〈td〉1240〈/td〉〈/tr〉
〈tr〉〈td〉二月份〈/td〉〈td〉3000〈/td〉〈td〉2500〈/td〉〈td〉4000〈/td〉〈/tr〉
〈tr〉〈td〉三月份〈/td〉〈td〉3200〈/td〉〈td〉1000〈/td〉〉〈td〉2400〈/td〉〈/tr〉
〈/table〉
〈/body〉
〈/html〉
```

运行结果如图 2.19 所示。

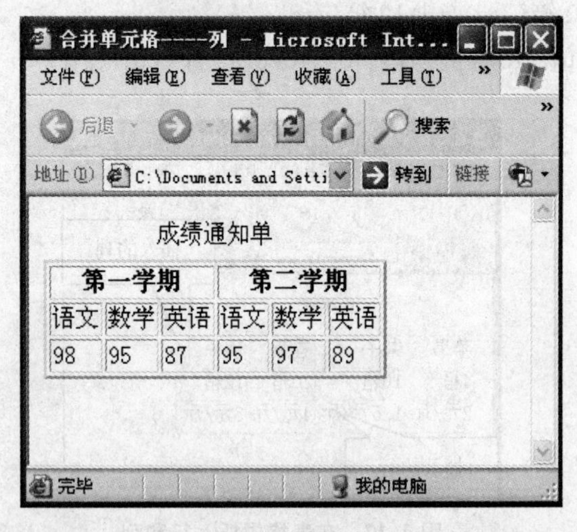

图 2.18　合并单元格——列

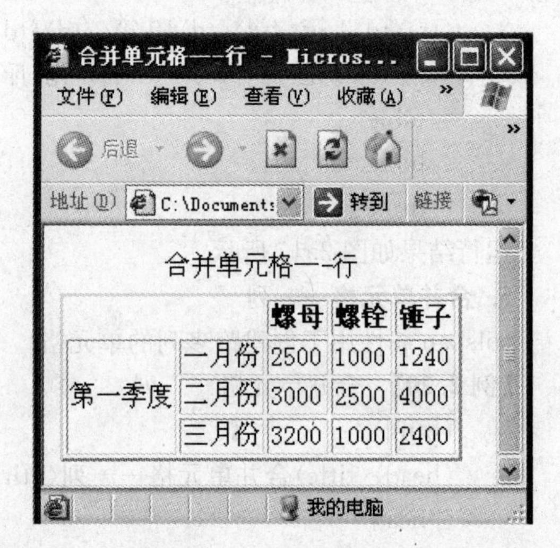

图 2.19　合并单元格——行

7. 格式化表格

【例 2.22】 格式化表格

```
〈html〉
〈head〉〈title〉表格进行格式化〈/title〉〈/head〉
〈body〉
〈table border=3 width=50% bgcolor=yellow〉
〈tr bordercolor="blue"〉
〈td align=left valign=bottom〉Apple〈/td〉〈td〉Pear〈/td〉〈td〉Banana〈/td〉
〈tr bordercolor="red"〉
〈td align=left valign=top〉5 箱〈/td〉〈td〉10 箱〈/td〉〈td〉12 箱〈/td〉
〈/table〉
〈/body〉
〈/html〉
```

〈table〉标记的 width 属性用于设置表格的宽度，常用的有两种方式，一种用像素值，如 width=250，另一种用百分比，如 width=50%。后者使得表格的宽度覆盖浏览器窗口的 50%，其大小会随着浏览器的不同而自动调整，一般用此种方式较好。表格的背景颜色使用 bgcolor 属性设置。水平对齐方式用 align 属性指定，而垂直对齐方式用 Valign 指定。

8. Cellspacing 属性和 Cellpanding 属性

Cellpanding 属性定义单元格中的文本与单元格边框之间的间距。

【例 2.23】 单元格边框间距设置

```
〈html〉
〈head〉〈title〉单元格边框间距设置〈/title〉
〈/head〉
〈body〉
〈table border=2 bgcolor=yellow
        cellspacing=9 cellpadding=15〉
〈tr〉〈td〉Apple〈/td〉〈td〉Pear〈/td〉
    〈td〉Banana〈/td〉〈/tr〉
〈tr〉〈td〉15kg〈/td〉〈td〉75kg〈/td〉
    〈td〉100kg〈/td〉〈/tr〉
〈/table〉
〈/body〉
〈/html〉
```

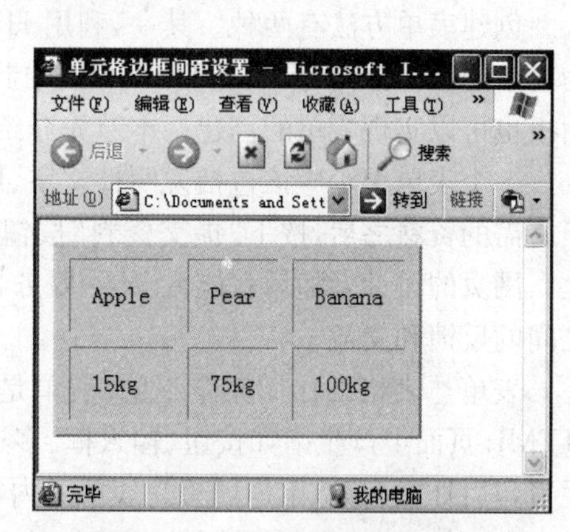

图 2.20　单元格边框间距设置

运行结果如图 2.20 所示。

2.3.7　表单(Forms)

1. 表单标记〈form〉〈/form〉

表单是动态网页中的重要组成元素，它是与用户交互信息的主要手段，表单往往与脚本、动态页面、数据处理等功能相结合。通过使用表单，客户可以在浏览页面中输入并提交信息，实现客户与服务器,客户与客户之间的信息交流。因此利用表单是制作动态网页必须要掌握的重要基本技能之一。

2. 表单的语法格式

〈form〉标记的主要作用是设定表单的起止位置,并指定处理表单数据程序的 URL 地址。其基本语法结构如下:

```
〈form   action=url        method=get/post    name=value
        onreset=function  onsubmit=function  target=window〉
〈/form〉
```

action 用于设定处理表单数据程序 URL 的地址。这样的程序通常是 CGI 应用程序,采用电子邮件方式时,用 action="mailto:你的邮件地址"。

method 指定数据传送到服务器的方式。主要有两种方式:当 method=get 时,将输入数据加在 action 指定的地址后面传送到服务器;当 method=post 时,则将输入数据按照 HTTP 传输协议中的 post 传输方式传送到服务器,用电子邮件接收用户信息采用这种方式。

name 用于设定表单的名称。

onrest 和 onsubmit 是主要针对"reset"按钮和"submit"按钮来说的,分别设定了在按下相应的按钮之后要执行的子程序。

target 指定输入数据结果显示在哪个窗口,需要与〈frame〉标记配合使用。

3. 表单创建的方法

创建表单方法有两种。其一,利用 HTML 语言代码设计表单,这是 HTML 语言设计中较为复杂的一部分内容,在 HTML 页面中起着重要作用;其二,利用 Dreamweaver 软件中的插入面板也可以实现表单的创建。本节先介绍第一种方法。

一个表单至少应该包括说明性文字、用户填写的表格、提交和重填按钮等内容。用户填写了所需的资料之后,按下"提交资料"按钮,这样所填资料就会通专门的接口传到 Web 服务器上。网页的设计者随后就能在 Web 服务器上看到用户填写的资料,从而完成了从用户到作者之间的反馈和交流。

表单与表格的作用完全不同,表单是程序设计者编制的一种特殊的 HTML 文件,它能在 HTML 页面上产生诸如按钮、输入框、多选框等一些控件。这些控件提供一组可供用户填写的栏目,其目的是等待用户填写完表单的内容,确定以后提交给服务器,以获取用户的填写数据。

在 HTML 中,设计表单常用的标签命令是〈form〉、〈input〉、〈textarea〉等标记。

4. 表单输入标记〈input〉

此标记在表单中使用频繁,大部分表单内容需要用到此标记。其语法如下:

```
〈input align=left|right|top|middle|bottom name=value
       type=text|textarea|password|checkbox|radio|submit|reset|file|hidden|
       image|button
       src=url   checked   maxlength=n   size=n
       onclick=function    onselect=function〉
```

align 用于设定表单的位置,有 left、right、middle、top、bottom。

name 用于设定当前变量名称。

type 决定了输入数据的类型。其选项较多,各项的意义是:type＝text 表示输入单行文本;type＝textarea 表示输入多行文本;type＝password 表示输入数据为密码,用星号表示;type＝checkbox 表示复选框;type＝radio 表示单选框;type＝submit 表示提交按钮,数据将被送到服务器;type＝reset 表示清除表单数据,以便重新输入;type＝file 表示插入一个文件;type＝hidden 表示隐藏按钮;type＝image 表示插入一个图像;type＝button 表示普通按钮;value 用于设定输入默认值,即如果用户不输入的话,就采用此默认值;src 是针对 type＝image 的情况来说的,设定图像文件的地址;checked 表示选择框中,此项被默认选中;maxlength 表示在输入单行文本的时候,最大输入字符个数;size 用于设定在输入多行文本时的最大输入字符数,采用 width,height 方式;onclick 表示在按下输入时调用指定的子程序;onselect 表示当前项被选择时调用指定的子程序。

【例 2.24】 单行文本输入框

单行文本输入,当 type 类型为 text 时,表示该输入内容是字符串,并以单行显示。其语法格式为:

```
〈input  type＝"text"  name＝"file_name" maxlength＝value  size＝value〉
```

示例代码如下:

```
〈html〉
〈head〉〈title〉单行文本输入框〈/title〉〈/head〉〈body〉〈form〉
    联系方式如下:〈br〉
    电话号码:〈input type＝text name＝电话号码〉〈br〉
    手机号码:〈input type＝text name＝手机号码〉〈br〉
    QQ 号码:〈input type＝text name＝QQ 号码〉〈br〉
    联系地址:〈input type＝text name＝联系地址〉〈br〉
    电子邮件:〈input type＝text name＝电子邮件〉〈br〉
〈/form〉
〈/body〉〈/html〉
```

运行结果如图 2.21 所示。

【例 2.25】 多行文本输入框

这是一个建立多行文本输入框的专用标记,该标记常可用来实现网页中的评论和 BBS 论坛的留言功能。其语法如下:

```
〈textarea  name＝name  cols＝n  rows＝n  wrap＝off|hard|soft〉
```

其中,name 为文本框名称;clos 为宽度,用于设定多行文本框一次能显示的列数;rows 为高度(行数),用于设定多行文本框一次能显示的行数;wrap 用于换行控制,off 表示不自动换行;hard 为自动硬回车换行,换行标记一同被传送到服务器中去;soft 为自动软回车换行,换行标记不会传送到服务器中去。

示例代码如下:

```
〈html〉〈head〉〈title〉bbs 留言本的留言框设置〈/title〉〈/head〉〈body〉〈form〉bbs 留言
    文本框〈br〉
〈input type＝checkbox checked〉离开时自动回复(100 字以内)〈br〉
```

〈textarea name="123" rows=15 cols=40 value="您好！时值新年来临之际，祝福
    您及您的家人，虎年快乐，万事如意"〉〈textarea/〉〈/form〉〈/body〉〈/html〉

运行结果如图 2.22 所示。

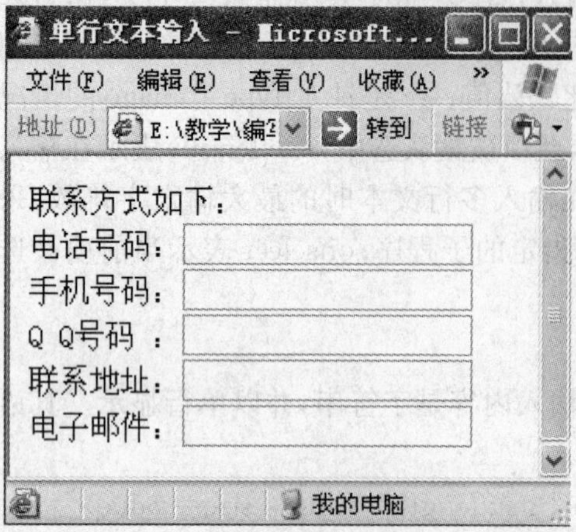

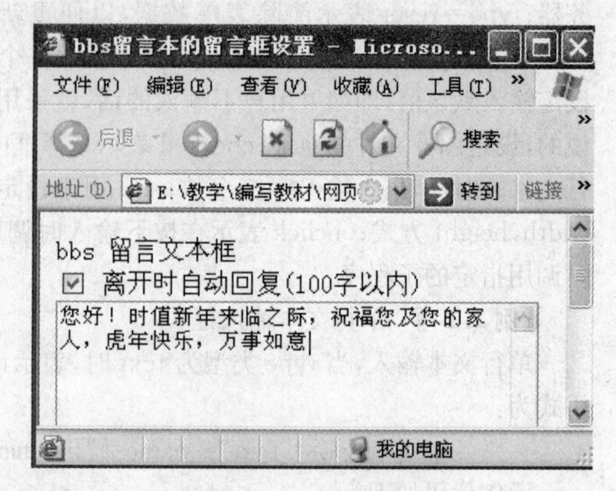

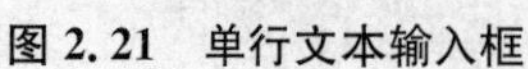

图 2.21 单行文本输入框

图 2.22 多行文本输入框

【例 2.26】 用户登录与文件上传界面

```
〈html〉
〈head〉〈title〉input 输入〈/title〉〈/head〉
〈body bgcolor="#ccccff" Text="#000099"〉
〈form name="my_form" method="post" action="form_submit.html"〉
〈p〉用户名:〈input type="text" size="10"〉
〈p〉密码:〈input type="password" size="10"〉
〈p〉照片上传:〈input type="file"〉
〈p〉〈input type="reset" value="清除"〉
〈p〉〈input type="submit"value="提交"〉〈/form〉〈/body〉〈/html〉
```

运行结果如图 2.23 所示。

【例 2.27】 单选、多选表单的设计

示例代码如下：

```
〈head〉〈title〉表单示例〈/title〉〈/head〉〈body bgcolor="#ccccff" Text=
    "#000099"〉〈form action="http://www.myweb.com/FormSite" method=
    "post"〉〈B〉〈H2 align="left"〉近 5 年春节联欢晚会〈/H2〉〈/B〉〈P〉〈B〉评选"最
    佳小品"请选一个〈/B〉〈/P〉〈P〉〈input type="radio" name="result_Radio
    buttom-4" value="Radio-0"〉卖拐
〈input type="radio" name="result_Radio buttom-4" value="Radio-1"〉暖春
〈input type="radio" name="result_Radio buttom-4" value="Radio-2"〉考验
〈input type="radio" name="result_Radio buttom-4"value="Radio-3"〉花盆〈/P〉〈P〉〈B〉
    评选"最佳相声"请选出两个〈/B〉〈/P〉〈P〉〈input type="checkbox" name=
```

"result _checkBox-4" value=" checkbox-0"〉09 年返乡

〈input type="checkbox" name="result _CheckBox-4" value="CheckBox-1"〉2010 拜年

〈input type="checkbox" name="result _CheckBox-4" value="CheckBox-2"〉08 年酸辣婚礼〈br〉〈/P〉〈P〉〈B〉推选一位 2010 年的春晚小品王〈/B〉〈/P〉〈P〉〈input type=" text" name=" TextField-6" size=" 30" maxlength=" 30"〉〈/P〉〈P〉〈input type="submit" name="Submit" value="提交"〉

〈input type="reset" name="Reset" value="重置"〉〈/P〉〈/form〉〈/body〉

运行结果如图 2.24 所示。

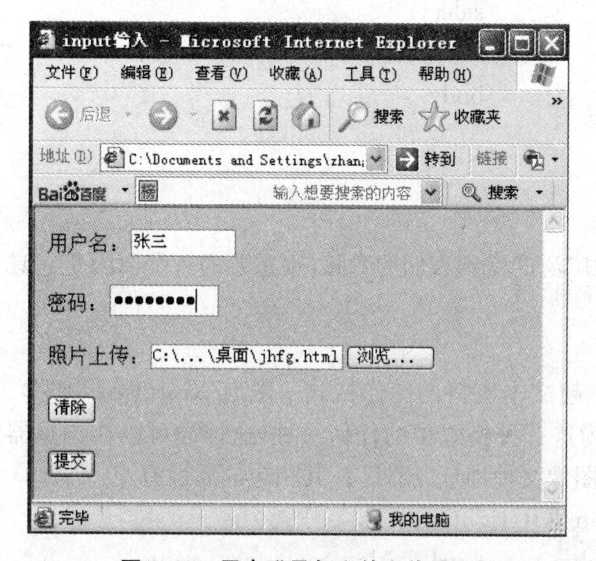

图 2.23　用户登录与文件上传界面

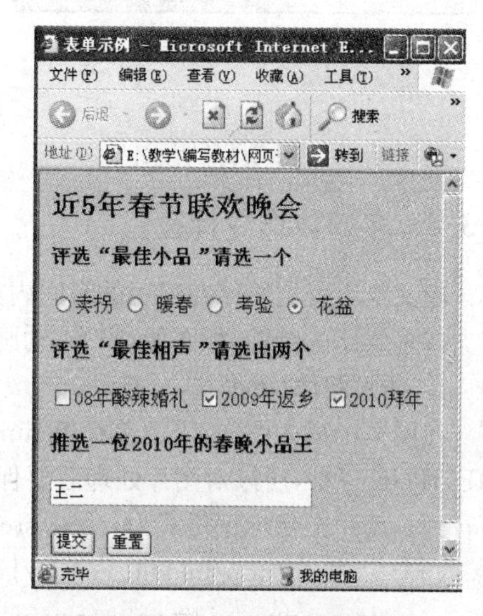

图 2.24　单选、多选表单的设计

5. 选择标记〈select〉

在表单中，利用〈select〉和〈option〉标记，可以实现下拉式菜单或带有滚动条的列表菜单，下拉菜单中的每个选项要用〈option〉标记来定义。这两类选择标记都可以较好地节省网页的空间。在通常情况下，菜单中只能看到一个选项，只有在用户单击按钮打开菜单后才可看到全部选项。列表选项可以显示一定数量的内容，超过部分会自动出现滚动条。选择标记的语法如下：

〈select　name=nametext size=n multiple〉

其中，name 为设定下拉式菜单的名称；size 设定菜单框的高度，也就是一次显示几个菜单项，一般取默认值(size="1")；multiple 设定为可以进行多选。

〈option〉选项标记为下拉菜单中一个选项，语法格式为：

〈option　selected　value=value〉

其中，selected 表示当前项被默认选中；value 表示该项对应的值，在该项被中之后，该项的值就会被送到服务器进行处理。

【例 2.28】　下拉菜单

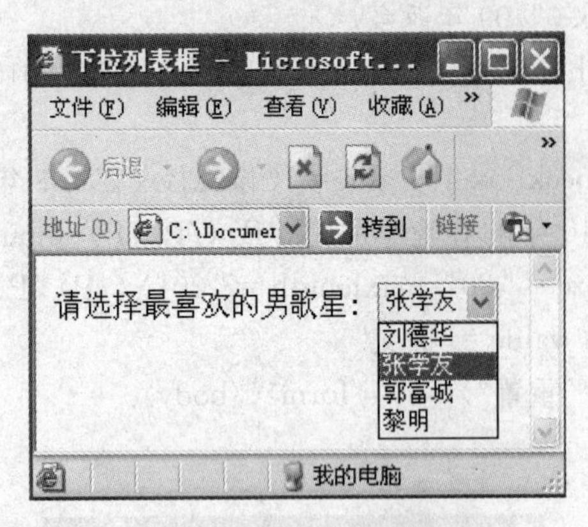

图 2.25 下拉列表框

```
〈head〉
〈title〉下拉列表框〈/title〉〈/head〉
〈body〉〈form action="" method="post"〉
〈p〉请选择最喜欢的男歌星：
〈select size="1"〉
〈option value="ldh"〉刘德华
〈option value="zhxy" selected〉张学友
〈option value="gfch"〉郭富城
〈option value="lm"〉黎明
〈/select〉
〈/form〉
〈/body〉
```

运行结果如图 2.25 所示。

2.3.8 多媒体命令标签

超文本语言之所以在很短的时间内如此广泛的受到人们的青睐，很重要的一个原因是它具有支持多媒体的特性，如图像、声音、动画等。

1. 插入图像〈img〉

在网页中插入图像，采用单标签〈img〉。超文本支持的图像格式一般有 XBitmap(XBM)、GIF、JPGE 三种，所以对图片处理后要保存为这三种格式中的任何一种，这样才可以在浏览器中看到。调用图像标记格式为：〈img src="图像文件地址"属性〉。其相应的属性有：

```
〈img   align=top/middle/center/bottom/left/right
    class=type  id=value  name=value  src=url  title=text  alt=value
    border=n  height=n  width=n  hspace=n  vspace=n
    ismap=image  usemap=url        onload=function  onabort=function
    onerror=function  dynsrc=url controls=controlsloop=n  start=type〉
```

其中，align 指定图像的位置是靠左、右、中、上或者是底，默认情况是靠上，即 align=top；class 和 id 分别指定图像所属的类型和图像的 id 号；name 设定图像的名称；src 规定插入的图像的 URL 地址，也就是含路径的图像文件名；title 设定图像的标题；alt 表示图像的替代字，主要用于在浏览器还没有装入图像（或关闭图像显示）的时候，先显示有关此图像的信息；border 设定图片的边框；height 和 width 用于指定图像的高度和宽度，可以与图片原来的宽度和高度不同；hspace 和 vspace 分别用于设定图像的左右边框和上下边框大小，在图文混排时会用到；ismap 和 usemap 在应用图像地图时使用，ismap 表示图像地图的数据存放在服务器中，当鼠标在图像上的某个区域上时，可以将此区域的坐标传送给服务器处理，usemap 则用于设定图像地图的名称。

【例 2.29】 设置图像边框

图形的边框设置用〈border=#〉属性，单位为像素(pixel)，默认或取 0 时为无边框。

示例代码如下：

〈head〉〈title〉设置图像的边框〈/title〉〈/head〉
〈body〉〈img src=dog. jpeg〉该图像无边框〈p〉
〈img src=dog. jpeg border=2〉该图像边框为3pixel〈p〉
〈img src=dog. jpeg border=5〉该图像边框为5pixel〈p〉
〈/body〉

运行结果如图 2.26 所示。

图 2.26　设置图像边框

【例 2.30】 设置图文混排

align 用于设置图像的对齐方式，指定图像的位置是靠左、右、中、上或者是底，默认情况是靠上，即：align=top。

示例代码如下：

〈head〉〈title〉图文混排设置〈/title〉〈/head〉
〈body〉
〈img src="dog. jpg"　align=top〉文字在右上边〈p〉
〈img src="dog. jpg"　align=middle〉文字在中部〈p〉
〈img src="dog. jpg"　align=bottom〉文字在底部〈p〉
〈img src="dog. jpg"　align=left〉图片在左边。多可爱的两只萨摩耶犬、微笑天使！〈p〉
〈img src="dog. jpg"　align=right〉图片在右边。多可爱的两只萨摩耶犬、微笑天使！〈p〉
〈/body〉

运行结果如图 2.27 所示。

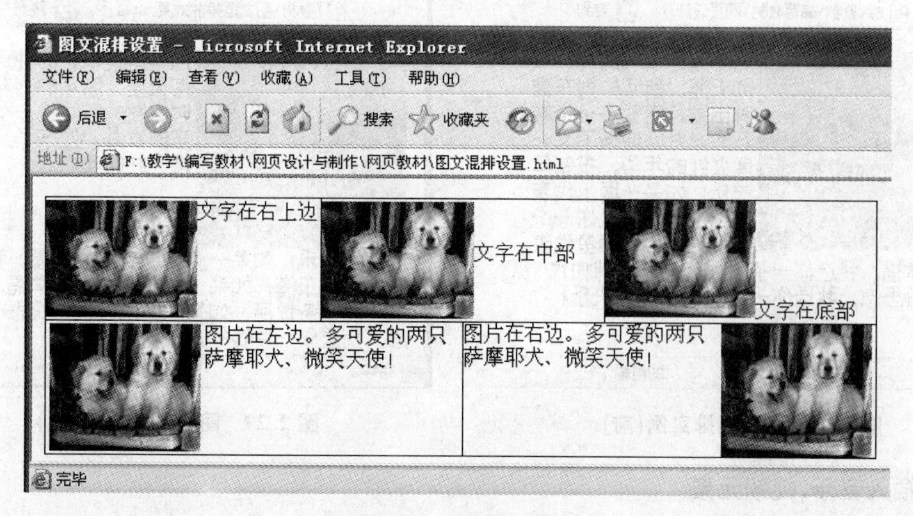

图 2.27　设置图文混排

如果文本不能填满图像周边的空间，并希望在图像的下面一个段落重新开始编辑文本，则仅仅用〈br〉标记无法实现这样的功能，需要在〈br〉标记中使用 clear 属性来控制。

【例 2.31】 图文混排实例(前)

〈head〉〈title〉图文混排前效果〈/title〉〈/head〉

〈body〉〈img src="tiger3. jpg" align=left〉

虎年运程零时的钟声响彻天涯，新年的列车准时出发。它驮去一个难忘的岁月，迎来了又一度火红的年华。祝新年快乐！

如果一滴水代表一个祝福，我送你一个东海；如果一颗星代表一份幸福，我送你一条银河；如果一棵树代表一份思念，我送你一片森林。新年快乐！

〈/body〉

运行结果如图 2.28 所示。

【例 2.32】 图文混排实例(后)

〈head〉 〈title〉图文混排调整后效果〈/title〉〈/head〉

〈body〉

〈img src="tiger3. jpg" align=left〉

虎年运程零时的钟声响彻天涯，新年的列车准时出发。它驮去一个难忘的岁月，迎来了又一度火红的年华。祝新年快乐！

如果一滴水代表一个祝福，我送你一个东海；如果一颗星代表一份幸福，我送你一条银河；如果一棵树代表一份思念，我送你一片森林。新年快乐！

〈/body〉

运行结果如图 2.29 所示。

图 2.28 图文混排实例(前)

图 2.29 图文混排实例(后)

2. 插入音乐、视频元素

HTML 除了可以插入图片之外，还可以播放音乐和视频，在网页中插入 Flash 或 GIF 动画等。用浏览器可以播放的音乐格式有：MIDI音乐、WAV音乐、AU、SWF等格式。另外在利用网络下载的各种音乐格式中，MP3是压缩率最高、音质最好的文件格式。

将音乐做成一个链接，只需用鼠标在上面单击，就可以听到动人的音乐了。其语法格式为：〈a href="音乐或视频地址"〉乐曲名〈/a〉。

如：

〈a href="midi. mid"〉MIDI音乐〈/a〉　　显示：MIDI音乐

〈a href="甘心情愿. mp3"〉甘心情愿〈/a〉　　显示：甘心情愿

〈a href="视频地址"〉视频名称〈/a〉　　显示：视频名称

3. 背景音乐自动载入

借助超链接可以实现网上播放音乐这一功能，也可以让音乐自动载入，让页面出现控制面板或当背景音乐来使用。基本语法如下：

〈embed src="音乐文件地址"〉

或：〈bgsound src="音乐文件地址" loop=#〉（#=循环数）

其属性如下：src="filename"用于设定音乐文件的路径；autostart=true/false用于设定音乐文件传送完后是否自动播放，true表示播放，false表示不播放，false为默认值；loop=true/false用于设定播放重复次数，loop=6表示重复6次，true表示无限次，false表示一次即停止；startime="分:秒"用于设定乐曲的开始播放时间，20s后播放写为startime=00:20；volume=0～100用于设定音量的大小，如果没有设定就用系统的音量；width和height用于设定控制面板的大小；hidden=true隐藏控制面板；controls=console/smallconsole用于设定控制面板的样子。如：

〈embed src="midi. mid" autostart=true hidden=true loop=true〉

〈embed src="花心. avi" autostart=false loop=false width=350 height=250〉

〈embed src="沧海一声笑. swf" autostart=false loop=false width=350 height=250〉

4. 带控制面板的音乐播放界面

【例2.33】 带控制面板的音乐播放界面

〈head〉〈title〉播放音乐〈/title〉〈/head〉

〈body〉〈embed src="老鼠爱大米. mp3"

loop=true width=145 height=60〉〈P〉

出现控制面板了，你可以控制它的开与

关，还可以调节音量的大小。〈/P〉

〈/body〉

运行结果如图2.30所示。

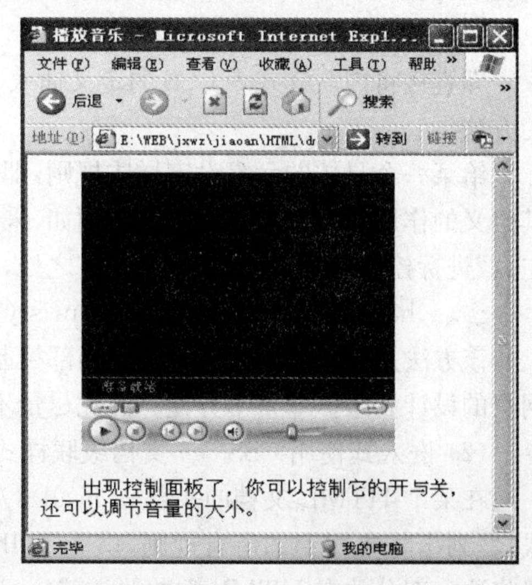

图2.30　带控制面板的音乐播放界面

2.3.9　层叠样式表标签(CSS)

1. CSS简介

CSS(Cascading Style Sheets)技术是一种格式化网页的标准方式，它通过设置CSS属性使网页元素获得各种不同效果。CSS不是一种程序设计语言，只是一种用于网页排版的标识性语言，是对现有 HTML 语言功能的补充和扩展。

CSS 样式表是一系列格式规则。使用 CSS 样式可以非常灵活并更好地控制确切的网页内容的外观，从精确的布局定位到特定的字体和样式。要使网页的文本大小不受浏览器设置的控制，应使用 CSS 样式定义网页中的文本。

CSS 样式可以控制许多仅用 HTML 无法控制的属性，它的主要功能是通过对 HTML 选择器进行设定，来实现对网页中的字体、字号、颜色、背景、间距、风格及位置、图像及其他元素的控制，可以灵活地设置一个文本块的行高、缩进，并可以加入三维效果的边框，使网页能够完全按照设计者的要求来显示。

CSS 可以很方便地管理网页显示格式方面的工作，CSS 用多种额外的效果扩展了表现形式，这样使得用户对颜色、字体方面有更加丰富的选择，从而更好地区分和管理文档中的不同元素。特别是，无论对于单篇文档，还是整个网站中的文档，用户可以借助于 CSS 对文档中所有标签的显示形式进行独立的控制。

2. CSS 样式表语法构成

CSS 的定义由三部分构成：选择符 selector、属性 property 和属性值 value。其基本格式如下：

```
selector{property 1:value 1;property 2:value 2;……}
```

其中，selector（选择符）表示需要应用样式的内容，是 HTML 标签；property 表示由 CSS 标准定义的样式属性；value 表示样式属性的值。

3. CSS 样式表的类型与应用

根据不同的需要，人们设计了三种类型的 CSS 样式表：内联样式表、文档级联样式表、外部样式表。分别对应于三种应用方式：直接、嵌入或独立的样式文件。

CSS 的使用非常灵活，在某一文档中可以使用一种或多种格式，将 CSS 和 HTML 标签结合起来，从而有效地控制网页元素的显示方式。CSS 的其他内容和相关知识可参阅 CSS 手册或在 http://www.w3c.org/网站查询。

(1) 直接使用 CSS——内联样式表

即直接将内联样式表 CSS 的定义插入 HTML 的语句中，这是使用 CSS 的最简单、最直观的方法。

给某一个具体的元素设定样式规则，即在该元素的开始标签内直接写入具体的样式规则，其定义的作用范围仅限于该元素。例如，采用内联样式表，对网页中将要显示的“欢迎光临我的主页”进行控制，就在该文档元素标签之处，插入 style 属性即可，代码如下：

```
<h3 style="color: blue; font-style: song">欢迎光临我的主页</h3>
```

该方法是单独对每个元素进行局部控制，若属性越多，在标签中添加的代码就越多，这对于网页的设计和维护非常不方便。因此尽量不用这种方式。

(2) 嵌入式使用 CSS——文档级联样式表

在某个 HTML 文档的头部（<head></head>）之间，使用<style></style>标识声明 CSS 样式，罗列出将要用到的所有规则，供 HTML 文档在需要时套用。其作用范围限于该文档。一般将这一部分放在 HTML 文档的头部。

【例 2.34】 利用级联样式表定义的规则来控制上例中的元素

示例代码如下：

```
〈head〉〈title〉级联样式表设置效果〈/title〉
  〈style type="text/css"〉
  〈! — h1{font-family:"宋体" font-size:9pt; color:blue}
       h2{ font-style:song; font-size:13pt; color:red}"-->
  〈/style〉
  〈/head〉
  〈body〉
  〈h1〉============下面是 H1 元素:==============〈h1〉
  〈h1〉虎年运程零时的钟声响彻天涯，新年的列车准时出发。〈h1〉
  〈h2〉=================下面是 H2 元素:==============〈h2〉
  〈h2〉它驮去一个难忘的岁月，迎来了又一度火红的年华。祝新年快乐！〈h2〉
  〈/body〉
```

运行后的结果如图 2.31 所示。

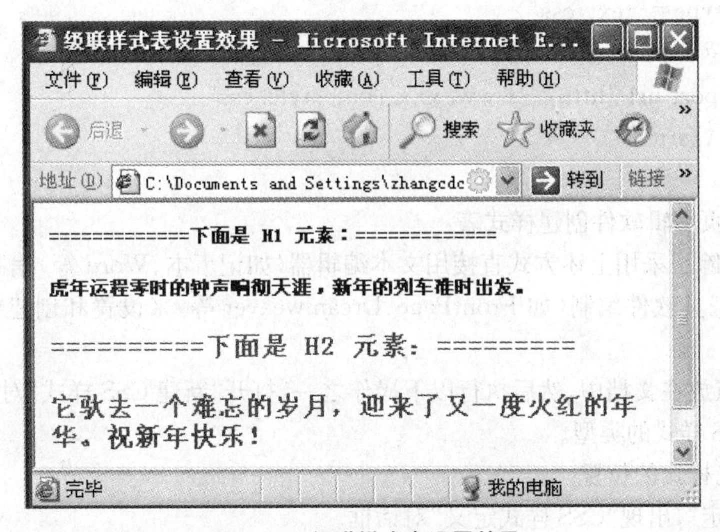

图 2.31　级联样式表设置效果

(3) 独立的样式表——外部样式表

将所有样式规则整合成一个独立的文档(常用.css 为后缀名，置于网页目录夹中，供相关网页调用)，该样式表的作用范围是所有引用或链接它的 HTML 文档。外部样式表是一个独立的纯文本文档，将所有的规则放入该文档内，并命名为"*.css"，如"style.css"。外部样式表的最大优点在于，它可以由浏览器通过网络加载，随时随地地存储与使用，并不需要本地计算机具有该样式表文件，并且可以用于多个文档，对庞大的文档集中所有的相关联的标签起作用。

CSS 以文件的形式存在，在 HTML 文档头通过文件引用进行控制。载入该类样式表有两种方法：链接和导入。

① 链接外部样式表方法。将定义成独立文本文件的 CSS 文件(如 styles.css)链接到

HTML 文档中，即在文档的〈head〉标签中使用〈link〉标记，使用该标记的 rel 属性指定外部样式表文件与 HTML 文档的关系为 stylesheet(rel="stylesheet")，用 type 属性指定引用的文档为 CSS 文档(type="text/css")，使用 href 指定 CSS 文档的位置。链接方式的代码为：

〈head〉　〈title〉链接外部样式表设置〈/title〉

〈link rel="stylesheet" type="text/css" href="styles.css" title="blue song"〉

〈/head〉

〈body〉

美丽的江城。本例样式文件定义的字体为楷体、大小为 18px、间距为 9px、颜色为绿色。

〈/body〉

② 导入外部样式表方法。导入外部样式表的方式是将定义成独立文本的 CSS 文件(如 style.css)，利用〈style〉标记中的特殊命令@import 将样式表导入到 HTML 文档中。其相应的代码为：

〈head〉　〈title〉采用导入样式表设置〈/title〉

〈style type="text/css"〉

〈! — @import url(http://www.xxx.com/style.css)

@import url "http://www.xxx.com/style.css"

--〉　〈/style〉

〈/head〉

(4) 利用网页编辑软件创建样式表

创建样式表除了采用上述方式直接用文本编辑器(如记事本、Word 等)编制 CSS 样式文档外，还可以使用工具软件编制(如 FrontPage、Dreamweaver 等)来设置和创建样式文件。其设置步骤如下：

① 将添加点放在文档中，然后执行以下操作之一，打开“新建 CSS 样式”对话框。

② 定义 CSS 样式的类型。

③ 选择定义样式的位置。

④ 单击“确定”，出现“CSS 样式定义”对话框。

⑤ 选择要为新 CSS 样式设置的样式选项。

⑥ 设置完样式属性后，单击“确定”。

【例 2.35】 利用 FrontPage 软件在当前页面嵌入样式表文件

步骤如下：

① 单击 FrontPage 2003 菜单栏“文件”→“新建”→“网页”。

② 在弹出的“新建”对话框中选择“样式表”选项卡。

③ 选出一款样式单击。

④ 在弹出的“样式”工具栏中单击“样式”按钮。

⑤ 此时弹出“样式”对话框，在“样式”对话框(如图 2.32 所示)中的“样式”栏内选择一个名称或单击“新建”按钮。

⑥ 在弹出的“新建样式”对话框中单击“格式”按钮，选择对应的项目。

⑦ 按设计要求完成之后单击“确定”按钮，此时在 HTML 界面中可以看到插入的样式表代码。

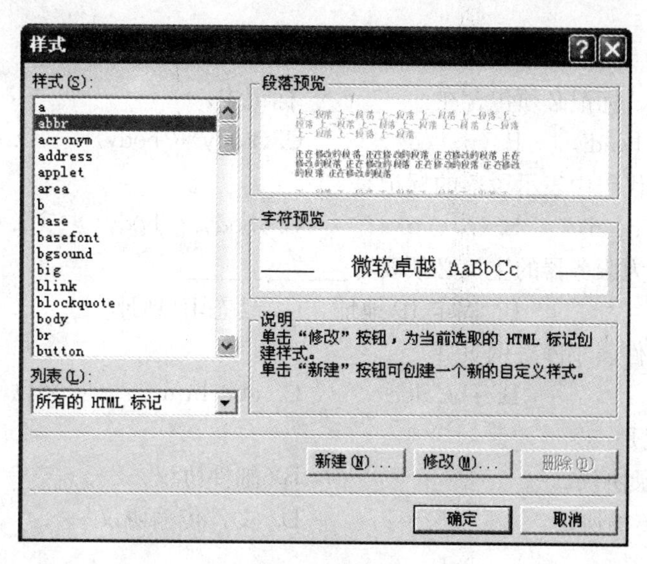

图 2.32　“样式”对话框

【例 2.36】 利用 Dreamweaver 软件在当前页面嵌入样式表文件

步骤如下：

① 进入 Dreamweaver 8.0。

② 在“创建新项目”中单击 CSS，进入代码编辑页面；或在菜单栏选择“文件”→“新建”。

③ 在弹出的“新建文档”对话框中选择“常规”选项卡，单击“创建”按钮。

④ 在打开的主窗口中编写 CSS 代码或编辑改写 Dreamweaver 创建的代码。

综合练习题

一、填空题

1. HTML 是________的缩写，意思为________。

2. 网站首页的文件名是固定的，一般是________或________，其他页面可以自由命名，但首页一定要是标准名称。

3. HTML 源代码包括________和________两大部分。

4. 中国的国家代码域名为________。

5. 目前，网页中使用的较多的图像格式主要是 GIF、________和________。

6. 网页分成两种模式，________网页和________网页。

7. 〈marquee〉代码的作用________。

8. 网页文件的头部分使用标签是________和________。

9. 网页文件的标题使用标签是________和________括起来。

10. 将新浪网的网址 http://www.sina.com 建立超链接的源代码是____________。

二、选择题

1. 〈title〉〈/title〉标记必须包含在________标记中。

A. 〈head〉〈/head〉　B. 〈p〉〈/p〉　C. 〈body〉〈/body〉　D. 〈table〉〈/table〉

2. 在网页的源代码中表示段落的标记是________。

A. 〈head〉〈/head〉　B. 〈p〉〈/p〉　C. 〈body〉〈/body〉　D. 〈table〉〈/table〉

3. 互联网上作为服务器的主机必须要有________。

A. 域名　B. 固定 IP 地址　C. 动态 IP 地址　D. 多个 IP 地址

4. 下面哪些文件属于静态网页________。

A. abc.asp　B. abc.doc　C. abc.htm　D. abc.jsp

5. HTTP 协议是________。

A. 远程登录协议　B. 邮件协议

C. 超文本传输协议　D. 文件传输协议

6. CSS 的含义是________。

A. 文档对象模型　B. 客户端脚本程序语言

C. 级联样式表　D. 可扩展标记语言

7. 超级链接使用的标记是________。

A. 〈title〉　B. 〈body〉　C. 〈a〉　D. 〈head〉

8. 在表格标记中，〈td〉〈/td〉标签表示________。

A. 表格中的行　B. 表格中的列　C. 表格中的单元格　D. 表格边的宽度

9. 添加背景音乐可以自动播放的 HTML 标签是________。

A. 〈bgsound〉　B. 〈bgmusic〉　C. 〈bgm〉　D. 〈music〉

10. 以下扩展名中不表示网页文件的是________。

A. .htm　B. .html　C. .asp　D. .txt

11. HTML 网页可以用以下________工具制作。

A. Word　B. 记事本　C. Dreamweaver　D. 以上均可

12. HTML 语言中，设置背景颜色的代码是________。

A. 〈body bgcolor=?〉　B. 〈body text=?〉

C. 〈body link=?〉　D. 〈body vlink=?〉

13. 网页的主体内容将写在________标签内部。

A. 〈body〉　B. 〈head〉　C. 〈html〉　D. 〈p〉

14. DHTML 最主要的优点包括________。

A. 动态样式　B. 动态定位　C. 动态链接

D. 动态内容　E. 动态扩展

15. 同一站点下的网页之间链接使用的路径是________。

A. 绝对路径　B. 完全路径

C. 相对路径　　　　　　　　　　　　D. 基于站点根目录相对路径

16. 〈img〉标记符中连接图片的参数是________。

A. href　　　　　B. src　　　　　C. type　　　　　D. align

三、简答题

1. HTML语言中的标记有哪几类？它们的格式是如何规定的？

2. HTML文件的基本结构应包含哪些标记或语句？请写出一个标准页面的基本HTML代码。

3. 静态网页和动态网页有何不同？

4. 网页有哪些基本元素？

5. 在网页中如何添加背景声音？

6. 试述三种创建CSS样式表的方法。

7. HTML在使用独立的样式表文件时，可以采用哪些方法？试举例说明。

8. 在组成CSS样式表的规则中有哪些选择器？有什么区别？

四、上机操作题

1. 请编写一段代码，在网页中实现添加弹出式菜单。

2. 在本章中学习了很多网页制作的技巧，请你在所作的网页中嵌入适当的音乐(可以是你喜欢的，但一定要与你的网页相协调)。

3. 请你根据所学表单内容，设计一个登录页面，在登录页面中要输入用户名和密码，然后要设置提交和重新输入按钮，请提交你所作的网页的HTML文件。(仅要一个表格练习表单即可，不需考虑网页的设计和布局。)

4. 用记事本编辑一个页面，标题栏显示"欢迎大家光临我的网站!"，网页内容包括：

① "我会努力学习网页制作技术!"，"我一定能制作出精美的网页!"。

② 在页面开始添加动态字幕"欢迎光临我的网站!"，背景色为黄色，字体为红色。

③ 加上背景音乐。

④ 添加一张图片。

所有内容居中排列。

5. 编写一段代码实现图2.33中所示的表格。

水果类

苹果	梨子	香蕉	桃子
4箱	10箱	20箱	12箱
2元/斤	1.5元/斤	4元/斤	3元/斤

图2.33　制作表格

6. 根据图 2.34 所示内容，完成下面表单的 HTML 代码。

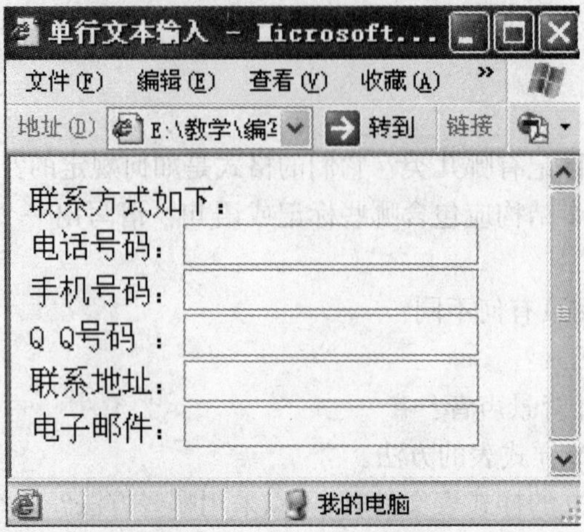

单行文本输入 - Microsoft...
文件(F) 编辑(E) 查看(V) 收藏(A)
地址(D) E:\教学\编 转到 链接
联系方式如下：
电话号码：
手机号码：
Q Q号码 ：
联系地址：
电子邮件：
我的电脑

图 2.34 单行文本输入

〈html〉〈head〉〈title〉单行文本输入框〈/title〉〈/head〉〈body〉______________

联系方式如下：〈br〉

电话号码：______________________

手机号码：〈input type＝text name＝手机号码〉〈br〉

QQ 号码：〈input type＝text name＝________〉〈br〉

联系地址：〈input type＝text name＝联系地址〉〈br〉

电子邮件：〈input type＝text name＝电子邮件〉〈br〉

________〈/body〉〈/html〉

第 3 章　Dreamweaver 8.0 基础及提高

Dreamweaver 是美国 Macromedia 公司开发的，集网页制作和网站管理于一身的网页编辑器。它是第一套针对专业网页设计师特别发展的视觉化网页开发工具，利用它可以轻而易举地制作出跨越平台限制和跨越浏览器限制的充满动感的网页。它与 Flash、Fireworks 合在一起被称为网页制作三剑客，这三个软件相辅相成，是制作网页的最佳选择。其中，Dreamweaver 主要用来制作网页文件，制作出来的网页兼容性比较好，制作效率也很高，Flash 用来制作精美的网页动画，而 Fireworks 用来处理网页中的图形。

Dreamweaver 成功整合众多功能，制作效率高，并提供超强的支援能力给 Third-party 厂商，包含 ASP，Apache，BroadVision，Cold Fusion，iCAT，Tango 与自行发展的应用软体。支援精准定位，利用可轻易转换成表格的图层以拖拉置放的方式进行版面配置。本章将介绍 Dreamweaver 8.0 基本功能及利用它制作网页的基本方法。

3.1　Dreamweaver 8.0 入门

3.1.1　Dreamweaver 8.0 界面介绍

在首次启动 Dreamweaver 8.0 时会出现一个界面，这是一个“工作区设置”对话框，如图 3.1 所示。在对话框左侧是 Dreamweaver 8.0 的设计视图，右侧是 Dreamweaver 8.0 的代码视图。Dreamweaver 8.0 设计视图布局提供了一个将全部元素置于一个窗口中的集成布局。我们选择面向设计者的设计视图布局。

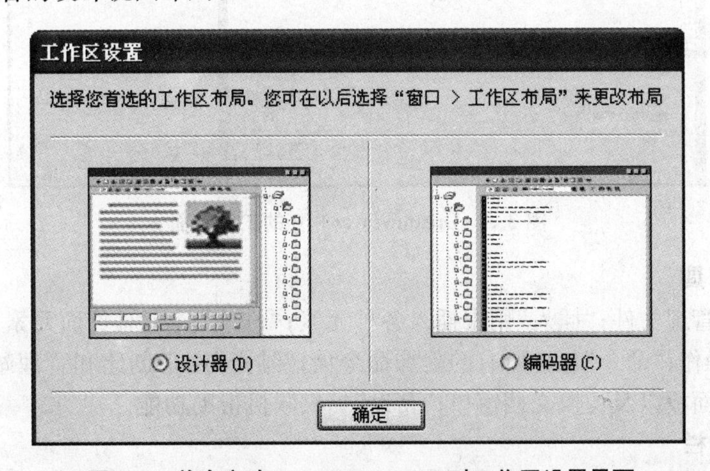

图 3.1　首次启动 Dreamweaver 8.0 时工作区设置界面

3.1.2 Dreamweaver 8.0 的工作环境

Dreamweaver 8.0 标准工作界面大致可以分为以下几个区域：标题栏；菜单栏；文档工具栏；插入栏；文档窗口；属性栏；状态栏；浮动面板组。Dreamweaver 8.0 的启动界面和工作界面分别如图 3.2 和图 3.3 所示。

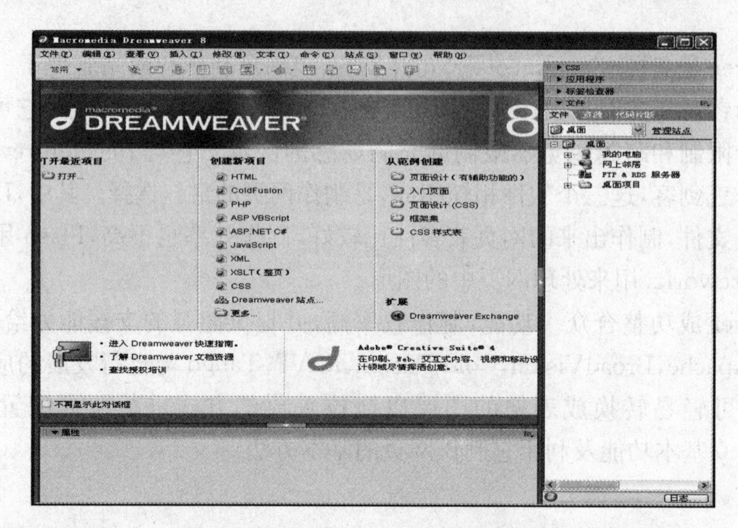

图 3.2 Dreamweaver 8.0 的启动界面

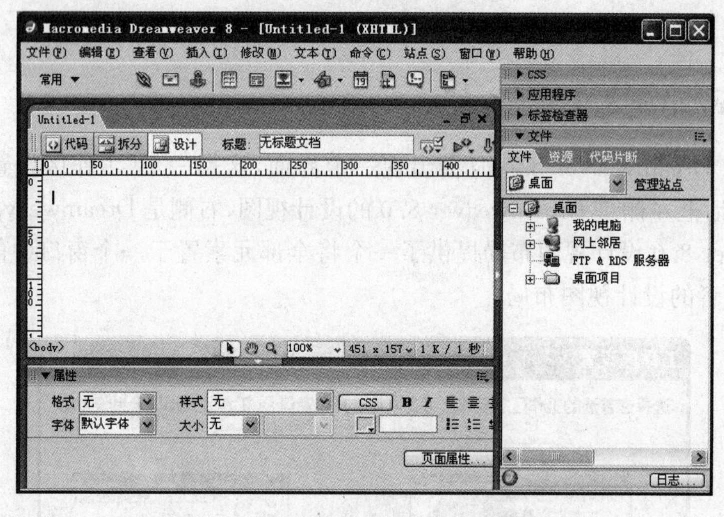

图 3.3 Dreamweaver 8.0 的工作界面

1. 菜单栏工具

“文件”用来管理文件；“插入”用来插入各种元素；“修改”具有对页面元素修改的功能；“文本”用来对文本操作；“命令”包含所有的附加命令项；“站点”用来创建和管理站点；“窗口”用来显示和隐藏控制面板以及切换文档窗口；“帮助”提供联机帮助功能。

2. 文档工具栏

文档工具栏包含各种按钮，它们提供各种“文档”窗口视图（如“设计”视图和“代码”视图）的选项,各种查看选项和一些常用操作(如在浏览器中预览)。

3. 文档窗口

文档窗口显示当前文档。可以选择下列任一视图:“设计”视图是一个用于可视化页面布局、可视化编辑和快速应用程序开发的设计环境,在该视图中,Dreamweaver 8.0 显示文档的完全可编辑的可视化表示形式,类似于在浏览器中查看页面时看到的内容;“代码”视图是一个用于编写和编辑 HTML、JavaScript、服务器语言代码以及任何其他类型代码的手工编码环境。“代码”和“设计”视图使用户可以在单个窗口中同时看到同一文档的“代码”视图和“设计”视图。

4. 属性栏

属性面板并不是将所有的属性加载在面板上,而是根据用户选择的对象来动态显示对象的属性。属性面板的状态完全是随当前在文档中选择的对象来确定的。例如,当前选择了一幅图像,那么属性面板上就出现该图像的相关属性;如果选择了表格,那么属性面板会相应的变化成表格的相关属性。

5. 状态栏

文档窗口底部的状态栏提供了与正在创建的文档相关的其他信息。标签选择器显示环绕当前选定内容的标签的层次结构。单击该层次结构中的任何标签以选择该标签及其全部内容。

3.2 创建新站点

通常,创建站点是从对其进行规划开始的:决定要创建多少页,每页上显示什么内容以及页是如何互相连接起来的(在本节,我们将创建一个非常简单的站点,不需要太多的规划,它将只包含简单 Web 页)。站点包括 Web 站点、远程站点和本地站点。Web 站点是一组位于服务器上的页,使用 Web 浏览器访问该站点的访问者可以对其进行浏览。远程站点是服务器上组成 Web 站点的文件,这是从创作者的角度而不是访问者的角度来看的。本地站点是与远程站点上的文件对应的本地磁盘上的文件。在本地磁盘上编辑文件,然后将它们上传到远程站点。

Dreamweaver 站点定义指的是本地站点的一组定义特性,以及有关本地站点和远程站点对应方式的信息。使用“站点定义”对话框创建站点定义,可以以两种视图中的任意一种来填写此对话框:“基本”或“高级”。“基本”方法指导一步一步地完成站点设置。如果在没有指导的情况下编辑站点信息,则可以随时单击“高级”选项卡。以下过程介绍如何设置“基本”版本对话框中的选项,该版本的对话框也叫做“站点定义向导”,如果需要有关如何在“高级”版本中设置选项的详细信息,请单击“高级”选项卡,然后单击“帮助”按钮。

用基本方法定义站点的步骤包括:① 选择“站点”→“新建站点”,就会出现“站点定义”对话框。②如果对话框显示的是“高级”选项卡,则单击“基本”,出现“站点定义向导”的第一个屏幕,要求为站点输入一个名称。在文本框中,输入一个名称以在 Dreamweaver 中标识该站点(该名称可以是任何所需的名称,例如,可以将站点命名为“我的个人主页”)。③ 单击“下一步”出现向导的下一个屏幕,询问是否要使用服务器技术。选择“否”选项指示目前该站点是一个静态站点,没有动态页。④ 单击“下一步”出现向导的下一个屏幕,询问要如何使用文件。选择标有“编辑我的计算机上的本地副本,完成后再上传到服务器(推荐)”的选项。⑤ 文本框允许在本地磁盘上指定一个文件夹，Dreamweaver 将在其中存储站点文件的本地版本，若要指定一个准确的文件夹名称，通过浏览指定要比键入路径更加简便易行，因此请单击该文本框旁边的文件夹图标，随即会出现“选择站点的本地根文件夹”对话框，在“选择站点的本地根文件夹”对话框中，先浏览到本地磁盘上可以存放所有站点的文件夹。⑥ 单击“下一步”出现向导的下一个屏幕，询问如何连接到远程服务器，从弹出式菜单中选择“无”，单击“下一步”，该向导的下一个屏幕将出现，其中显示设置概要。

3.3 网页文件的基本操作

3.3.1 创建、保存和打开网页文件

若要创建新的空白文档，请执行以下操作：① 选择“文件”→“新建”，即出现“新建文档”对话框，“常规”选项卡已被选定。② 从“类别”列表中选择“基本页”、“动态页”、“模板页”、“其他”或“框架集”，然后从右侧的列表中选择要创建的文档的类型，例如，选择“基本页”创建 HTML 文档，或选择“动态页”创建 ColdFusion 或 ASP 文档。

若要保存新文档，请执行以下操作：① 选择“文件”→“保存”，提示最好将文件保存在 Dreamweaver 站点中，在出现的对话框中，定位到要用来保存文件的文件夹，在“文件名称”文本框中，键入文件名。不要在文件名和文件夹名中使用空格和特殊字符，文件名也不要以数字开头。具体说来就是不要在打算放到远程服务器上的文件名中使用特殊字符或标点符号（如冒号、斜杠或句号），很多服务器在上传时会更改这些字符，这会导致与这些文件的链接中断。② 单击“保存”。

若要打开文件，请执行以下操作：① 选择“文件”→“打开”。② 在“打开”对话框中，选择文件并单击“打开”。

3.3.2 设置网页的页面属性

单击“属性栏”中的“页面属性”按钮，打开“页面属性”对话框。“外观”是设置页面的一些基本属性，可以定义页面中的默认文本字体、文本字号、文本颜色、背景颜色和背景图像等。“链接”选项内是一些与页面的链接效果有关的设置，“链接颜色”定义超链接文本默认状态下的字体颜色，“变换图像链接”定义鼠标放在链接上时文本的颜色，“已访问链接”定义访问过的链接的颜色，“活动链接”定义活动链接的颜色，“下划线样式”可以定义链接的下划线样式。“标题”用来设置标题字体的一些属性，可以定义标题字体及 6 种预定义的标题字体样式，包括粗体、斜体、大小和颜色。

3.3.3 网页图像的插入和属性设置

目前互联网上支持的图像格式主要有 GIF、JPEG 和 PNG，其中使用最为广泛的是 GIF 和 JPEG。在制作网页时，先构想好网页布局，在图像处理软件中将需要插入的图片进行处理，然后存放在站点根目录下的文件夹里。插入图像时，将光标放置在文档窗口需要插入图像的位

置，然后鼠标单击常用插入栏的“图像”按钮，弹出“选择图像源文件”对话框，选择图像，单击“确定”按钮就把选中的图像插入到了网页中。

选中图像后，在属性面板中显示出了图像的属性。在属性面板的左上角，显示当前图像的缩略图，同时显示图像的大小。在缩略图右侧有一个文本框，在其中可以输入图像标记的名称。图像的大小是可以改变的。当图像的大小改变时，属性栏中“宽”和“高”的数值会以粗体显示，并在旁边出现一个弧形箭头，单击它可以恢复图像的原始大小。“水平边距”和“垂直边距”文本框用来设置图像左右和上下与其他页面元素的距离。“边框”文本框用来设置图像边框的宽度，默认的边框宽度为0。“替代”文本框用来设置图像的替代文本，可以输入一段文字，当图像无法显示时，将显示这段文字。单击属性面板中的“对齐”按钮，可以分别将图像设置成浏览器居左对齐、居中对齐、居右对齐。在属性面板中，“对齐”下拉列表框是设置图像与文本的相互对齐方式，共有10个选项。通过它可以将文字对齐到图像的上端、下端、左边和右边等，从而可以灵活地实现文字与图片的混排效果。

单击常用插入栏的“图像”按钮，除了第1项“图像”外，还有“图像占位符”、“鼠标经过图像”等项目。在布局页面时，如果要在网页中插入一张图片，可以先不制作图片，而是使用占位符来代替图片位置。单击下拉列表中的“图像占位符”，打开“图像占位符”对话框。按设计需要设置图片的宽度和高度，输入待插入图像的名称即可。鼠标经过图像实际上由两个图像组成，主图像(当首次载入页时显示的图像)和次图像(当鼠标指针移过主图像时显示的图像)。这两张图片要大小相等，如果不相等，编辑自动调整次图片的大小跟主图像大小一致。

3.3.4 用HTML标记格式化文本

在〈body〉〈/body〉之间插入如下代码：

〈B〉〈font size="+7"〉黑体字〈/font〉〈/B〉

〈P〉〈I〉〈font size="4"〉斜体字〈/font〉〈/I〉

〈P〉〈U〉〈font color="#00FFFF"〉加下划线〈/font〉〈/U〉

〈P〉〈BIG〉〈font color="#FF0000"〉大型字体〈/font〉〈/BIG〉

〈P〉〈SMALL〉小型字体〈/SMALL〉

〈P〉〈BLINK〉〈font color="#0000CC" size="+5"〉闪烁效果〈/font〉〈/BLINK〉

运行后的效果如图3.4所示。

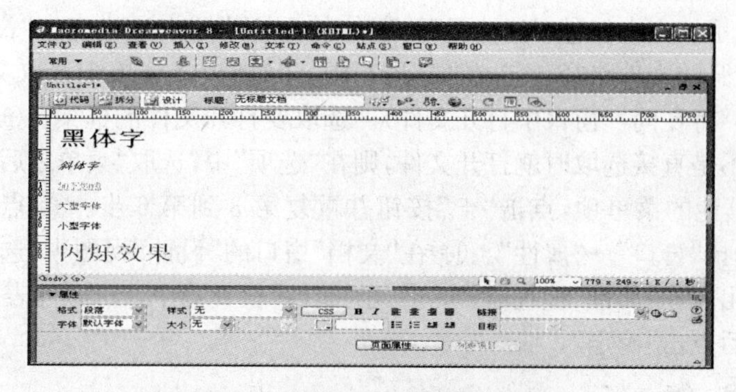

图3.4 HTML标记格式化文本

3.3.5 创建超链接的方法

利用超级链接可以实现文档间或文档中的跳转。超级链接由两部分组成:链接的载体以及链接的目标地址。许多页面元素可以作为链接载体,如:文本、图像、图像热区、轮替图像、动画等。而链接目标可以是任意网络资源,如:页面、图像、声音、程序、其他网站、E-mail、锚点(书签,即页面中的某个位置)。

1. 制作超链接

① 在文档窗口的设计视图中选中一文本或图像。② 打开属性检查器并执行以下任一操作:点击链接域右边的文件夹图标浏览并选取文件;浏览找到被链接文档,路径出现在 URL 域中;点击链接域右边的指向文件按钮,将其拖至一个文件创建链接;在链接域中,输入文档的路径与文件名;要链接到本站点中的某一文档,输入一个文档相对或根相对路径;要链接到当前站点之外的文档,输入包括协议名的绝对路径(比如 http://www.ahnu.edu.cn)。③ 选择文档打开的位置。要使被链接文档不出现在当前窗口或帧中,从属性检查器的目标弹出菜单中选取一个选项。

2. 创建对命名锚点的链接

① 在文档窗口的设计视图中,置插入点到需要命名锚点的地方,执行以下任一操作:选择"插入"→命名的锚点;在"插入"栏的"常用"类别中,单击"命名锚记"按钮。② 在"插入命名的锚点"对话框的锚点名域中,输入锚点名。如果锚点标记没有出现在插入点位置,选择"查看"→"可视化助理"→"不可见元素"。③ 在文档窗口的设计视图中,选中要从中创建链接的文本或图像。④ 在属性检查器的链接域中,输入数值符(#)和锚点名。例如:要链接到当前文档中一名为"top"的锚点,输入"#top"。要链接到处于同一文件夹的另一文档中一名为"top"的锚点,输入"filename.html#top"。

3. 创建电子邮件链接

① 将插入点置于 E-mail 链接出现的地方,或选中要作为 E-mail 链接出现的文本或图像。② 选择"插入"→"电子邮件链接"。在对象面板的常用类别中,选择插入 E-mail 链接。

4. 创建跳转菜单

① 选择"插入"→"表单对象"→"跳转菜单",出现"插入跳转菜单"对话框。② 如果需要创建选择提示,则在对话框的"文本"域中键入提示文本。在"选项"中选取"URL 更改后选择第一个项目",然后点击"+"按钮添加一个菜单项。③ 在"插入跳转菜单"对话框的文本域中输入需要在菜单列表中显示的文本。④ 在"选择时,前往的 URL"域中通过点击"浏览",选取要打开的文件或键入要打开的文件路径。⑤ 在"打开 URL 于"弹出式菜单中选取文件要在什么地方打开(选取"主窗口"将在同一窗口中打开文件)。选取要打开文件的框架。⑥ 若要在菜单后加入"前往"按钮,而不是直接选取时就打开文件,则在"选项"中,选取"菜单之后插入前往按钮"选项。⑦ 若要添加其他的菜单项,点击"+"按钮并重复第 3 到第 6 步。⑧ 点击"确定"。⑨ 在"属性"检查器中选择"窗口"→"属性"。⑩ 在"文档"窗口的"设计"视图中,选取跳转菜单对象。"列表/菜单"图标出现在"属性"检查器中。⑪ 在"属性"检查器中,点击"列表值"按钮。⑫ 对菜单项进行修改,然后点击"确定"。

5. 创建导航条

① 选择"插入"→"交互式图像"→"导航条",出现"插入导航条"对话框。② 在"项目名称"

域中键入导航条元素的名称。③ 为元素选取图像状态选项(必须设置“一般”图像,其他的状态图像是可选的),在“一般状态图像”域中,点击“浏览”选取最初要显示的图像。在“鼠标经过图像”域中,点击“浏览”选取用户鼠标经过“一般”图像上方时要显示的图像。在“按下图像”域中,点击“浏览”选取当用户点击该元素后要显示的图像。在“按下时鼠标经过图像”域中,点击“浏览”选取当用户鼠标经过“按下”图像时要显示的图像。④ 在“点击时,前往的 URL”域中,指定链接文件打开的位置(如果要在同一窗口中打开文件则选取“主窗口”。要在不同窗口打开则选取要打开文件的框架)。⑤ 选取图像加载选项,“预先载入图像”将在页面加载时下载图像。选取“页面载入时就显示‘按下图像’”将对所选取元素在页面加载时就显示“按下”状态,而不是默认的“一般”状态。⑥ 在“插入”选项中可以选取以下选项:若要选择导航条元素在文档中是水平插入还是垂直插入,使用“插入”弹出式菜单。若要将导航条元素作为表格插入,选取“使用表格”复选框。⑦ 点击“+”按钮添加导航条中的其他元素,然后重复第 2 步到第 6 步,直到定义完所有元素。⑧ 点击“确定”。

6. 修改导航条

① 选择“修改”→“导航条”。② 在“导航条元素”列表中,选取需要编辑的元素。③ 进行修改,点击“确定”。

3.3.6 Dreamweaver 中的链接管理设置方法

链接管理包括以下步骤:①选择“编辑”→“参数选择”,然后选中“常规类别”。②从“移动文件时更新链接”弹出菜单中选择“总是”或“提示”,并点击“确定”。如果选择的是“总是”,Dreamweaver 在移动或重命名选中的文档时,自动更新所有指向和来自选中文档的链接。如果选择“提示”,Dreamweaver 首先显示一个对话框列出所有被该变动影响的文件,点击“更新”则更新这些文件中的链接,点击“不更新”则保持这些文件不变。

修改链接包括以下步骤:① 选中要修改链接的文本或图像。② 使用属性面板的链接框重新设定;或点鼠标右键,在快捷菜单中选择修改链接。

删除链接包括以下步骤:① 选中要修改链接的文本或图像。② 删除属性面板的链接框中的内容;或点鼠标右键,在快捷菜单中选择删除链接。

全站点改变链接包括以下步骤:① 在站点窗口的本地文件夹窗格中选中一个文件。② 选择“站点”→“改变站点范围的链接”。③ 在出现的对话框中,点击文件夹图标浏览并选取一个文件,也可以在新链接域中直接输入路径及文件名。④ 点击“确定”。

3.4 表格、布局表格和布局单元格

3.4.1 新建表格

表格是现代网页制作的一个重要组成部分。表格之所以重要是因为表格可以实现网页的精确排版和定位。一张表格横向叫做行,纵向叫做列。行列交叉部分就叫做单元格。单元格中的内容和边框之间的距离叫边距。单元格和单元格之间的距离叫间距。整张表格的边缘叫做边

框。点击“插入”菜单→选“表格”,系统弹出“插入表格”对话框,新建一个表格,如图 3.5 所示。

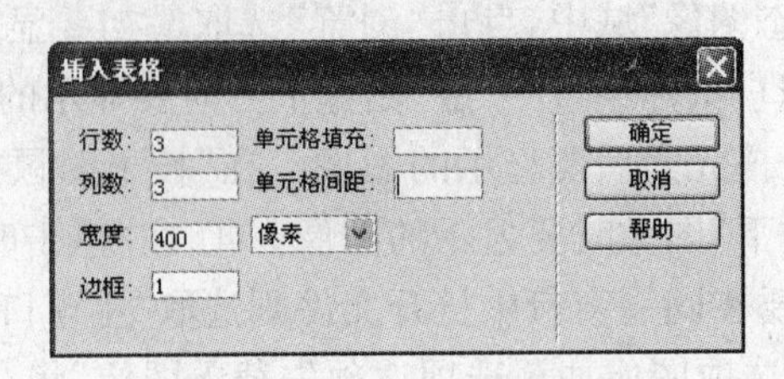

图 3.5 插入表格对话框

3.4.2 设置表格的属性

表格的属性面板如图 3.6 所示。

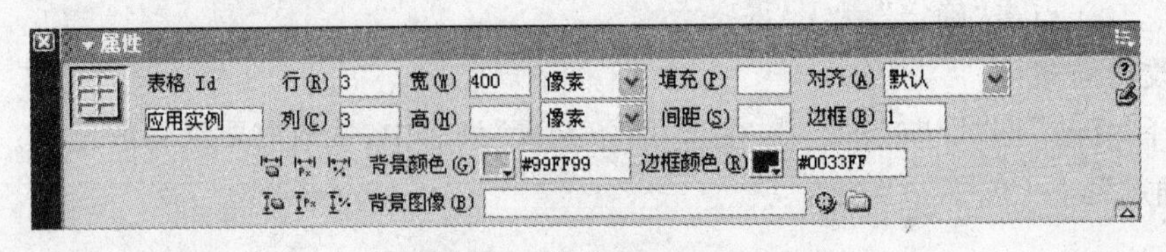

图 3.6 表格的属性面板

(1) 行数、列数

文本框中填写相应的数字就能够定义表格的行数和列数。

(2) 表格宽度

文本框配合后面的下拉选项可以定义表格的宽度。表格的宽度可以用像素或百分比单位,如果希望浏览者无法改变表格宽度,请使用像素单位;如果希望表格随用户屏幕分辨率改变,请选用百分比。

(3) 边框粗细

文本框中的数字定义了表格边框的宽度,如果设置为零,则不显示边框,这在网页布局中经常使用。虽然没有边框,但是在菜单栏的“查看”→“可视化助理”中选中“表格边框”命令就能显示出边框的虚线,便于布局,最后生成的网页在浏览器中打开,边框不会显示出来。

(4) 标题

文本框输入表格标题的文本。

(5) 单元格边距

文本框中填写相应的数字即可设定单元格中元素与单元格边框之间的距离。

(6) 单元格间距

文本框中填写相应的数字即可设定单元格与单元格之间的距离。

(7) 表格 ID

用于编程和今后的行为中使用,暂时不讨论。

(8) 背景颜色

打开调色板选中颜色,即可指定表格的背景色。

(9) 背景图像

给出图像的路径和文件名即可指定表格的背景图像。如果既指定背景图像又指定背景颜色，则图像部分会遮挡住背景颜色，除非它是一个透明的 GIF 图像。

（10）边框颜色

打开混色器面板选中颜色，即可指定表格边框颜色。通过不同的表格边框颜色、背景颜色的指定，可以得到多种效果。

3.4.3 表格的基本操作

（1）选择表格

最常用的选择表格的方法有两种：① 用鼠标点击表格左上角边框，选中表格。② 将光标放在表格中的任意处，然后在菜单栏“修改”→“表格”中选定“选中表格”命令。

（2）更改表格尺寸

鼠标移动到拖放手柄上出现双向箭头光标的时候即可拖动至合适的尺寸。当然要精确定义表格的尺寸还是要在选中表格后的属性栏中设定。

（3）拆分/合并单元格

选中单元格可以合并，选中后选择“修改”→“表格”菜单的“合并单元格”命令即可。选中一个单元格后选中“修改”→“表格”菜单的“拆分单元格”命令，打开“拆分单元格”对话框，如图 3.7 所示。

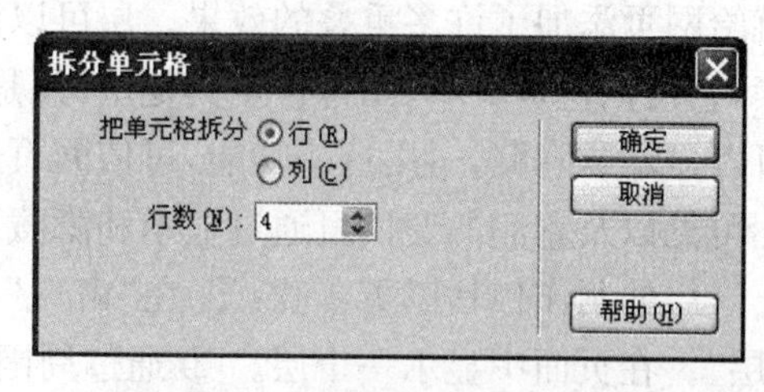

图 3.7 “拆分单元格”对话框

3.4.4 创建和调整布局表格与布局单元格

点击 Dreamweaver 8.0 插入栏的下拉菜单中的“布局”类型，即可启动“布局”对象工具栏。首先必须单击“布局”切换到布局视图，才能激活“布局表格”和“布局单元格”按钮。如点“布局”切换到布局视图，在布局视图中，可以在页上绘制布局单元格和布局表格。当不在布局表格中绘制布局单元格时，Dreamweaver 会自动创建一个布局表格以容纳该单元格。布局单元格不能存在于布局表格之外。如图 3.8、图 3.9 所示。

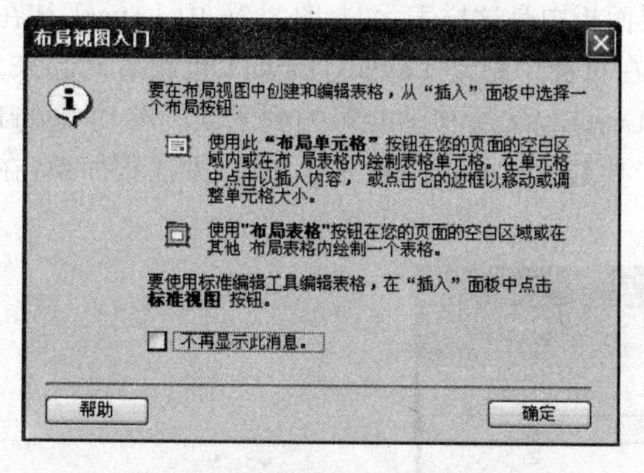

图 3.8 “布局视图入门”对话框

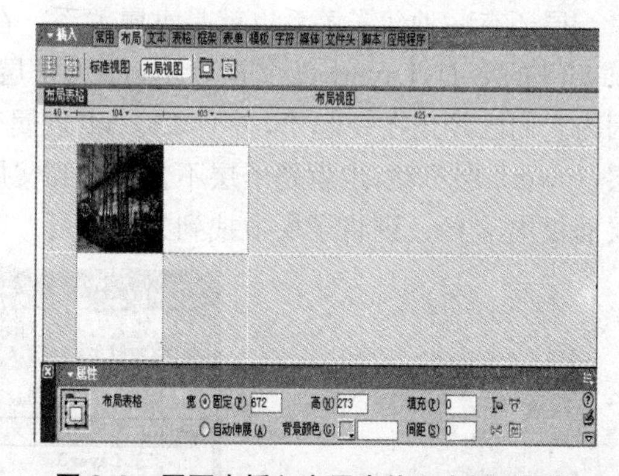

图 3.9 网页中插入布局表格和布局单元格

单击插入栏“布局”分类中的“绘制布局单元格”按钮，将鼠标指针放置在页上开始绘制单元格的位置，然后拖动指针以创建布局单元格。若要创建多个单元格，不用每次都单击“绘制布局单元格”按钮，按住 Ctrl 键并拖动指针来创建每个布局单元格。

将一个布局表格绘制在另一个布局表格中，可创建嵌套表格。单击插入栏“布局”分类中的“绘制布局表格”按钮，鼠标指针变为加号，指向现有布局表格中的空白(灰色)区域，然后拖动指针以创建嵌套表格。

3.5 层

层(Layer)是一种 HTML 页面元素，可以将它定位在页面上的任意位置。层可以包含文本、图像或其他 HTML 文档。层的出现使网页从二维平面拓展到三维。层可以重叠，所以也就给网页添加了许多重叠的效果。层可以游离在文档之上，所以可以利用层来精确定位网页元素，它可以包含文本、图像甚至其他层，凡是 HTML 文件可包含的元素均可以包含在层中。层可以显示或隐藏，运用这一功能，可使网页达到快速下载的效果，因为网页和网页元素的可见和不可见以及它们的变换可通过显示和隐藏属性实现，不用临时从网站下载文件。

层的制作包括以下步骤：① 在“窗口”菜单→选“层”，或点“插入”菜单→“布局对象”→选“层”。在页面中显示一个层。② 通过周围的黑色调整柄拖动控制层的大小。③ 拖动层左上角的选择柄可以移动层的位置。④ 单击层标记可以选中一个层。⑤ 在层中可以插入其他任何元素，包括图片、文字、链接、表格等。

一个页面中可以画出很多的层，这些层都会列在层面板中。层之间也可以相互重叠。层面板可以通过“窗口”菜单→选“层”打开。

层的隐藏和显示属性是层的一个重要属性，和以后说到的行为相结合就变成了重要的参数。单击层面板列表的左边，可以打开或关闭眼睛。眼睛睁开和关闭表示层的显示和隐藏。

层数决定了重叠时哪个层在上面哪个层在下面。比如层数为 3 的层在层数为 2 的层的上面。改变层数就可以改变层的重叠顺序。层面板上面还有一个参数就是防止层重叠。一旦选中，页面中层就无法重叠了。

层还有一种父子关系也就是隶属关系。在层面板中是这样表示的：图 3.10 中 Layer1 挂在 Layer3 的下面，Layer3 为父层，Layer1 为子层。在页面中拖动 Layer3，Layer1 也跟着动起来。因为它们已经连在一起了，并且 Layer1 隶属于 Layer3，父层移动会影响到子层。移动 layer1 层，Layer3 层不动，也就是子层不会影响到父层。要建立这样的一种隶属关系，方法很简单，在层面板中按 Ctrl 键将子层拖拽到父层即可。

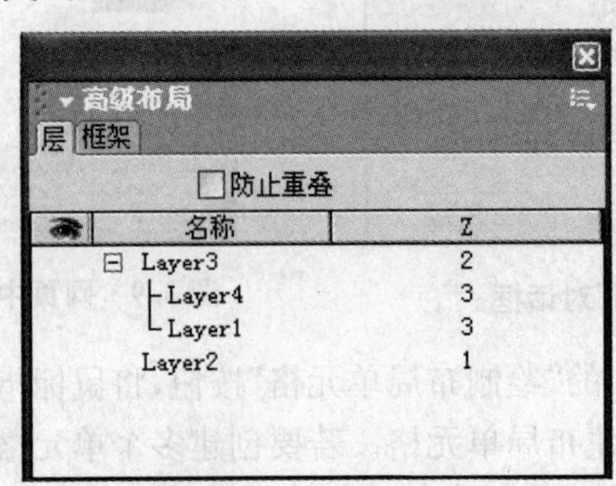

图 3.10 层面板

由于层在网页布局上非常方便，所以一些人可能不喜欢使用表格或“布局”模式来创建页面，而是喜欢通过层来进行设计。Dreamweaver 8.0 可以使用层来创建布局，然后将它们转换为表格。在转换为表格之前，请确保层没有重叠。转换步骤如下：① 选择“修改”→“转换”→“层到表格”，即可显示“转换层为表格”对话框。② 选择所需的选项，单击“确定”。若要将表转换为层，请选择“修改”→“转换”→“表格到层”，即可显示“转换表格为层”对话框。

层属性面板的重要属性包括：① 层编号：给层命名，用来区分网页中的每个层，必须唯一，以便在“层”面板和 JavaScript 代码中标识该层。② 左、上：指定层的左上角相对于页面（如果嵌套，则为父层）左上角的位置。③ 宽、高：指定层的宽度和高度。如果层的内容超过指定大小，层的底边缘（按照在 Dreamweaver 设计视图中的显示）会延伸以容纳这些内容，如果“溢出”属性没有设置为“可见”，那么当层在浏览器中出现时，底边缘将不会延伸。④ Z 轴：设置层的层次属性。在浏览器中，编号较大的层出现在编号较小的层的前面。值可以为正，也可以为负。当更改层的堆叠顺序时，使用层面板要比输入特定的 Z 轴值更为简便。⑤ 可见性：在“可见性”下拉列表中，设置层的可见性。使用脚本语言如 JavaScript 可以控制层的动态显示和隐藏（Default——选择该选项，则不指明层的可见性；Inherit——选择该选项，可以继承父层的可见性；Visible——选择该选项，可以显示层及其包含的内容，无论其父级层是否可见；Hidden——选择该选项，可以隐藏层及其包含的内容，无论其父级层是否可见；背景颜色——用来设置层的背景颜色）。⑥ 背景图像：用来设置层的背景图像。⑦ 溢出：选择当层内容超过层的大小时的处理方式（Visible（显示）——选择该选项，当层内容超出层的范围时，可自动增加层尺寸；hidden（隐藏）——选择该选项，当层内容超出层的范围时，保持层尺寸不变，隐藏超出部分的内容；scroll（滚动条）——选择该选项，则层内容无论是否超出层的范围，都会自动增加滚动条；auto（自动）——选择该选项，当层内容超出层的范围时，自动增加滚动条（默认））。⑧ 剪辑：设置层的可视区域。通过上、下、左、右文本框设置可视区域与层边界的像素值。层经过“剪辑”后，只有指定的矩形区域才是可见的。⑨ 类：在类的下拉列表中，可以选择已经设置好的 CSS 样式或新建 CSS 样式。

3.6　框　架

在浏览网页的时候，常常会遇到这样的一种导航结构，就是超级链接在左边，单击以后链接的目标出现在右边，或者在上边单击链接，指向的目标页面出现在下面。要做出这样的效果，必须使用框架。在网页的设计中利用框架可以方便网页之间的导航，减少制作具有很多相同部分网页时的重复工作，而且也可以缩短用户打开新网页的时间。对框架的操作主要有选择框架、拆分框架、改变框架形状、保存框架、设置框架的各种属性、建立框架文件之间的链接。

制作一个框架的步骤如下（以顶部和嵌套的左侧框架结构为例）：① 选择“插入”栏→“布局”→“顶部和嵌套的左侧框架”，如图 3.11 所示。② 选择“窗口”菜单→“框架”，弹出“框架面板”，如图 3.12 所示。从框架面板可知，系统对各框架生成命名，左框架名为：leftFrame，顶框架名为：topFrame，右下框架名为：mainFrame，当然也可以通过框架属性面板对框架重新命名。

创建超级链接时，要依据它正确控制指向的页面。

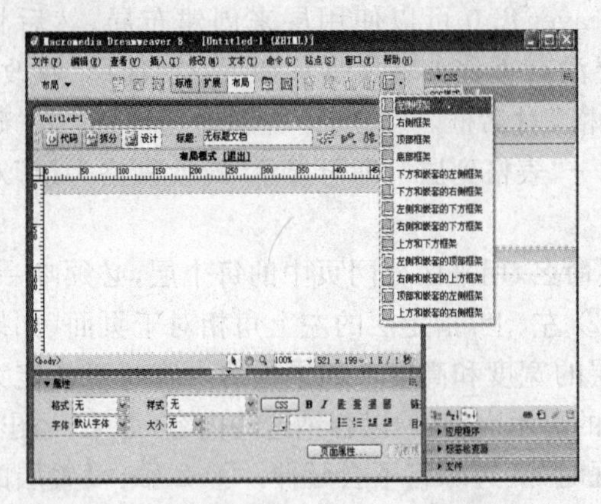

图 3.11 “框架”选项卡中的框架类型

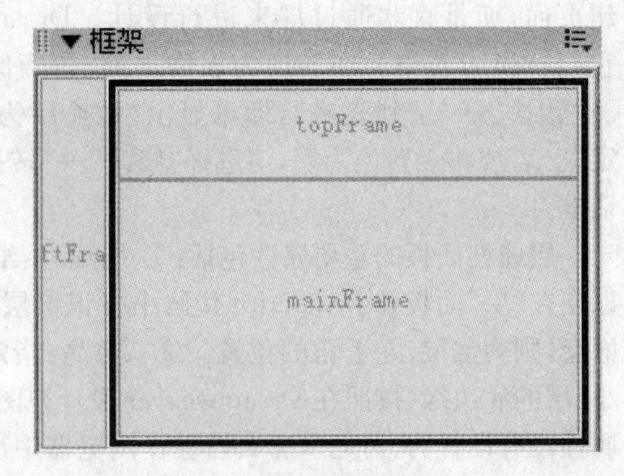

图 3.12 框架的面板

3.7 行为与时间轴

3.7.1 行为

随着网页制作技术的飞速发展，网页的内容越来越丰富，形式也变得多样化。比如打开一个网页时，会弹出消息框，播放音乐，显示或隐藏一个图片，控制多媒体影片的播放等。一个行为是由一个事件所触发的动作组成的，每个行为包括一个动作(Actions)和一个事件(Events)。任何一个动作都需要一个事件激发它，它们两个是相辅相成的一对。动作是一段已编好的JavaScript代码，这些代码在特定事件被激发时执行。当用户为一个页面元素设置一个行为以后，不管指定的事件在什么时候发生，浏览器都会调用与该事件相关的动作(JavaScript)代码。一个单一的事件可以触发几个不同的动作，而且用户可以指定这些动作发生的顺序。Dreamweaver 8.0中提供了20多种基本的行为，可以使用JavaScript编写行为在网页中使用，也可以从Macromedia公司网站以及第三方的开发站点下载一些行为插件使用。

在Dreamweaver 8.0中是通过行为面板来控制网页中的行为的。基本事件介绍如下：① onAbort：当访问者中断浏览器正在载入图像的操作时产生。② onAfterUpdate：当网页中bound(边界)数据元素已经完成源数据的更新时产生该事件。③ onBeforeUpdate：当网页中bound(边界)数据元素已经改变并且就要和访问者失去交互时产生该事件。④ onBlur：当指定元素不再被访问者交互时产生。⑤ onBounce：当marquee(选取框)中的内容移动到该选取框边界时产生。⑥ onChange：当访问者改变网页中的某个值时产生。⑦ onClick：当访问者在指定的元素上单击时产生。⑧ onDblClick：当访问者在指定的元素上双击时产生。⑨ onError：当浏览器在网页或图像载入产生错误时产生。⑩ onFinish：当marquee(选取框)中的内容完成一次循环时产生。⑪ onFocus：当指定元素被访问者交互时产生。⑫ onHelp：当访问者单击浏览器的Help(帮助)按钮或选择浏览器菜单中的Help(帮助)菜单项时产生。⑬ onKeyDown：当按下任意键的同时产生。⑭ onKeyPress：当按下和松开任意键时产生。此事件相当于把

onKeyDown 和 onKeyUp 这两事件合在一起。⑮ onKeyUp：当按下的键松开时产生。⑯ onLoad：当一图像或网页载入完成时产生。⑰ onMouseDown：当访问者按下鼠标时产生。⑱ onMouseMove：当访问者将鼠标在指定元素上移动时产生。⑲ onMouseOut：当鼠标从指定元素上移开时产生。⑳ onMouseOver：当鼠标第一次移动到指定元素时产生。㉑ onMouseUp：当鼠标弹起时产生。㉒ onMove：当窗体或框架移动时产生。㉓ onReadyStateChange：当指定元素的状态改变时产生。㉔ onReset：当表单内容被重新设置为缺省值时产生。㉕ onResize：当访问者调整浏览器或框架大小时产生。㉖ onRowEnter：当 bound（边界）数据源的当前记录指针已经改变时产生。㉗ onRowExit：当 bound（边界）数据源的当前记录指针将要改变时产生。㉘ onScroll：当访问者使用滚动条向上或向下滚动时产生。㉙ onSelect：当访问者选择文本框中的文本时产生。㉚ onStart：当 Marquee（选取框）元素中的内容开始循环时产生。㉛ onSubmit：当访问者提交表格时产生。㉜ onUnload：当访问者离开网页时产生。

Dreamweaver 8.0 提供的基本动作包括：① 变换图像：该动作可以通过改变图像标签的属性将该图像变换为另外一幅图像。② 弹出消息：该动作用指定的消息显示在 JavaScript 警告框中。③ 恢复变换图像：该动作可以将最后设置的变换图像还原为原始图像。当为一对象附加“变换图像”动作时，该动作将自动添加，如果此时选择了“当鼠标移开图像时，变换图像还原”选项，那么“变换图像还原”动作就无需人工选择。④ 打开浏览器窗口：该动作可以在一新的窗口中打开一个 URL，可以指定新窗口的属性，包括它的大小、属性及名称，如果指定新窗口无属性，则新窗口将按启动它的窗口的大小及属性打开。⑤ 拖动层：该动作允许访问者使用拖动层的操作。⑥ 控制 Shockwave 或 Flash：该动作可以播放、停止、回放或转到 Shockwave 或 Flash 电影中的某一帧。⑦ 播放声音：该动作可以播放声音。⑧ 改变属性：该动作能够改变对象的属性值，能改变的属性是由目标浏览器的类型决定的。⑨ 转到时间轴帧：该动作将“播放头”移动到指定帧。⑩ 播放时间轴和停止时间轴：该动作允许访问者通过单击一个链接或按钮实现开始和停止播放时间轴；也允许访问者在鼠标移动到一个链接、图像或其他对象上时使时间轴自动开始和停止播放。⑪ 显示或隐藏层：该动作可以显示、隐藏或还原一个或多个层的默认的显示状态。⑫ 检查插件：该动作可以根据访问者是否安装特定插件决定是否给其发送不同网页。⑬ 检查浏览器：该动作可以根据访问者浏览器的类型和版本发送不同的网页。⑭ 检查表单：该动作可以检测指定文本域中的内容以确保访问者输入的数据类型正确。⑮ 设置导航条图像：该动作能将图像转换成导航条图像或改变导航条中图像的显示及动作。⑯ 设置状态栏信息：该动作在浏览器窗口左下角的状态栏内显示信息。⑰ 设置文本域中的文本：该动作可以用指定的内容替代表单对象中文本域中的内容。⑱ 设置层中的正文：该动作用指定的内容替代原层中的内容和格式。⑲设置框架中的正文：该动作允许动态设置框架中的正文，可以用指定的内容替代原框架中的内容和格式。⑳ 调用 JavaScript：该动作允许使用行为控制器指定当事件发生时将被执行的自定义函数或 JavaScript 代码行。㉑ 跳转菜单：该无须手工添加“跳转菜单”动作，可以在行为控制器中双击一已存在的跳转菜单动作来编辑新的。㉒ 转到 URL：该动作可以在当前窗口或指定框架中打开一新的网页。㉓预先载入图像：该动作载入那些不会立即在网页中出现的图像到浏览器缓存中。

3.7.2　时间轴

和层密切相关的另一个功能是时间轴。时间轴是根据时间的流逝移动图层位置的方式显示动画效果的一种动画编辑界面，在时间轴中包含了制作动画时所必需的各种功能。利用时间轴能够实现动画效果，随着时间的变化改变层的位置、尺寸、可视性连同叠放顺序，能够实现更多的效果。

动画的实现原理就是将画面连起来播放，产生运动的错觉。所以动画的基本单位就是一个画面，也叫做帧。而在动画中有些画面是关键的，可以影响整个动画，这样的帧叫做关键帧。很多的画面按照时间先后顺序链起来就是动画。时间轴就是用来排列画面的顺序的。时间轴由通道组成。每一个通道里面放一个要运动的物体。关键帧用圆点表示。还有一个播放头，播放头所指的位置就是动画当前所在的帧。

如果系统没有打开时间轴面板，可以执行“窗口”→“时间轴”菜单命令，打开时间轴面板，如图 3.13 所示。新建一个网页文件，绘制一个层，然后在层中插入一幅图片，并在层上单击鼠标右键，选择“添加到时间轴”选项，将层添加到时间轴以后，会自动在层中显示一段蓝色的矩形块。拖动矩形块前后的两个白色圆点，可以改变时间轴的长度，也可以直接输入帧的数值，Fps 为帧频速率。选中图层，然后执行“修改”→“时间轴”→“录制层路径”菜单命令，系统会自动记录下拖动层时的运动轨迹。选中时间轴中的后面一个关键帧，在页面中拖动层，系统会记录下层的运动轨迹，并在时间轴中适时添加关键帧。如果选中“自动播放”和“循环”选项，在打开网页时会自动播放时间轴动画。

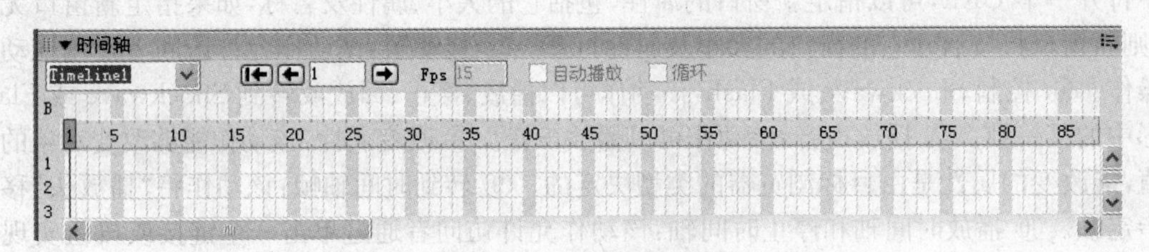

图 3.13 时间轴面板

3.8 层叠样式、模板与库

3.8.1 层叠样式表

层叠样式表 CSS 是 Cascading Style Sheet 的缩写，是用于控制网页样式并允许将样式信息与网页内容分离的一种标记性语言。

引入层叠样式表的方法包括：

(1) 外联式样式表

例：〈html〉〈head〉〈link rel="stylesheet" href="/css/default.css"〉
〈/head〉〈body〉... 〈/body〉〈/html〉

属性 rel 用来说明〈link〉元素在这里要完成的任务是连接一个独立的 css 文件。而 href 属性给出了所要连接 css 文件的 URL 地址。

(2) 内嵌样式表

例:〈html〉〈head〉〈style type="text/css"〉

　〈! -- td{font:9pt;color:red}　.font105{font:10.5pt;color:blue} --〉

　〈/style〉〈/head〉〈body〉...〈/body〉　〈/html〉

(3) 导入样式表

例:〈html〉　〈head〉　〈style type="text/css"〉

　〈! -- @import url(css/home.css); --〉

　〈/style〉〈body〉...　〈/body〉〈/html〉

CSS 样式表包括以下参数:

(1) Selector

选择符。

(2) property: value

样式表定义。属性和属性值之间用冒号(:)隔开,定义之间用分号(;)隔开。

(3) 继承的值(The′ Inherit′ Value)

每个属性都有一个指定的值——Inherit。它是将父对象的值等同为计算机值得到的。这个值通常仅仅是备用的,显式的声明它可用来强调。

(4) css 样式表的命名

div+css 样式表的 id 和 class 的区别在于,class 可以定义多个值并且可以应用到多个标签上,但 id 只能是一个。

3.8.2　滤镜

要产生文字特效,最重要的是在扩展面板滤镜中的设置。在“视觉效果下”的滤镜中列出的就是所有的 CSS 滤镜,例如:选择 Glow 滤镜,它可以使文字产生边缘发光的效果。Glow 滤镜的语法格式为:Glow(Color=?,Strength=?)。里面有两个参数:Color 决定光晕的颜色,可以用如 ffffff 的十六进制代码,或者用 Red、Yellow 等单词表示;Strength 表示发光强度,范围从 0 到 255。例如,可设置颜色为红色(Red),发光强度为 8,然后确定。图 3.14 中所示为文字的 Blur 滤镜效果(Blur(Add=5,Direction=left,Strength=8))。

网页设计与制作

图 3.14　文字的 Blur 滤镜效果

3.8.3　模板与库

在制作网站的过程中,为了统一风格,很多页面会用到相同的布局、图片和文字元素。为了避免大量的重复劳动,可以使用 Dreamweaver 8.0 提供的模板功能,将具有相同版面结构的页面制作为模板,将相同的元素(如导航栏)制作为库项目,并存放在库中可以随时调用。

创建模板的方法有:

（1）直接创建模板

选择“窗口”→“资源”命令，打开“资源”面板，切换到模板子面板，单击模板面板上的“扩展”按钮，在弹出菜单中选择“新建模板”，这时在浏览窗口出现一个未命名的模板文件，给模板命名。然后单击“编辑”按钮，打开模板进行编辑。编辑完成后，保存模板，完成模板建立。

（2）将普通网页另存为模板

打开一个已经制作完成的网页，删除网页中不需要的部分，保留几个网页共同需要的区域。选择“文件”→“另存为模板”命令将网页另存为模板。在弹出的“另存模板”对话框中，“站点”下拉列表框用来设置模板保存的站点，可选择一个选项。“现存的模板”选框显示了当前站点的所有模板。“另存为”文本框用来设置模板的命名。单击“另存模板”对话框中的“保存”按钮，就把当前网页转换为了模板，同时将模板另存到选择的站点。单击“保存”按钮，保存模板。系统将自动在根目录下创建 Template 文件夹，并将创建的模板文件保存在该文件夹中。在保存模板时，如果模板中没有定义任何可编辑区域，系统将显示警告信息，可以先单击“确定”，以后再定义可编辑区域。

（3）从文件菜单新建模板

选择“文件”→“新建”命令，打开“新建文档”对话框，然后在类别中选择“模板页”，并选取相关的模板类型，直接单击“创建”按钮即可。

模板创建好后，要在模板中建立可编辑区，只有在可编辑区里才可以编辑网页内容。可以将网页上任意选中的区域设置为可编辑区域，但是最好是基于 HTML 代码的，这样在制作的时候更加清楚。在文档窗口中，选中需要设置为可编辑区域的部分，单击常用快捷栏的“模板”按钮，在弹出菜单中选择“可编辑区域”项。在弹出的“新建可编辑区域”对话框中给该区域命名，然后单击“确定”按钮，如图 3.15 所示。新添加的可编辑区域有蓝色标签，标签上是可编辑区域的名称。如果希望删除可编辑区域，可以将光标置于要删除的可编辑区域内，选择“修改”→“模板”→“删除模板标记”命令，光标所在区域的可编辑区即被删除。这样模板文件就创建好了。

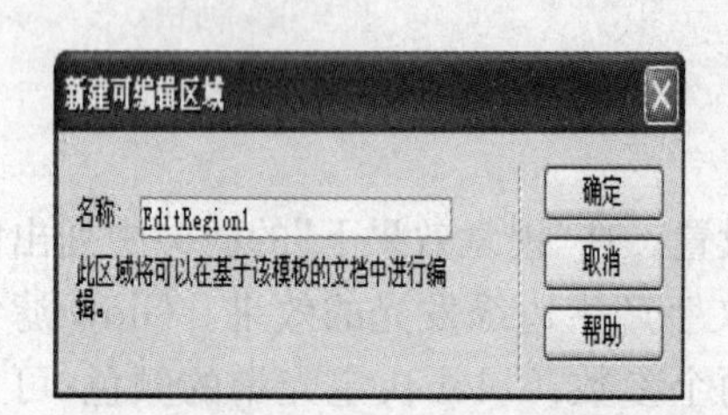

图 3.15　设置新的可编辑区域

模板中除了可以插入最常用的“可编辑区域”外，还可以插入一些其他类型的区域，分别为“可选区域”、“重复区域”、“可编辑可选区域”和“重复表格”。

（1）可选区域

可选区域是模板中的区域，用户可将其设置为在基于模板的文件中显示或隐藏。当要为在文件中显示的内容设置条件时，即可使用可选区域。

（2）重复区域

重复区域是可以根据需要在基于模板的页面中复制任意次数的模板部分。重复区域通常用于表格，也可以为其他页面元素定义重复区域。

（3）可编辑可选区域

是可选区域的一种，可以设置显示或隐藏所选区域，并且可以编辑该区域中的内容。

所谓库项目，实际上就是文档内容的任意组合，可以将文档中的任意内容存储为库项目，使它在其他地方被重复使用。库的操作包括：

(1) 创建库

在文档窗口中选择需要保存为库项目的内容，单击资源面板"库"分类中右下角的"新建库项目"按钮。一个新的项目出现在资源面板"库"分类的列表中，预览框中显示预览的效果，还可以给该项目键入新名称。如图 3.16 所示。这样，一个库项目就创建好了。

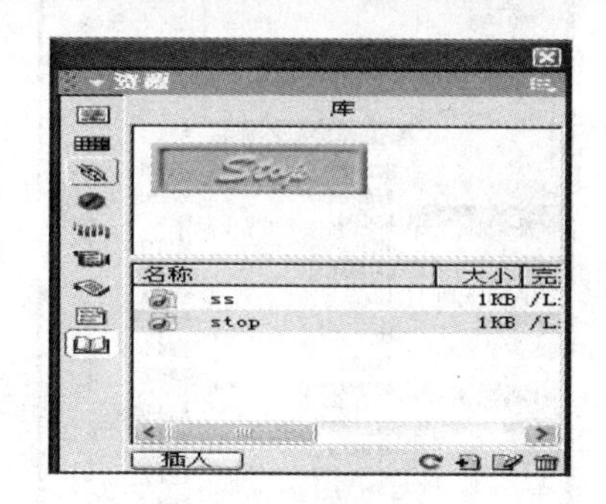

图 3.16　"库"面板

(2) 插入库

将光标放在网页中需要插入库文件的位置，在资源面板"库"分类中选择需要插入的库项目，直接拖动到光标所在位置即可。

(3) 更改库

如果修改了库文件，选择"文件"→"保存"命令，弹出"更新库项目"对话框，询问是否更新网站中使用了该库文件的网页。单击"更新"按钮，将更新网站中使用了该库文件的网页。

3.9　表　单

几乎在每个网站中都会有让用户和网站进行数据交互的地方，比如收集用户对网站的反馈意见，进行各种网上调查、进行用户注册信息采集等。采用表单可以很好地完成这个任务。在 Internet 上同样存在大量的表单，让用户输入文字进行选择。表单是提供交互式操作的重要手段，是动态网页的灵魂，用户可以通过表单输入相关信息，使网页动态地处理用户要求或与服务器进行交流。

在 Dreamweaver 8.0 中表单的制作简单明了，功能强大。调出表单工具条，可以把相关的表单项，如 checkbox、Radio bottom、Select form 等建在一个表(form)中，当增加一个表时会出现一个红色的虚线框，并且可以选择表单的传递方式，可以在表单中插入的元素有：文本字段、文本区域、按钮、复选框、单选按钮组、列表/菜单、文件域、图像域、隐藏域、单选按钮组、跳转菜单、字段集、标签。表单可以把这些元素收集的用户数据信息一起传送到服务器上，由服务器的程序对信息进行处理。

通常表单的工作过程如下：① 访问者在浏览有表单的页面时，可填写必要的信息，然后单击"提交"按钮。② 这些信息通过 Internet 传送到服务器上。③ 服务器上专门的程序对这些数据进行处理，如果有错误会返回错误信息，并要求纠正错误。④ 当数据完整无误后，服务器反馈一个输入完成信息。

一个完整的表单包含两个部分：① 在网页中进行描述的表单对象。② 应用程序，它可以是服务器端的，也可以是客户端的，用于对客户信息进行分析处理。

在 Dreamweaver 中，表单输入类型称为表单对象。可以通过选择"插入"→"表单对象"来插入表单对象，或者通过"插入"栏的"表单"面板访问表单对象来插入表单对象。如图 3.17

所示。

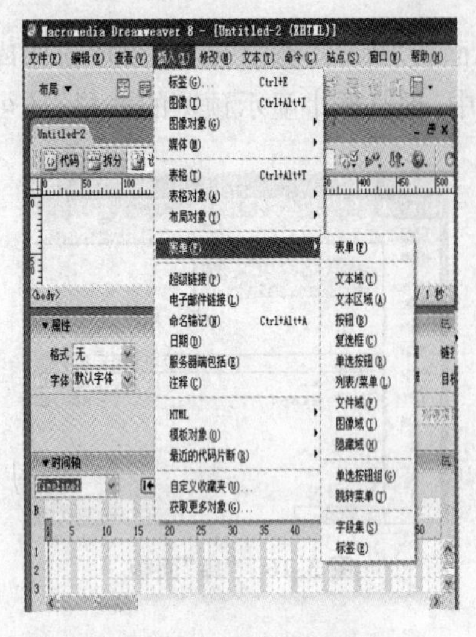

图 3.17 表单对象面板

表单的基本元素包括：① 表单："表单"在文档中插入表单。任何其他表单对象，如文本域、按钮等，都必须插入表单之中，这样所有浏览器才能正确处理这些数据。② 文本域："文本域"在表单中插入文本域。文本域可接受任何类型的字母数字项。输入的文本可以显示为单行、多行或者显示为项目符号或星号（用于保护密码）。③ 复选框："复选框"在表单中插入复选框。复选框允许在一组选项中选择多项，用户可以选择任意多个适用的选项。④ 单选按钮："单选按钮"在表单中插入单选按钮。单选按钮代表互相排斥的选择。选择一组中的某个按钮，就会取消选择该组中的所有其他按钮。⑤ 单选按钮组："单选按钮组"插入共享同一名称的单选按钮的集合。⑥ 列表/菜单："列表/菜单"可以在列表中创建用户选项。"列表"选项在滚动列表中显示选项值，并允许用户在列表中选择多个选项。"菜单"选项在弹出式菜单中显示选项值，而且只允许用户选择一个选项。⑦ 跳转菜单："跳转菜单"插入可导航的列表或弹出式菜单。跳转菜单允许插入一种菜单，在这种菜单中的每个选项都链接到文档或文件。⑧ 图像域："图像域"可以在表单中插入图像。可以使用图像域替换"提交"按钮，以生成图形化按钮。⑨ 文件域："文件域"在文档中插入空白文本域和"浏览"按钮。文件域使用户可以浏览到其硬盘上的文件，并将这些文件作为表单数据上传。⑩ 按钮："按钮"在表单中插入文本按钮。按钮在单击时执行任务，如提交或重置表单。可以为按钮添加自定义名称或标签，或者使用预定义的"提交"或"重置"标签之一。⑪ 标签："标签"在文档中给表单加上标签，以〈label〉〈/label〉形式开头和结尾。⑫ 字段集："字段集"在文本中设置文本标签。

在网页中添加表单对象，首先必须创建表单。表单在浏览网页中属于不可见元素。在 Dreamweaver 8.0 中插入一个表单，当页面处于"设计"视图中时，用红色的虚轮廓线指示表单。如果没有看到此轮廓线，请检查是否选中了"查看"→"可视化助理"→"不可见元素"。

在网页中插入表单的方法如下：① 将插入点放在希望表单出现的位置。选择"插入"→"表单"，或选择"插入"栏上的"表单"类别，然后单击"表单"图标。② 用鼠标选中表单，在属性面板上可以设置表单的各项属性。在"动作"文本框中指定处理该表单的动态页或脚本的路径。在"方法"下拉列表中，选择将表单数据传输到服务器的方法（POST——在 HTTP 请求中嵌入表单数据；GET——将值追加到请求该页的 URL 中。默认使用浏览器的默认设置将表单数据发送到服务器。通常，默认方法为 GET 方法。不要使用 GET 方法发送长表单。URL 的长度限制在 8 192 个字符以内。如果发送的数据量太大，数据将被截断，从而导致意外的或失败的处理结果。而且，在发送机密用户名和密码、信用卡号或其他机密信息时，不要使用 GET 方法。用 GET 方法传递信息不安全）。在"目标"弹出式菜单指定一个窗口，在该窗口中显示调用程序所返回的数据。如果命名的窗口尚未打开，则打开一个具有该名称的新窗口（_blank——在未命名的新窗口中打开目标文档；_parent——在显示当前文档的窗口的父窗口中打开目标文档；

_self——在提交表单所使用的窗口中打开目标文档；_top——在当前窗口的窗体内打开目标文档，此值可用于确保目标文档占用整个窗口，即使原始文档显示在框架中)。

3.10　动态网页

网络技术日新月异，细心的朋友会发现许多网页文件扩展名不仅仅只是“.htm”或“.html”，还有“.php”、“.asp”等，这些都是采用动态网页技术制作出来的。这里说的动态网页，与网页上的各种动画、滚动字幕等视觉上的“动态效果”没有直接关系，动态网页可以是纯文字内容的，也可以是包含各种动画内容的，这些只是网页具体内容的表现形式，无论网页是否具有动态效果，采用动态网站技术生成的网页都称为动态网页。事实上，动态网页只是一个比较通俗的说法，它是一种基于动态环境(如asp\php\.net)才能实现的网站技术，一般以数据库技术为基础，网站可以实现在线更新内容、上线上传文字、用户注册、用户登录、在线调查、用户管理、订单管理等等一些功能。当然，如果没有动态环境的话，连简单的留言板也无法制作。

早期的动态网页主要采用CGI技术，CGI即Common Gateway Interface(公用网关接口)。可以使用不同的程序编写适合的CGI程序，如Visual Basic、Delphi或C/C++等。虽然CGI技术已经发展成熟而且功能强大，但由于编程困难、效率低下、修改复杂，所以有逐渐被新技术取代的趋势。

ASP(Active Sever Pages)中文翻译为“动态服务器页面”，它是微软开发的一种类似HTML(超文本标识语言)、Script(脚本)与CGI(公用网关接口)的结合体，它没有提供自己专门的编程语言，而是允许用户使用许多已有的脚本语言编写ASP的应用程序。ASP的程序编制比HTML更方便且更有灵活性。它是在Web服务器端运行，运行后再将运行结果以HTML格式传送至客户端的浏览器。因此ASP与一般的脚本语言相比，要安全得多。ASP的最大好处是可以包含HTML标签，也可以直接存取数据库及使用无限扩充的ActiveX控件，因此在程序编制上要比HTML方便而且更富有灵活性。通过使用ASP的组件和对象技术，用户可以直接使用ActiveX控件，调用对象方法和属性，以简单的方式实现强大的交互功能。但是由于ASP基本上是局限于微软的操作系统平台之上，主要工作环境是微软的IIS应用程序结构，又因ActiveX对象具有平台特性，所以ASP技术不能很容易地实现在跨平台Web服务器上工作。

PHP即Hypertext Preprocessor(超文本预处理器)，它是当今Internet上最为火热的脚本语言，其语法借鉴了C、Java、PERL等语言。它与HTML语言具有非常好的兼容性，使用者可以直接在脚本代码中加入HTML标签，或者在HTML标签中加入脚本代码从而更好地实现页面控制。PHP提供了标准的数据库接口，数据库连接方便，兼容性强，扩展性强，可以进行面向对象编程。

JSP即JavaServer Pages，它是由Sun Microsystem公司于1999年6月推出的新技术，是基于JavaServlet以及整个Java体系的Web开发技术。JSP和ASP在技术方面有许多相似之处，不过两者来源于不同的技术规范组织。ASP一般只应用于Windows NT/2000平台，而JSP则可以在85%以上的服务器上运行，而且基于JSP技术的应用程序比基于ASP的应用程序易于维护和管理，所以JSP被许多人认为是未来最有发展前途的动态网页技术。

JavaScript是当下较为流行的网页设计语言。本节将简要介绍JavaScript语言，在后面的章节中，还将对其语法、函数、对象等进行详细地阐述，重点帮助学者理解脚本语言在HTML文档中的应用方法，理解JavaScript语言的语法基础，理解基于对象的网页设计语言的事件机制。

JavaScript不是Java，Java是一种类似C、VB等语言的专门的因特网开发语言，属于编译语言。JavaScript是一种脚本语言，属于解释语言，可直接嵌入到网页中。JavaScript支持许多Java语法，相对简单易学，在网页制作中应用十分广泛。JavaScript可以直接嵌入到HTML中，如：

```
〈html〉〈Head〉〈/Head〉〈body〉〈script language="JavaScript"〉
document.write("我的第一个JavaScript程序")〈/script〉〈/body〉〈/html〉
```

JavaScript代码由〈Script Language="JavaScript"〉...〈/Script〉说明，在标识〈Script Language="JavaScript"〉...〈/Script〉之间加入具体的JavaScript脚本即可。

JavaScript数据类型主要有：数值型(number，如12.32、5E7、4e5等)、字符串型(string)、布尔型(Boolean)、对象类型(object)、空值(null)等。

JavaScript是一种宽松类型的语言，可不显式定义变量的数据类型，但是区分大小写，其变量命名和C语言非常相似。

在JavaScript中，事件是用户与页面交互(也可以是浏览器本身，如页面加载等)时产生的具体操作，如鼠标单击、鼠标移动等。浏览器为了响应某个事件而进行的处理过程，叫作事件处理。JavaScript的事件处理机制可以改变浏览器响应用户操作的方式，从而开发出具有交互性，并易于使用的网页。事件机制是Windows操作系统应用程序的基本特点，也是JavaScript程序设计的基础。基于事件机制，网页设计中的JavaScript脚本编写思路为：为需要JavaScript脚本支持的网页元素定义相应的事件处理函数，利用JavaScript语言实现该函数。JavaScript中的事件主要有三大类：① 引起页面之间跳转的事件，主要是超链接事件。② 浏览器本身引起的事件。③ 表单内部对象同界面的交互事件。下面例子体现了JavaScript的事件处理机制。

```
〈html〉〈head〉
〈meta http-equiv="Content-Language" content="zh-cn"〉
〈script language="JavaScript"〉 /*① 语言定义////////////////////////////////////////////// */
function title(h1,h2)
{this.h1="学习JavaScript对象的使用";
this.h2="这是一个简单实例";}
function pushbutton()
{ if(confirm("你是否确信退出本系统"))
close();      }      /*② ////////////////////////////////////////关闭程序*/
〈/script〉〈/head〉
〈body〉〈p align="center"〉〈font size="5"
color="#000080"〉〈script language="JavaScript"〉
U1=new title();
```

```
for(var Y in U1)
document. write(U1[Y]);          / * ③ //////////////////// 函数调用 * /
document. write("〈br〉〈/br〉");
NowDate=new Date();
with(NowDate) { document. write(getYear()+"-"+getMonth()+"-"+getDate()}
〈/script〉〈/font〉              / * ④ JavaScript 的内部对象和方法的调用 * /
〈form〉〈input type="button" name="Button1" value="退 出 系 统" onclick=
    "pushbutton()"〉〈/form〉〈/body〉〈/html〉
```

JavaScript 是一种基于对象的语言，使用的对象包括属性(properties)和方法(methods)两个基本要素。属性是该对象在实施其所需要行为的过程中涉及的数据信息，与变量相关联。方法是该对象能执行的具体操作，与特定的函数相关联。可通过引用该对象的名称引用该对象，可引用的对象有以下三种：JavaScript 内部对象、浏览器内部对象、已经创建的新对象。

引用对象的属性常用下面的方式：① 使用点(.)运算符实现引用。② 通过字符串的形式实现引用。③ 通过下标的形式实现引用。假定有一个已经存在的对象 university，具有 Name、City、Date 三个属性，下面的语句等价：

```
university. Name="an hui normal university"
university[0]=" an hui normal university "
university["Name"]=" an hui normal university "
```

下面例子是表单与脚本语言相结合。

```
〈html〉〈head〉〈script language="JavaScript"〉
function form_onsubmit(obj)
{ if(obj. lSno. value=="")          alert("请输入你的学号！\n");
obj. lSno. focus();   return; }
if(obj. lScode. value=="")
{     alert("请输入你的密码！\n");
obj. lScode. focus(); return;  }     }
〈/script〉〈/head〉
〈body〉〈form〉〈TABLE〉
〈TD〉学号 :〈INPUT class=inputs name=lSno size="20"〉〈/TD〉
〈TD〉密 码 :〈INPUT class=inputs name=lScode
    type=password size="20"〉〈/TD〉〈/TABLE〉
〈input type="submit" name="submit" onclick=form_onsubmit(this. form) value="提交"〉
〈/form〉〈/body〉〈/html〉
```

ASP 程序必须由 Web 服务器软件解释执行，因此，ASP 程序文件应放在 Web 服务器的站点目录(或子目录)下(该目录必须要有可执行权限)，客户端浏览器通过 WWW 的方式访问该 ASP 程序。ASP 文件可以包括以下 3 个部分：① 普通的 HTML 文件，也就是普通的 Web 的页面内容。② 服务器端的 Script 程序代码：位于〈%...%〉内的程序代码。③ 客户端的 Script 程序代码，即位于〈Script〉…〈/Script〉内的程序代码。也就是说，ASP 文件中的所有服务器端的 Script 程序代码均须放在〈%…%〉符号之间，其余代码编写方法同前。示例如下：

```
〈html〉〈head〉
〈script language＝"JavaScript"〉
function pushbutton()
{document.write("这是我的第一个学习 ASP 的 JavaScript 程序。");}
〈/script〉〈/head〉〈body〉〈form〉
〈% aa＝"pushbutton()" %〉
〈input type＝"button" name＝"Button1" value＝"单击此处打印字符串" onclick＝
    〈%＝aa %〉〉
〈/form〉〈/body〉〈/html〉
```

3.11 实 例

【例 3.1】 变色菜单效果及跳转菜单

① 首先运行 Dreamweaver 8.0，新建一个页面 wangyelianxi.html。

② 在页面中插入一个层。

③ 调整层的大小，设置为宽 140px，高 40px，颜色为＃00CC00。

④ 依次再插入两个大小相同的层，对齐。使 1，3 两个颜色相同，2 为＃FF0000。

⑤ 在“行为”中点击 +，在弹出的菜单中选择“改变属性”。

⑥ 在“改变属性”菜单中选择对象类型和属性。

⑦ 在“行为”下面选择何时改变。

⑧ 保存，预览效果，在鼠标放上时变成绿色，移开时恢复。

⑨ 在页面中选择“插入”→“表单”→“表单”，插入一个说明表单。

⑩ 表单插入好后，选择“插入”→“表单”→“表单/菜单”。

⑪ 再在“行为”菜单中点 +，在弹出的菜单中选择“跳转”菜单。

⑫ 随后进行关于“跳转”菜单的设置。

⑬ 点击上方的 +，添加更多下拉菜单项。

⑭ 做好后，保存，预览效果。

⑮ 有时还可以做些弹出窗口，显示一些欢迎信息之类的。

⑯ 弹出窗口预览效果。

⑰ 为了更加美观，还可以在跳转菜单边上加一个按钮。

⑱ 在属性里修改按钮名称。

⑲ 同样在“行为”里添加信息。

⑳ 最后预览效果，变色菜单效果和跳转菜单就做好了，在做网页时，在适当的地方加进去就能起到很好的效果。

【例 3.2】 创建基于模板的页面

① 打开例 3.1 所做素材 wangyelianxi. html 文件，选择菜单栏的“文件”→“另存为模板”命令。

② 在弹出的“另存为”模板对话框中，在“站点”文本框选择所建立的站点 myweb，在“另存为”给模板命名为 wangyemoban1，点击“确定”。

③ 弹出是否更改链接的提示，选择“是”。此时，在站点内自动生成一个名为 Templates 的文件夹，名称为 wangyemoban1. dwt 的模板文件被保存在该文件夹中。

④ 鼠标在网页表格的最下一行空白处单击一下，选中状态栏的〈table〉标签，选择菜单栏的“插入”→“模板对象”→“可编辑区域”命令。

⑤ 弹出“可编辑区域”对话框，点击“确定”。这样就完成了模板的制作。

⑥ 新建 new1. html 文件，选择菜单栏→“窗口”→“资源”命令，打开资源面板。

⑦ 点击资源面板的“模板”按钮，在资源面板可以看见 wangyemoban1. dwt 文件，选中 wangyemoban1. dwt，按住鼠标左键直接拖拽到 new1. html 的文档窗口中，即可将该模板应用到 new1. html 中。

【例 3.3】 下拉菜单的制作

① 打开 Dreamweaver 8.0 创建 HTML 项目。

② 在网页中添加一个父层(第一级的层)和一个子层(第二级的层)，分别设置两个图层的大小和位置。

③ 设置表格和文字，在 layer1 层中插入表格，设置好表格的高度和背景，然后在表格内输入文字并设置好文字的格式。

④ 设置 layer2 层，设置 layer2 层的背景颜色，然后在其上输入文本并设置超链接，再将 layer2 层添加到时间轴上，以后便可对 layer2 层进行时间轴动画操作。

⑤ 新建一个时间轴 Timeline2，然后将 layer2 层添加到新的时间轴上。

⑥ 设置时间轴，分别对时间轴 Timeline1 的第 1 帧和时间轴 Timeline2 的第 15 帧进行设置，将时间轴 Timeline1 第 1 帧中 Layer2 层的高设置为 0px。

⑦ 添加行为，选择表格中的第一个单元格，然后为单元格添加 onMouseOver(鼠标移到单元格上面时)时的行为到播放时间轴 Timeline1。

⑧ 继续添加行为。再为该单元格依次添加 4 个 onMouseOut(鼠标移开时)行为。

⑨ 添加 2 个行为，选择 layer2 层，并依次添加两个 onMouseOver 和两个 onMouseOut。

⑩ 保存网页文件，然后在 IE 中进行预览。

【例 3.4】 特殊广告效果制作

① 启动 Dreamweaver 8.0，创建空白网页，进入代码视图。

② 把如下代码加入〈body〉区域中：

```
〈SCRIPT LANGUAGE＝"JavaScript"〉
m＝new Array()
m[0]＝"这个例子是特殊广告效果制作!"
m[1]＝"你喜欢这个例子吗?"
m[2]＝"这个例子可以放在公告栏中使用的!"
m[3]＝"〈a href＝'http://www.ahnu.edu.cn'〉『安徽师范大学』〈/a〉欢迎你的光临!"
```

```
m[4]="本站域名:http://www.ahnu.edu.cn"
m[5]="请您多多提意见!"
m[6]="如果有问题! 欢迎你留言!"
m[7]="欢迎你的再次光临! 谢谢!"
bagcolor=new Array()
bagcolor[0]="#CCCCCC"
bagcolor[1]="#FFFF66"
bagcolor[2]="#CCFFFF"
bagcolor[3]="#AAEEFF"
bagcolor[4]="#CCFF88"
bagcolor[5]="#FF9933"
bagcolor[6]="#99AAFF"
bagcolor[7]="#6699FF"
var i=0;
function Ran(R) {
return Math.floor((R+1)*Math.random())
}

function play_rt()
{ rt1.style.filter="revealTrans(Duration=1.5,Transition=" + Ran(22) + ")";
rt1.filters.revealTrans.apply();
rt1.style.background=bagcolor[Ran(7)];
rt1.innerHTML=m[Ran(6)];
rt1.filters.revealTrans.play();
timer=setTimeout("play_rt()",3000)
}
</SCRIPT>
<TABLE WIDTH="358" BORDER="1" HEIGHT="70">
<TR ALIGN="CENTER">
<TD id="rt1" HEIGHT="82"></TD>
</TR>
</TABLE>
```

③ 把<body>中的内容改为：

```
<body bgcolor="#fef4d9" onload="play_rt()">
```

④ 保存文件，预览效果。

【例 3.5】 状态栏文字逐个弹出再左移的效果

① 启动 Dreamweaver 8.0，创建空白网页，进入代码视图。

② 把如下代码加入<body>区域中：

```
〈SCRIPT LANGUAGE="JavaScript"〉var Message="这是状态栏文字逐个弹出再
    左移的效果";
var place=1;
function scrollIn(){window.status=Message.substring(0,place);
if (place〉=Message.length)
{place=1;window.setTimeout("scrollOut()",300);}
else{place++;window.setTimeout("scrollIn()",50);}};
function scrollOut(){window.status=Message.substring(place,Message.length);
if(place〉=Message.length)
{place=1;window.setTimeout("scrollIn()",100);};
else{place++;window.setTimeout("scrollOut()",50);}};
〈/SCRIPT〉
〈SCRIPT〉scrollIn()〈/SCRIPT〉
```

③ 保存文件，预览效果。

综合练习题

一、填空题

1. ______________与 Flash、Fireworks 合在一起被称为网页制作三剑客，这三个软件相辅相成，是制作网页的最佳选择。

2. Dreamweaver 主要用来制作______________文件，制作出来的网页兼容性比较好，制作效率也很高。

3. Dreamweaver 8.0 ____________布局提供了一个将全部元素置于一个窗口中的集成布局。

4. ______________工具栏包含各种按钮，它们提供各种“文档”窗口视图（如“设计”视图和“代码”视图）的选项、各种查看选项和一些常用操作（如在浏览器中预览）。

5. ______________视图是一个用于编写和编辑 HTML、JavaScript、服务器语言代码以及任何其他类型代码的手工编码环境。

6. ______________窗口底部的状态栏提供与正创建的文档有关的其他信息。

二、简答题

1. 简述“插入”中各选项卡中都有哪些网页元素。
2. 各类网页元素的“属性”面板中都有哪些共同的按钮？简述其作用。
3. 如何创建一个新网页？
4. 在“文件”面板中可以对已经建好的站点施行哪些编辑操作？
5. 什么是 CSS 样式？如何建立？

6. 在 Dreamweaver 中,有哪些方法可以为网页元素定位以进行网页布局?
7. 如何建立表格?
8. 如何建立布局表格与布局单元格?
9. 层如何设置?
10. 框架有什么特点?如何在 Dreamweaver 中插入图像?如何建立图像热点?
11. 网页中常使用的图像格式有哪几种?
12. 举出几个使用“显示—隐藏层”行为的例子。
13. 如何在时间轴上附加行为?

三、上机操作题

1. 制作一个下拉菜单。
2. 安装配置 IIS 服务器。
3. 制作自动关闭的广告。

第 4 章　Flash 动画制作基础

Flash 是 Macromedia 公司的一个网页交互动画制作工具，可以用它创建具有动感、交互、声音等特点的动画。用 Flash 制作出来的动画是矢量的(矢量图形无论怎样放大都始终平滑如一)，其制作文件很小，这样便于在互联网上传输，而且它采用了流媒体技术，只要下载一部分，就能欣赏动画，而且能一边播放一边传输数据。交互性更是 Flash 动画的迷人之处，可以通过点击按钮、选择菜单来控制动画的播放。除此以外 Flash 还有以下优点：

① 操作界面增加了许多面板，属性面板被一体化面板所替代，随选取的工具或对象不同，该属性面板也会有不同的项目与之对应，而且跟 Macromedia 其他软体有一致的界面。

② 支持 MP3 的直接导入，避免了应用 MP3 音乐要借助其他软件转化格式的麻烦。还允许对音乐进行编辑，可以设置 MP3 输出时候的压缩效果和播放方式。这意味着用户可以把喜欢的 MP3 格式的音乐应用作为动画的背景音乐或是按钮的音乐。

③ 对 QuickTime 和 RealPlayer 输出的支持。

④ 支持 XML 转换以及 HTML 文字。如此一来 Flash 几乎等于整合了浏览器。

⑤ Director 有自己的语言，Flash 也有自己的 ActionScript。新的 ActionScript 功能、属性，和内置物件使电影夹的功能强大无比。

本章主要介绍 Flash 基本知识及操作。

4.1　Flash 基础知识

4.1.1　矢量图和位图

计算机中显示的图形一般可以分为两大类：矢量图和位图。矢量图使用直线和曲线来描述图形，这些图形的元素是一些点、线、矩形、多边形、圆和弧线等等，它们都是通过数学公式计算获得的。例如一幅花的矢量图形实际上是由线段形成外框轮廓，由外框的颜色以及外框所封闭的颜色决定花显示出的颜色。由于矢量图形可通过公式计算获得，所以矢量图形文件体积一般较小。矢量图形最大的优点是无论放大、缩小或旋转等不会失真。Adobe 公司的 Freehand、Illustrator、Corel 公司的 CorelDRAW 是众多矢量图形设计软件中的佼佼者。Flash 制作的动画也是矢量图形动画。

矢量图像，也称为面向对象的图像或绘图图像，在数学上定义为一系列由线连接的点。矢量文件中的图形元素称为对象。每个对象都是一个自成一体的实体，它具有颜色、形状、轮廓、大小和屏幕位置等属性。既然每个对象都是一个自成一体的实体，就可以在维持它原有清晰度和弯曲度的同时，多次移动和改变它的属性，而不会影响图例中的其他对象。这些特征使基于矢量的程序特别适用于图例和三维建模，因为它们通常要求能创建和操作单个对象。基于矢量的绘图同分辨率无关，这意味着它们可以按最高分辨率显示到输出设备上。

矢量图与位图最大的区别是，它不受分辨率的影响。因此在印刷时，可以任意放大或缩小图形而不会影响出图的清晰度。

矢量图是根据几何特性来绘制图形，矢量可以是一个点或一条线，矢量图只能靠软件生成，文件占用内存空间较小，因为这种类型的图像文件包含独立的分离图像，可以自由无限制的重新组合。它的特点是放大后图像不会失真，和分辨率无关，文件占用空间较小，适用于图形设计、文字设计和一些标志设计、版式设计等。矢量图的优点有：文件小；图像元素对象可编辑；图像放大或缩小不影响图像的分辨率；图像的分辨率不依赖于输出设备。它的缺点在于，重画图像困难，逼真度低，要画出自然度高的图像需要很多的技巧。

常用的矢量图格式有：

① . bw：. bw 是包含各种像素信息的一种黑白图形文件格式。

② . cdr (CorelDraw)：是 CorelDraw 中的一种图形文件格式。它是所有 CorelDraw 应用程序中均能够使用的一种图形图像文件格式。

③ . col(Color Map File)：. col 是由 Autodesk Animator、Autodesk Animator Pro 等程序创建的一种调色板文件格式，其中存储的是调色板中各种项目的 RGB 值。

④ . dwg：. dwg 是 AutoCAD 中使用的一种图形文件格式。

⑤ . dxb(drawing interchange binary)：. dxb 是 AutoCAD 创建的一种图形文件格式。

⑥ . dxf(Autodesk Drawing Exchange Format)：. dxf 是 AutoCAD 中的图形文件格式，它以 ASCII 方式储存图形，在表现图形的大小方面十分精确，可被 CorelDraw、3DS 等大型软件调用编辑。

⑦ . wmf(Windows Metafile Format)：. wmf 是 Microsoft Windows 中常见的一种图元文件格式，它具有文件短小、图案造型化的特点，整个图形常由各个独立的组成部分拼接而成，但其图形往往较粗糙，并且只能在 Microsoft Office 中调用编辑。

⑧ . emf(Enhanced MetaFile)：. emf 是由 Microsoft 公司开发的 Windows 32 位扩展图元文件格式。其总体设计目标是要弥补在 Microsoft Windows 3. 1(Win16)中使用的. wmf 文件格式的不足，使得图元文件更加易于使用。

⑨ . eps(Encapsulated PostScript)：. eps 是用 PostScript 语言描述的一种 ASCII 图形文件格式，在 PostScript 图形打印机上能打印出高品质的图形图像，最高能表示 32 位图形图像。该格式分为 PhotoShop EPS 格式(Adobe Illustrator Eps)和标准 EPS 格式，其中标准 EPS 格式又可分为图形格式和图像格式。值得注意的是，在 Photoshop 中只能打开图像格式的 EPS 文件。. eps 格式包含两个部分：第一部分是屏幕显示的低解析度影像，方便影像处理时的预览和定位；第二部分包含各个分色的单独资料。. eps 文件以 DCS/CMYK 形式存储，文件中包含 CMYK 四种颜色的单独资料，可以直接输出四色网片。但是，除了在 PostScript 打印机上比较可靠之外，. eps 格式还有许多缺陷：首先，. eps 格式存储图像效率特别低；其次，. eps 格式的压缩方案也较差，一般同样的图像经. tiff 的 LZW 压缩后，要比. eps 的图像小 3 到 4 倍。

⑩ filmstrip：filmstrip 即幻灯片，它是 Premiere 中的一种输出文件格式。Premiere 将动画输出成一个长的竖条，竖条由独立方格组成。每一格即为一帧。每帧的左下角为时间编码，右

下角为帧的编号。可以在PhotoShop中调入该格式的文件，然后应用PhotoShop特有的处理功能对其进行处理。但是，千万不可改变filmstrip文件的大小，如果改变了，则这幅图片就不能再存回filmstrip格式了，也就不能再返回Premiere了。

⑪ . ico(Icon file)：. ico是Windows的图标文件格式。

⑫ . iff(Image File Format)：. iff是Amiga等超级图形处理平台上使用的一种图形文件格式，好莱坞的特技大片多采用该格式进行处理，可逼真再现原景。当然，该格式耗用的内存、外存等计算机资源也十分巨大。

⑬ . lbm：. lbm是Deluxe Paint中使用的一种图形文件格式，其编码方式类似于. iff。

⑭ . mag：. mag是日本人常用的一种图形文件格式。

⑮ . mac(Macintosh)：. mac是Macintosh中使用的一种灰度图形文件格式，在Macintosh paintbrush中使用，其分辨率只能是720×567。

⑯ . mpt(Macintosh Paintbrush)：. mpt是Macintosh中使用的一种图形文件格式。

⑰ . msk(Mask Data File)：. msk是Animator Pro中的一种图形文件格式，其中包含一个位图图形。

⑱ . ply(Polygon File)：. ply是Animator Pro创建的一种图形文件格式，其中包含用来描述多边形的一系列点的信息。

⑲ . pcd(Kodak PhotoCD)：. pcd是一种Photo CD文件格式，由Kodak公司开发，其他软件系统只能对其进行读取。该格式主要用于存储CD-ROM上的彩色扫描图像，它使用YCC色彩模式定义图像中的色彩。YCC色彩模式是CIE色彩模式的一个变种。CIE色彩空间是定义所有人眼能观察到的颜色的国际标准。YCC和CIE色彩空间包含比显示器和打印设备的RGB色和CMYK色多得多的色彩。Photo CD图像大多具有非常高的质量，将一卷胶卷扫描为Photo CD文件的成本并不高，但扫描的质量还要依赖于所用胶卷的种类和扫描仪使用者的操作水平。

⑳ . pcx(PC Paintbrush)：. pcx最早是由Zsoft公司的PC Paintbrush图形软件所支持的一种经过压缩的PC位图文件格式。后来，Microsoft将PC Paintbrush移植到Windows环境中，. pcx图像格式也就得到了更多的图形图像处理软件的支持。该格式支持的颜色数从最早的16色发展到目前的1 677万色。它采用行程编码方案进行压缩，带有一个128字节的文件头。

㉑ . pic：. pic是一种图形文件格式，其中包含了未经压缩的图像信息。

㉒ . pict/. pict2/. pnt：. pict文件格式主要应用于Mac机上，也可在安装了Quick Time的PC机上使用。该格式的文件不适用于打印(若在PostScript打印机上打印. pict格式的文件，则会造成PostSlipt错误)，而经常用于多媒体项目。. pict也是Mac应用软件用于图像显示的格式之一。

㉓ . psd(Adobe PhotoShop Document)/. pdd：. psd是PhotoShop中使用的一种标准图形文件格式，可以存储成RGB或CMYK模式，还能够自定义颜色数并加以存储。. psd文件能够将不同的物件以层(Layer)的方式来分离保存，便于修改和制作各种特殊效果。. pdd和. psd一样，都是PhotoShop软件中专用的一种图形文件格式，能够保存图像数据的每一个细小部分，包括层、附加的蒙版通道以及其他内容，而这些内容在转存成其他格式时将会丢失。另外，因为

这两种格式是 PhotoShop 支持的自身格式文件，所以 PhotoShop 能以比其他格式更快的速度打开和存储它们。唯一的遗憾是，尽管 PhotoShop 在计算过程中应用了压缩技术，但用这两种格式存储的图像文件仍然特别大。不过，用这两种格式存储图像不会造成任何的数据流失，所以当用户在编辑过程中时，最好还是选择这两种格式存盘，以后再转换成占用磁盘空间较小、存储质量较好的其他文件格式。

㉔.pxr(PiXaR)：该格式支持灰度图像和 RGB 彩色图像。可在 PhotoShop 中打开一幅由 PIXAR 工作站创建的.pxr 图像，也可以用.pxr 格式来存储图像文件，以便输送到工作站上。

㉕.ras (Sun Raster files)/.raw(Raw GrayScale)：图形文件格式。

㉖ Scitex CT：Scitex CT 是在 Scitex 高档印前工作站上创建的一种图像文件格式，该工作站主要用于图像的编辑和分色。Scitex CT 图像总是以 CMYK 模式打开，如果它们最终还要返回到 Scitex 系统，则请保持其 CMYK 模式。可利用 PhotoShop 来打开并编辑 Scitex CT 图像。

㉗.tga(Tagged Graphic)：.tga 是 True Vision 公司为其显示卡开发的一种图像文件格式，创建时间较早，最高色彩数可达 32 位，其中包括 8 位 Alpha 通道用于显示实况电视。该格式已经被广泛应用于 PC 机的各个领域，而且该格式文件使得 Windows 与 3DS 相互交换图像文件成为可能。可以先在 3DS 中生成色彩丰富的.tga 文件，然后在 Windows 中利用 Photoshop、Freeherd、Painter 等应用软件来进行修改和渲染。

㉘.win：.win 是类似于.tga 的一种图形文件格式。

㉙.xbm (X BitMap)：.xbm 是一种图形文件格式。

位图图像(bitmap)亦称为点阵图像或绘制图像，是由称作像素(图片元素)的单个点组成的。这些点可以进行不同的排列和染色以构成图样。当放大位图时，可以看见赖以构成整个图像的无数单个方块。扩大位图尺寸的效果是增大单个像素，从而使线条和形状显得参差不齐。然而，如果从稍远的位置观看它，位图图像的颜色和形状又显得是连续的。由于每一个像素都是单独染色的，用户可以通过以每次一个像素的频率操作选择区域而产生近似相片的逼真效果，诸如加深阴影和加重颜色。缩小位图尺寸也会使原图变形，因为此举是通过减少像素来使整个图像变小的。同样，由于位图图像是以排列的像素集合体形式创建的，所以不能单独操作(如移动)局部位图。

处理位图时要着重考虑分辨率。处理位图时，输出图像的质量决定于处理过程开始时设置的分辨率高低。分辨率(resolution，港台称之为解释度)就是屏幕图像的精密度，是指显示器所能显示的像素的多少(以分辨率为 1024×768 的屏幕来说，即每一条水平线上包含有 1024 个像素点，共有 768 条线，即扫描列数为 1024 列，行数为 768 行。分辨率不仅与显示尺寸有关，还受显像管点距、视频带宽等因素的影响。其中，它和刷新频率的关系比较密切，严格地说，只有当刷新频率为“无闪烁刷新频率”，显示器能达到最高多少分辨率，才能称这个显示器的最高分辨率为多少)。由于屏幕上的点、线和面都是由像素组成的，显示器可显示的像素越多，画面就越精细，同样的屏幕区域内能显示的信息也越多，所以分辨率是非常重要的性能指标之一。可以把整个图像想像成是一个大型的棋盘，而分辨率的表示方式就是所有经线和纬线交叉点的数目。操作位图时，分辨率既会影响最后输出的质量也会影响文件的大小。处理位图需要三思而后行，因为给图像选择的分辨率通常在整个过程中都伴随着文件。无论是在一个 300dpi 的打印机还是在一个 2570dpi 的照排设备上印刷位图文件，文件总是以创建图像时所设的分辨率大小印刷,除非打印机的分辨率低于图像的分辨率。如果希望最终输出看起来和屏幕上显示的一样,那么在开始工作前,就需要了解图像的分辨率和不同设备分辨率之间的关系。显然矢量图就不必考虑这么多。

4.1.2　关于色彩的几个概念

1. RGB

RGB 色彩模式使用 RGB 模型为图像中每一个像素的 RGB 分量分配一个 0～255 范围内的强度值。RGB 图像只使用三种颜色,就可以使它们按照不同的比例混合,在屏幕上重现 16 777 216种颜色。在 RGB 模式下,每种 RGB 成分都可使用从 0(黑色)到 255(白色)的值。例如,亮红色使用 R 值 255、G 值 0 和 B 值 0。当所有三种成分值相等时,产生灰色。当所有成分的值均为 255 时,结果是纯白色;当该值为 0 时,结果是纯黑色。目前的显示器大都是采用了 RGB 颜色标准,在显示器上,是通过电子枪打在屏幕的红、绿、蓝三色发光极上来产生色彩的,目前的电脑一般都能显示 32 位颜色,约有一百万种以上的颜色。

RGB 颜色称为加成色,因为通过将 R、G 和 B 添加在一起(即所有光线反射回眼睛)可产生白色。加成色用于照明光、电视和计算机显示器。例如,显示器通过红色、绿色和蓝色荧光粉发射光线产生颜色。绝大多数可视光谱都可表示为红、绿、蓝(RGB)三色光在不同比例和强度上的混合。这些颜色若发生重叠,则产生青、洋红和黄。

2. CMYK

也称作印刷色彩模式,顾名思义就是用来印刷的。它和 RGB 相比有一个很大的不同:RGB 模式是一种发光的色彩模式,CMYK 是一种依靠反光的色彩模式。只要在屏幕上显示的图像,就是 RGB 模式表现的。只要是在印刷品上看到的图像,就是 CMYK 模式表现的,比如期刊、杂志、报纸、宣传画等。和 RGB 类似,CMY 是 3 种印刷油墨名称的首字母:青色 Cyan、洋红色 Magenta、黄色 Yellow。而 K 取的是 black 最后一个字母,之所以不取首字母,是为了避免与蓝色(Blue)混淆。从理论上来说,只需要 CMY 三种油墨就足够了,它们三个加在一起就应该得到黑色。但是由于目前制造工艺还不能造出高纯度的油墨,CMY 相加的结果实际是一种暗红色。因此还需要加入一种专门的黑墨来调和。

3. 索引颜色/颜色表

这是位图常用的一种压缩方法。从位图图片中选择最有代表性的若干种颜色(通常不超过 256 种)编制成颜色表,然后将图片中原有颜色用颜色表的索引来表示。这样原图片可以被大幅度有损压缩。适合于压缩网页图形等颜色数较少的图形,不适合压缩照片等色彩丰富的图形。

索引颜色就是采用一个颜色表存放并索引图像中的颜色。如果原图像中的一种颜色没有出现在查照表中,程序会选取已有颜色中最相近的颜色或使用已有颜色模拟该种颜色,能减少文件大小,同时保持视觉上的品质不变。该模式使用最多 256 种颜色。

“颜色表”命令可以更改索引颜色图像的颜色表。这些自定功能对于伪色图像尤其有用。该图像用颜色而非灰度级来显示灰阶变化,通常运用于科学和医学领域。不过,自定颜色表也可以对颜色数量有限的索引颜色图像产生特殊效果。

4. Alpha 通道

在原有的图片编码方法基础上,增加像素的透明度信息。图形处理中,通常把 RGB 三种颜色信息称为红通道、绿通道和蓝通道，相应的把透明度称为 Alpha 通道。多数使用颜色表的位图格式都支持 Alpha 通道。Alpha 通道是一个 8 位的灰度通道，该通道用 256 级灰度来记录图像中的透明度信息，定义透明、不透明和半透明区域，其中黑表示全透明，白表示不透明，灰表示半透明。彩色深度标准通常有以下几种：

① 8 位色，每个像素所能显示的彩色数为 2 的 8 次方，即 256 种颜色。

② 16 位增强色，16 位彩色，每个像素所能显示的彩色数为 2 的 16 次方，即 65 536 种颜色。

③ 24 位真彩色，每个像素所能显示的彩色数为 24 位，即 2 的 24 次方，约 1 680 万种颜色。

④ 32 位真彩色，即在 24 位真彩色图像的基础上再增加一个表示图像透明度信息的 Alpha 通道。

5. 色彩深度(Depth of Color)

色彩深度又叫色彩位数，即位图中要用多少个二进制位来表示每个点的颜色，是分辨率的一个重要指标。常用有 1 位(单色)，2 位(4 色，CGA)，4 位(16 色，VGA)，8 位(256 色)，16 位(增强色)，24 位和 32 位(真彩色)等。色深 16 位以上的位图还可以根据其中分别表示 RGB 三原色或 CMYK 四原色(有的还包括 Alpha 通道)的位数进一步分类，如 16 位位图图片还可分为 R5G6B5，R5G5B5X1(有 1 位不携带信息)，R5G5B5A1，R4G4B4A4 等等。

4.1.3 动画基础知识

动画的英文有：animation、cartoon、animated cartoon、cameracature。其中，比较正式的"Animation"一词源自于拉丁文字根的 anima，意思为灵魂；动词 animate 是赋予生命，引申为使某物活起来的意思。所以 animation 可以解释为经由创作者的安排，使原本不具生命的东西像获得生命一般地活动。早期，中国将动画称为美术片；现在，国际通称为动画片。动画是一门幻想艺术，更容易直观表现和抒发人们的感情，可以把现实不可能看到的转为现实，扩展了人类的想像力和创造力。广义而言，把一些原先不活动的东西，经过影片的制作与放映，变成会活动的影像，即为动画。"动画"的中文叫法应该说是源自日本。第二次世界大战前后，日本称一线条描绘的漫画作品为"动画"。动画是通过把人、物的表情、动作、变化等分段画成许多画幅，再用摄影机连续拍摄成一系列画面，给视觉造成连续变化的图画。它的基本原理与电影、电视一样，都是视觉原理。医学已证明，人类具有"视觉暂留"的特性，就是说人的眼睛看到一幅画或一个物体后，在 1/24 秒内不会消失。利用这一原理，在一幅画还没有消失前播放出下一幅画，就会给人造成一种流畅的视觉变化效果。因此，电影采用了每秒 24 幅画面的速度拍摄播放，电视采用了每秒 25 幅(PAL 制，中国电视就用此制式)或 30 幅(NTSC 制)画面的速度拍摄播放。如果以每秒低于 24 幅画面的速度拍摄播放，就会出现停顿现象。定义动画的方法，不在于使用的材质或创作的方式，而是作品是否符合动画的本质。时至今日，动画媒体已经包含了各种形式，但不论何种形式，它们都有一些共同点：其影像是以电影胶片、录像带或数字信息的方式逐格记录的；另外，影像的"动作"是被创造出来的幻觉，而不是原本就存在的。动画发展到现在，分了二维动画和三维动画两种，用 Flash 等软件制作成的就是二维动画，而三维动画则主要是用 maya 或 3D MAX 制作成的。

动画制作是一个非常繁琐的工作，分工极为细致。通常分为前期制作、制作、后期制作等。前期制作又包括了企划、作品设定、资金募集等；制作包括了分镜、原画、动画、上色、背景作画、摄影、配音、录音等；后期制作包括合成、剪接、试映等。如今计算机的加入使动画的制作变简单了。而对于不同的人，动画的创作过程和方法可能有所不同，但其基本规律是一致的。传统动画的制作过程可以分为总体规划、设计制作、具体创作和拍摄制作四个阶段，每一阶段又有若干个步骤。

1. 总体规划阶段

(1) 剧本

任何影片生产的第一步都是创作剧本，但动画片的剧本与真人表演的故事片剧本有很大不同。一般影片中的对话，对演员的表演是很重要的，而在动画影片中则应尽可能避免复杂的对话。在这里最重要的是用画面表现视觉动作，最好的动画是通过滑稽的动作取得的，其中没有对话，而是由视觉创作激发人们的想像。

(2) 故事板

根据剧本，导演要绘制出类似连环画的故事草图(分镜头绘图剧本)，将剧本描述的动作表现出来。故事板由若干片段组成，每一片段由系列场景组成，一个场景一般被限定在某一地点和一组人物内，而场景又可以分为一系列被视为图片单位的镜头，由此构造出一部动画片的整体结构。故事板在绘制各个分镜头的同时，作为其内容的动作、道白的时间、摄影指示、画面连接等都要有相应的说明。一般30分钟的动画剧本，若设置400个左右的分镜头，将要绘制约800幅图画的图画剧本，即故事板。

(3) 摄制表

这是导演编制的整个影片制作的进度规划表，以指导动画创作集体各方人员统一协调地工作。

2. 设计制作阶段

(1) 设计

设计工作是在故事板的基础上，确定背景、前景及道具的形式和形状，完成场景环境和背景图的设计和制作。另外，还要对人物或其他角色进行造型设计，并绘制出每个造型的几个不同角度的标准画，以供其他动画人员参考。

(2) 音响

在动画制作时，因为动作必须与音乐匹配，所以音响录音不得不在动画制作之前进行。录音完成后，编辑人员还要把记录的声音精确地分解到每一幅画面位置上，即第几秒(或第几幅画面)开始说话，说话持续多久等。最后要把全部音响历程(即音轨)分解到每一幅画面位置与声音对应的条表，供动画人员参考。

3. 具体创作阶段

(1) 原画创作

原画创作是由动画设计师绘制出动画的一些关键画面。通常是一个设计师只负责一个固定的人物或其他角色。

(2) 中间插画制作

中间插画是指两个重要位置或框架图之间的图画，一般就是两张原画之间的一幅画。助理动画师制作一幅中间画，其余美术人员再内插绘制角色动作的连接画。在各原画之间追加的内插的连续动作的画，要符合指定的动作时间，使之能表现得接近自然动作。

4. 拍摄制作阶段

这个阶段是动画制作的重要组成部分，任何表现画面上的细节都将在此制作出来，可以说是决定动画质量的关键步骤(另一个关键就是内容的设计，即剧本)。

以下介绍二维动画制作的具体分工或步骤：

(1) 作画监督

修正原画、动画之成品，看看人物的脸型是否符合人物设定，动作是否流畅等等。必要的时候必须能重新作画，因此必须是资深的原画家及动画家才能胜任。

(2) 色指定

指定用色的工作称之为色指定，有时也叫色彩设定，英文则有 Color Setting、Color Styling、Color Designer、Color Coordinator、Color Key 等叫法。除了指定"衣服要红色、裤子要黑色"这种事之外，更重要的是指定赛璐珞画上色时所需的阴影、层次色，是用几号的颜料。

(3) 仕上

在日文的原意是完成、完稿的意思，中文就是上色，英文为 Painting、Finishing。根据每一个区块标记的颜料号码，在赛璐珞片的反面进行涂色的工作。

(4) 音响监督

负责插入配乐的安排、效果音的准备、配音录制、混音工程的监督等等。

(5) 制作人

制作人的工作，主要是规划制作进度表，安排每日每天的制作进度，寻找制作群/制作公司，对外争取出资者，同时必须和执行制作共同作业，以确保企划的每个元件都能按时并正确无误地组合在一块儿。

(6) GK 模型

"GK"的全文是 Garage Kit，原意是"车库组件"，因为西方人习惯将车库作为工作房，而 GK 模型就是在这种地方诞生了。基本上只要不是射出成形而可大量生产的塑胶模型都被叫 GK，大致有实心树脂，空心软胶，White Metal(低熔点，软软的铅锡合金)数种，题材则多为漫画或电影人物。在 HGA 陈列的 GK 以实心树脂(最早的来源竟是工业废料)的动画人物为主(如 HB、Bastet(蓟)、THEO)。

(7) 监督

监督其实是日文的写法，英文是 Director，即中文的导演。日本动画制作的导演是决定整部作品气氛风格的关键，掌管故事进行的步调、气氛转折等等。即使是相同的人物设定、相同的画风与制作群，也会因导演的不同而有截然不同的风格。

(8) 角色设定

负责设计登场角色的人物造型、衣装样式的叫人物设定，其工作不但是要让后续的作画者知道要画的人长得什么模样，还必须告诉他们这个角色的脸部特征，眼神，表情等等，而且也要设计出由数个不同角度观看同一位角色的脸，以及不同于一般漫画、线条封闭的刘海。而负责登场的机器人、车辆、武器之设计的就是机械设定，除了画出机械的造型以外，可能出现的细部结构、运动方式、可开启处等等也必须标明。设计稿除了特别指明以外，一般都是不上阴影的清洁线条稿。

(9) SCENARIO

英文的 scenario，中文是脚本的意思。把故事剧情以纯文字写出，包括场景、地点、背景音效、人物对白、人物动作等。

(10) 分镜表

英文是 Continuty Script，中文则叫分镜表。这步作业是实际将纸上的东西转换成将来呈现画面的第一步，画分镜表得依照脚本的指示，在脑中转成画面然后画在纸上。画分镜表的目的就是把动画中的连续动作用分解成以 1 个 Cut（分镜）为单位，旁边标上本画面的运镜方式、对白、特效等等。最重要的每个 Cut 所经过的时间、张数等，也都会写在分镜表的最右边。

(11) Layout

Layout 算是比较少见的工作，在工作性质上接近中文的构图，只有在一些剧场版作品可能采用，例如设计多层次背景，令每层背景移动速度不同，就能表现出逼真写实的远近距离感。而画 Layout 的人必须在脑海里意识到摄影机的存在，从摄影机的观点去看场景里的一草一木，然后将这些画面详细地画下来。

(12) 表演

日文“演出”一职，是在日本动画制作中特有的职称。简单说，是辅佐导演的人，在 TV 系列和在 OVA 版、MOVIE 版中扮演的角色也不大相同。

4.2　Flash 基本操作

4.2.1　Flash 8 的工作界面

在使用 Flash 8 创建动画之前，必须先熟悉 Flash 的工作环境。在 Flash 8 开始页面中（如图 4.1 所示）选择“打开”选项，即可打开一个 Flash 文档，进入其工作界面，如图 4.2 所示。Flash 8 的工作界面主要由标题栏、菜单栏、常用工具栏、时间轴、工具箱、舞台和各种面板组成。

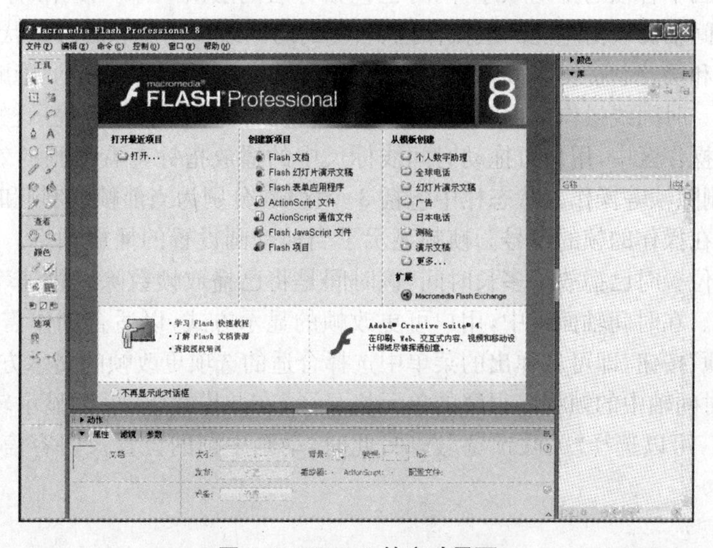

图 4.1　Flash 8 的启动界面

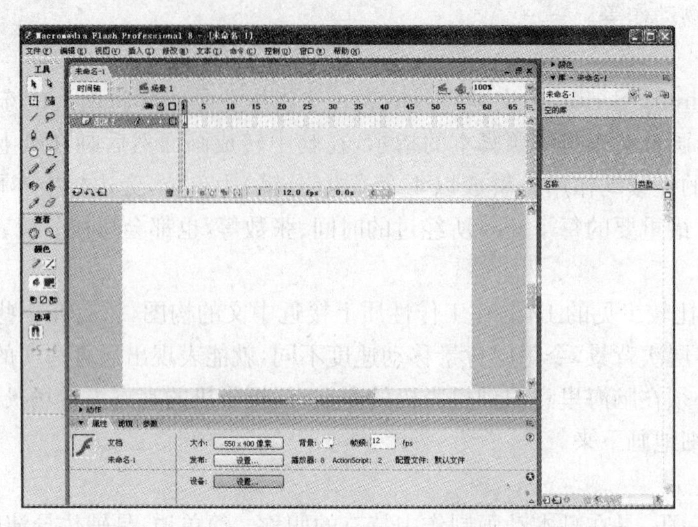

图 4.2　Flash 8 的工作界面

1. 标题栏

在标题栏中包括软件的名称、用户目前正在编辑文档的名称和控制工作窗口的按钮。

2. 菜单栏

菜单栏位于标题栏的下方，其中包含控制 Flash 动画的常用命令。菜单栏中包括“文件”、“编辑”、“视图”、“插入”、“修改”、“文本”、“命令”、“控制”、“窗口”和“帮助”10 个菜单项。

3. 主工具栏

Flash 8 主工具栏中的按钮与 Word 文字处理系统常用工具栏中的按钮功能相同，用户可以使用这些按钮，快速地进行文件的打开、保存、打印等操作。

4. 时间轴面板

时间轴面板位于菜单栏的下方，它是处理帧和层的地方，而帧和层是动画的重要组成部分。时间轴显示了动画中各帧的排列顺序，同时也包括各层的层次顺序。使用时间轴，可以更方便地控制动画。时间轴面板由左侧的层操作区、右侧的时间线操作区和底部的状态栏组成。层操作区由层示意列和层控制按钮组成，用户可以在该区域中对图层进行显示/隐藏、锁定/解锁、插入和删除等操作。时间线操作区由时间线标尺、动画轨道、帧序列、信息提示栏和动画控制按钮组成。在时间线操作区中，用户可拖动时间线标尺中的播放指针查看动画的效果，也可进行插入帧、复制帧和删除帧等操作。状态栏中包括 3 个区域，分别为当前帧、帧频和运行时间。当前帧显示了当前正在操作的帧的序号。帧频显示了当前动画设置的播放频率。运行时间显示了动画到当前帧的位置时已播放了多长时间，该时间是将已播放帧数除以帧速率得到的，并不是实际的播放时间。在时间轴面板中，用户可更改帧的显示方式，以适合创作需要。单击时间轴标尺右侧的“选项”按钮，即可从弹出的菜单中选择合适的选项更改帧的显示方式。如果用户选择“很小”选项，时间轴中的帧将以很窄的单元格显示，在此模式下，可以显示较多的帧；如果用户想实时查看帧，可以选择“关联预览”选项，此时，动画中帧的位置及内容信息便显示在时间轴中。

5. 舞台

也可称为场景，是用来存放 Flash 动画内容的矩形区域。在舞台中可放置矢量图、文本框、按钮、导入的位图或视频等。当用户创建的 Flash 动画包含多个场景时，系统自动按照场景面板中场景的列表顺序依次播放各场景中的内容，且各场景中的帧将按照其播放顺序连续编号。例如，如果第 1 个场景中帧的编号为 1～30，则第 2 个场景中开始帧的编号将为 31，依此类推直到最后一个帧，如图 4.3 所示即为场景面板。如果要放大舞台中某个特定的对象，可先选择缩放工具，然后在该工具选项区中单击“放大”按钮，选择放大工具，使用该工具在对象上单击即可；也可在“视图”菜单中选择相应命令，改变舞台的显示比例；或在时间轴面板右侧的显示比例文本框中输入数值或单击其右侧的下拉按钮，在弹出的下拉列表中选择合适的选项以改变舞台的显示比例。

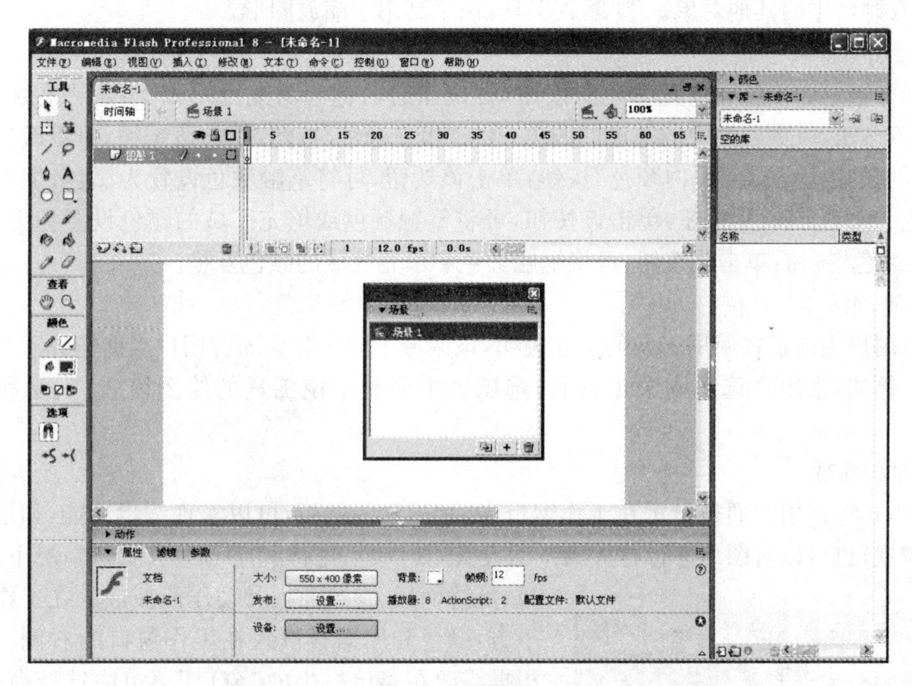

图 4.3　场景面板

当舞台以较大的显示比例显示时，要查看舞台中某个对象，可在不更改显示比例的情况下，使用手形工具移动舞台的位置来查看该对象。如果用户正在使用其他工具，可按住空格键，暂时将所用的工具转换为手形工具使用。使用完后，可释放空格键，恢复原工具的使用。

6. 工具箱

Flash 8 的工具箱中包含了绘制、编辑图形的所有工具，如图 4.3 左侧所示即为 Flash 8 的工具箱。该工具箱可分为 4 个区域，分别为工具区、视图区、颜色区和选项区。

(1) 工具区

包括绘图、填充、选择、变形和擦除工具，各工具的名称和功能介绍如下。① 选择工具：该工具用于选择图形对象、改变对象的形状或位置。② 部分选取工具：该工具用于选择贝塞尔曲线上的锚点或对某个锚点进行处理。③ 任意变形工具：该工具用于对图形对象的形状进行变形。④ 填充变形工具：该工具用于改变填充图形的填充效果。⑤ 线条工具：该工具用于绘制直线。⑥ 套索工具：该工具用于选取图形区域。⑦ 钢笔工具：该工具用于绘制直线、折线和曲线。

⑧ 文本工具:该工具用于创建文本。⑨ 椭圆工具:该工具用于绘制椭圆或正圆。⑩ 矩形工具:该工具用于绘制矩形、正方形或圆角矩形。⑪ 多角星形工具:该工具用于绘制多边形或星形。⑫ 铅笔工具:该工具用于绘制直线、折线和曲线。⑬ 刷子工具:该工具用于绘制闭合的填充区域。⑭ 墨水瓶工具:该工具用于改变图形对象笔触的属性。⑮ 颜料桶工具:该工具用于改变图形填充区域的内容。⑯ 滴管工具:该工具用于吸取图形或线条的颜色。⑰ 橡皮擦工具:该工具用于擦除图形中的内容。

(2) 视图区

包括缩放工具和手形工具,它们的功能介绍如下:① 手形工具:该工具用于移动舞台的位置,以查看舞台中的其他对象。② 缩放工具:该工具用于缩放图形。

(3) 颜色区

包括设置笔触颜色和填充颜色的按钮,各按钮的名称和功能介绍如下:① "笔触颜色"按钮:单击该按钮,可更改选中的笔触的颜色。② "填充颜色"按钮:单击该按钮,可更改选中图形的填充区域的内容。③ "黑白颜色"按钮:单击该按钮,可将笔触颜色设置为黑色,填充颜色设置为白色。④ "无颜色"按钮:单击该按钮,可将笔触颜色或填充区域的颜色设置为无填充色。⑤ "交换颜色"按钮:单击该按钮,可将笔触颜色和填充区域的颜色互换。

(4) 选项区

显示用户当前正在使用工具的补充说明,该区域中的内容会随着用户当前选择工具的不同而变化。例如,当用户选择刷子工具时,选项区中会显示该工具的绘图模式、大小和形状等内容。

7. 浮动面板

Flash 8 将常用的面板显示在工作窗口中,利用这些面板,可以实现编辑功能,如设置实例的坐标位置;也可以对图形进行各种属性的设置,如颜色、字体和字号等。默认情况下,属性面板、滤镜面板、参数面板和动作面板嵌入在工作窗口的下方,颜色和库面板嵌入在工作窗口的右侧。用户可根据需要在菜单栏中的"窗口"菜单中选择命令,打开其对应的面板,对创建的动画进行操作。例如,选择"窗口"→"变形"命令,即可将变形面板打开,如图 4.4 所示。

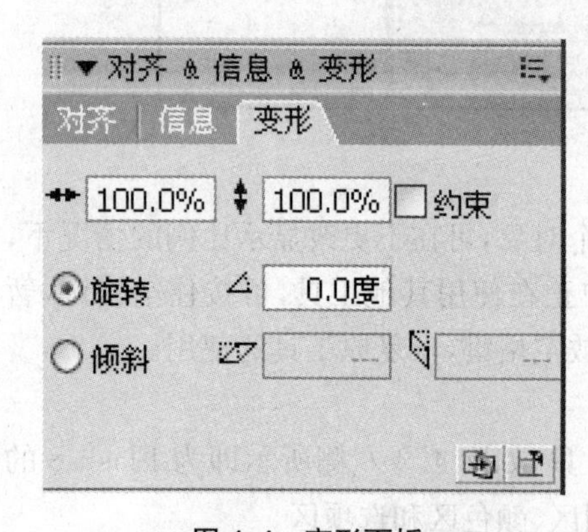

图 4.4 变形面板

4.2.2 Flash 8 的基本操作

在熟悉了 Flash 8 的工作界面后,本节将介绍 Flash 8 的基本操作,其中包括文件的新建、打开和保存等操作。

1. 新建文件

使用 Flash 8 进行创作前,必须先创建一个新的 Flash 文件,然后才能进行其他操作,可采用以下几种方法创建新文件。

(1) 使用开始页面

当用户启动 Flash 8 应用程序时,会打开如图 4.5 所示的开始页面。Flash 8 开始页面包括

3个选项:打开最近项目、创建新项目和从模板创建。在该页中,可以选择最近编辑的文档、创建新的Flash文档、创建ActionScript文件和使用预置的模板创建新文档。

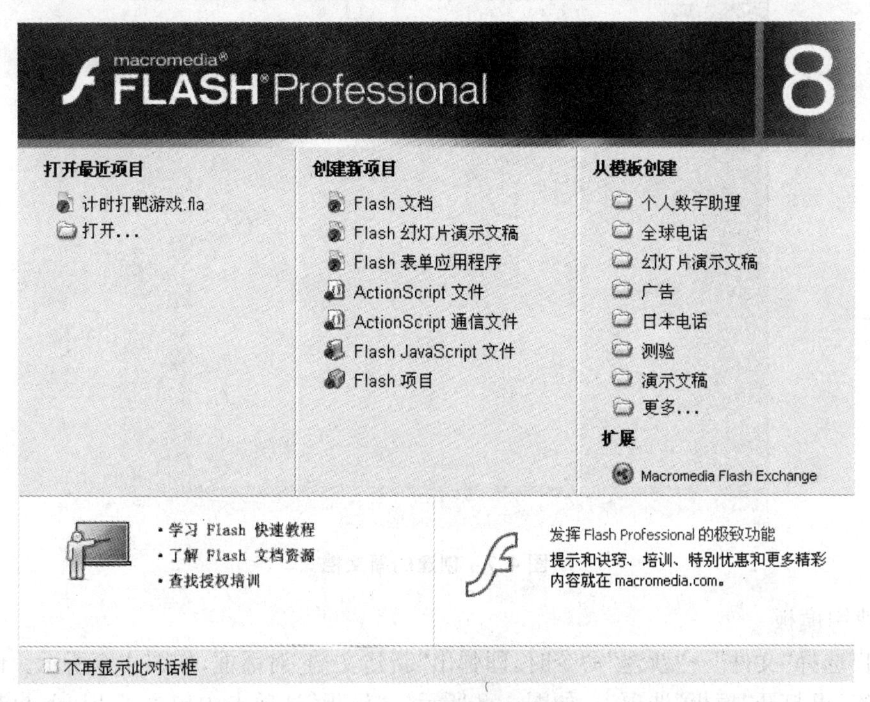

图4.5　Flash 8开始页面

(2) 使用文件菜单

在菜单栏中,选择“文件”→“新建”命令,弹出“新建文档”对话框,如图4.6所示。该对话框中的“常规”选项卡中包含了常用的文档类型,用户可选择其中一个选项,创建该种类型的Flash文档,如图4.7所示即为创建的幻灯片演示文稿文档。

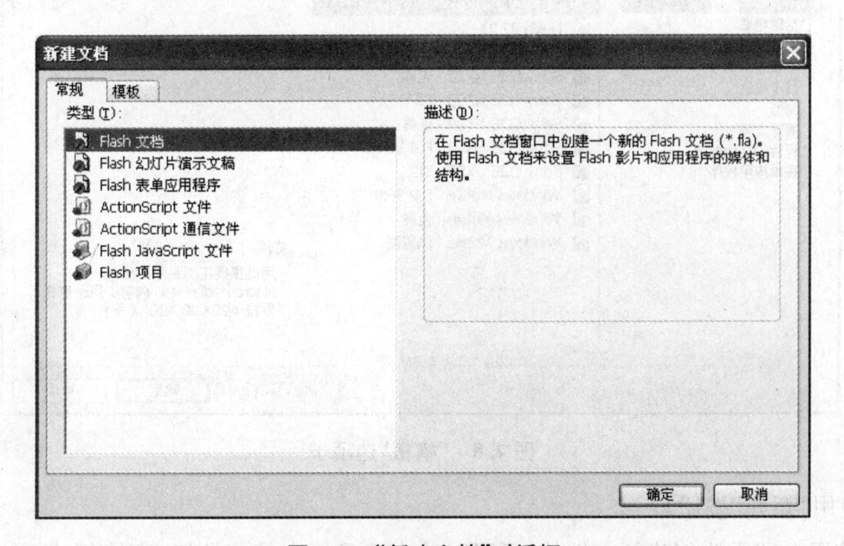

图4.6　“新建文档”对话框

图 4.7 创建的新文档

(3) 使用模板

当用户选择“文件”→“新建”命令时，即弹出“新建文档”对话框，如图 4.6 所示。此时，单击“模板”标签，可打开“模板”选项卡，如图 4.8 所示。“模板”选项卡中包含了 Flash 自带的模板，用户可以直接调用这些模板，创建所需的文件。

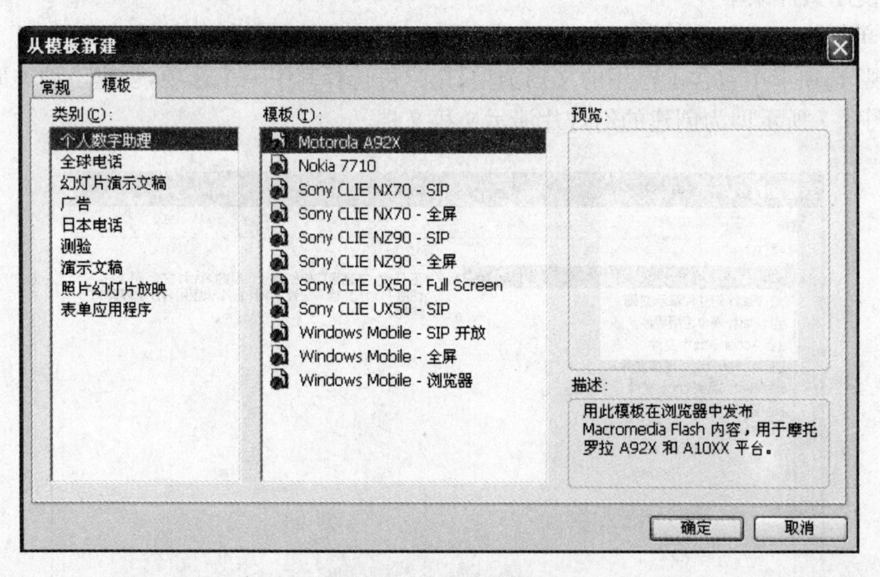

图 4.8 “模板”选项卡

(4) 使用“新建”按钮

除了使用上述方法创建新文件外，还可以单击工具栏中的□按钮，直接创建 Flash 文档，且单击该按钮创建的新文档的类型与上次创建的文档类型相同。

2. 保存文件

用户在创建 Flash 动画时,需要将创建的动画保存起来,以备再次修改时调用,并可将创建的 Flash 文档保存为多种类型的文件。

(1) 保存为一般的 Flash 文件

在菜单栏中,选择“文件”→“保存”命令,弹出“另存为”对话框。用户可单击“保存在”右侧的下拉按钮,在弹出的下拉列表中选择文件的保存路径。在“文件名”下拉列表框中输入要保存文件的名称。单击“保存类型”右侧的下拉按钮,在弹出的下拉列表中选择文件的保存类型。设置好相关参数后,单击“保存”按钮,即可将文件保存在指定的文件夹中。

(2) 保存为压缩的 Flash 文件

用户在保存 Flash 文件时,可将其保存为压缩的 Flash 文件,以减小文件大小。可在菜单栏中选择“文件”→“保存并压缩”命令,将其压缩后再保存。将文件保存为压缩的 Flash 文件时,虽然表面上与保存为一般的 Flash 文件没有什么区别,实际上,系统已在保存文件的过程中自动将文件进行了压缩处理。

(3) 保存为模板

用户不仅可以调用系统自带的模板,也可以将自己制作的 Flash 文件保存为模板。在菜单栏中,选择“文件”→“另存为模板”命令,弹出“另存为模板”对话框。用户可在“名称”文本框中输入创建的新模板的名称。单击“类别”右侧的下拉按钮,在弹出的下拉列表中选择模板的类别。在“描述”文本框中输入文字,描述该模板的作用。设置好相关参数后,单击“保存”按钮,即可将该文件保存为模板。

3. 标尺、辅助线和网格

在 Flash 中绘制图形,离不开使用标尺、辅助线和网格。使用它们可以帮助用户轻松地进行图形的定位,使绘制的图形更加精确。

(1) 标尺

在菜单栏中,选择“视图”→“标尺”命令,可在工作区中显示标尺,Flash 8 中的标尺分为水平标尺和垂直标尺。如果要隐藏标尺,再次选择“视图”→“标尺”命令即可。标尺默认的单位是像素,如果用户要更改其度量单位,可选择“修改”→“文档”命令,弹出“文档属性”对话框。单击“标尺单位”右侧的下拉按钮,在弹出的下拉列表中选择相应选项即可更改标尺的单位。

(2) 辅助线

当用户要绘制大小及位置十分精确的图形时,可使用辅助线来进行定位。如果标尺已显示在工作区中,可在标尺上单击鼠标左键,当光标变成形状时,向舞台中央拖动鼠标,到达目的位置后释放鼠标,即可创建辅助线。用户可从水平标尺中创建水平辅助线,从垂直标尺中创建垂直辅助线,并可对创建的辅助线进行如下操作:① 在菜单栏中,选择“视图”→“辅助线”→“显示辅助线”命令,可在舞台中显示创建的辅助线,再次选择该命令可隐藏辅助线。② 用户在创建辅助线时,有时不能一次性将辅助线拖到合适的位置。可在创建辅助线后,用鼠标单击选中它,当光标变为形状时,移动其至合适位置。③ 创建好辅助线后,为了保持其位置不动,可选择“视图”→“辅助线”→“锁定辅助线”命令,将辅助线锁定。锁定后,用户将不能移动该辅助线,如果要移动它,可再次选择该命令解除锁定。④ 选择“视图”→“贴紧”→“贴紧至辅助线”命令,可在绘制图形时,使鼠标光标在移动的过程中能迅速捕捉到辅助线,从而使绘制的图形紧贴辅助线。⑤ 选择“视图”→“辅助线”→“编辑辅助线”命令,弹出“辅助线”对话框。用户可在该对话框中设置辅助线的颜色及对齐精确度等参数。⑥ 当创建的辅助线不再使用时,可将其拖回标尺将其删除。也可选择“视图”→“辅助线”→“清除辅助线”命令,清除创建的所有辅助线。

(3) 网格

在菜单栏中,选择“视图”→“网格”→“显示网格”命令,可以在舞台上显示网格。再次选择该命令,即可隐藏网格。默认情况下,网格由多个18像素×18像素的小方格组成,且小方格的边线为浅灰色。如果用户要更改其大小及颜色,可在菜单栏中选择“视图”→“网格”→“编辑网格”命令,在弹出的“网格”对话框中对其属性进行设置。

4. 设置 Flash 8 首选参数

为了使 Flash 8 在最佳的环境下工作,发挥其最优性能。通常,在使用 Flash 8 进行创作之前,首先要设置其首选参数,使其与系统参数最匹配,设置其首选参数的具体操作步骤如下:① 选择“编辑”→“首选参数”命令,弹出“首选参数”对话框,如图 4.9 所示。② 用户可在“类别”列表中选择常规、ActionScript、自动套用格式、剪贴板、绘画、文本和警告选项,在其对应的参数设置区中设置合适的参数。③ 设置好参数后,单击“确定”按钮,即可保存当前设置的首选参数。

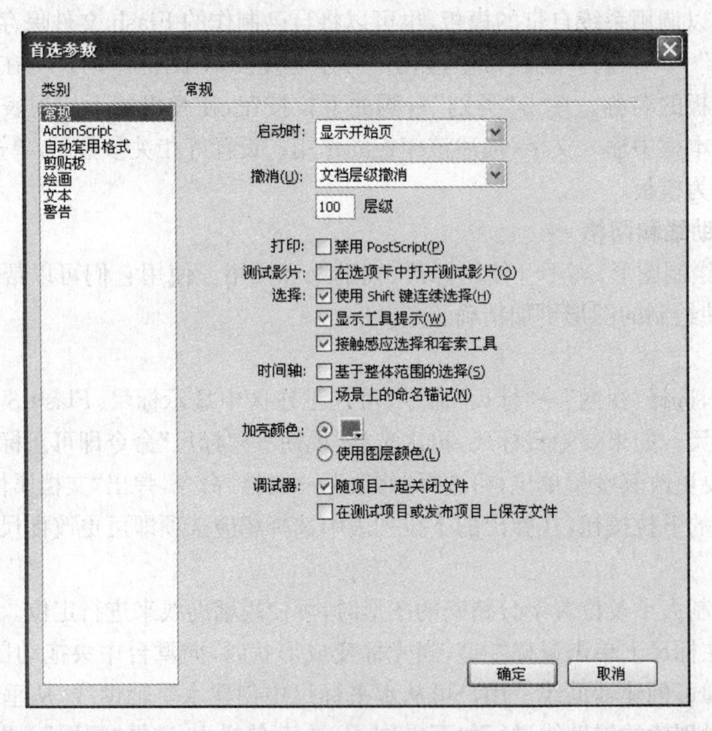

图 4.9 “首选参数”对话框

5. Flash 动画的保存格式

① Fla 格式保存,这种保存结果能够保留所有的图层信息和后期的可编辑权,文件最大。

② Swf 格式保存,网络上流行的格式。

③ Exe 格式保存,使用 Flash 播放器将 Swf 格式的文件保存为 Exe 格式。

下面通过几个例子来简要介绍 Flash 8 的一些基本操作。

【例 4.1】 设置绘图参数

具体操作步骤如下：

① 选择“编辑”→“首选参数”命令，弹出“首选参数”对话框。

② 在“类别”列表中选择“绘画”选项，显示“绘画”参数设置区。“绘画”参数设置区中各选项的含义如下：“钢笔工具”用于设置使用钢笔工具绘图时，其光标的显示方式，选中“显示钢笔预览”复选框，使用钢笔工具绘图时，系统会将笔尖移动的轨迹预先显示出来，选中“显示实心点”复选框，使用钢笔工具绘制的锚点将为实心点，否则为空心点，选中“显示精确光标”复选框，使用钢笔工具绘图时，光标以精确的十字线显示，而不以默认的钢笔图标显示，这样可以提高绘制线条时的准确度；“连接线”用于设置绘制闭合图形时，起点与终点之间的关系，单击其右侧的下拉按钮，弹出下拉列表，包括 3 个选项，分别为必须接近、一般和可以远离，默认设置为一般；“平滑曲线”用于设置绘制的曲线的平滑度，单击其右侧的下拉按钮，弹出下拉列表，包括 4 个选项，分别为关、粗略、一般和平滑，默认设置为一般；“确认线”用于设置绘制的直线的精确度，单击其右侧的下拉按钮，弹出下拉列表，包括 4 个选项，分别为关、严谨、一般和宽松，默认设置为一般；“确认形状”用于设置在 Flash 中绘制不规则图形时，被识别为规则图形的精确度。单击其右侧的下拉按钮，弹出下拉列表，包括 4 个选项，分别为关、严谨、一般和宽松，默认设置为一般；“点击精确度”用于设置用鼠标选取对象时，鼠标光标位置的准确度，单击其右侧的下拉按钮，弹出下拉列表，包括 3 个选项，分别为严谨、宽松和一般，默认设置为一般。

③ 设置好参数后，单击“确定”按钮，即可保存该设置。

④ 在工具箱中选择钢笔工具，使用该工具在舞台中绘制图形。

【例 4.2】 特效字

① 打开 Flash 8 应用程序。

② 新建一个空白文档，并将其大小设置为 480 像素×360 像素。

③ 在菜单栏中选择“文件”→“导入”→“导入到舞台”命令，弹出“导入”对话框。

④ 在该对话框中选择一幅图片，单击“打开”按钮，将其导入到舞台中。

⑤ 在工具箱中选择任意变形工具，使用该工具调整图片至合适的大小。

⑥ 单击时间轴面板下方的“插入图层”按钮，新建图层 2。

⑦ 在工具箱中选择文本工具，在该工具属性面板中设置参数。

⑧ 设置好参数后，使用该工具在舞台中输入文字。

⑨ 在菜单栏中选择“修改”→“分离”命令，将文本分离为单独的字符。

⑩ 再次选择该命令，可将文字分离为图形。

⑪ 在工具箱中选取选择工具，使用该工具调整第一字的形状。

⑫ 使用选择工具调整其他的形状。

⑬ 单击时间轴面板下方的“插入图层”按钮，新建图层 3。

⑭ 在工具箱中选择刷子工具，并在该工具选项区中选择合适的刷子大小和形状，使用该工具在舞台中绘制图形。

⑮ 在菜单栏中选择“窗口”→“混色器”命令，打开混色器面板。在该面板中单击“填充颜色”按钮，单击“类型”右侧的下拉按钮，在弹出的下拉列表中选择“线性”选项，并在其下方的渐

变条上设置渐变。

⑯ 在时间轴面板中单击文字图层,使其成为当前图层。在工具箱中选择颜料桶工具,使用该工具在文字上单击,即可为该文字添加线性渐变。至此,该特效字已制作完成。

【例 4.3】 移动的文字

① 添加组件。通过"Window(窗口)"→"Library(图库)"命令,或按 Ctrl+L 快捷键,弹出"组件"图库窗口。选择新建组件,在这里将组件命名为文字,Behavior 属性设为 Movie Clip。点击"确定"按钮后,进入组件编辑窗口。在这里面进行的所有操作,只会对本组件起作用,而不会影响场景。组件,不妨把它看作是特殊的对象,跟普通对象不同的地方在于,它可以在整个动画中随时引用。既然是引用,当用户在网上观看该动画时,只需下载一次该对象,以后就不用下载而直接进行引用,提高了动画播放的流畅度,大大减小了文件的大小。如果不用组件,在某些场合中还是可以获得相同动画效果的,但由于每个内容都需要重新下载,从而严重影响了播放效果。

② 选择"文字工具"。此工具用于添加文字信息,设置字体的常见属性,如字体类型、宽度与高度、黑体、斜体、段落属性、字间距、上下标、超级链接等。文本格式有三种类型可选:静态文字(Static Text)、动态文字(Dynamic Text)、文本输入框(Input Text)。静态文字不需讲解,动态文字则是些诸如闪烁、变量获取等形式;文本输入框则常用于动态文字交互显示。调用"对齐"工具,将文字信息调整到画面的正中央(中央位置有 1 个"+"号的标志)。该设置会对以后的动画处理有一定的影响。

③ 点击标示栏上的"Scene 1"回到场景。这时会发现刚才输入的文字不见了,这是因为刚才的操作,只是针对组件"文字"所做的,场景里面当然看不到。

④ 确定当前影格在"时间轴"上是第一帧。用鼠标将"文字"组件拖到场景中,位置稍微偏左。

⑤ 用鼠标点击时间轴第十影格处,选中此帧,然后单击鼠标右键,选择"Insert Keyframe",再将本影格中的圆向右拖动。

⑥ 点选某影格,右键选择"Creat Motion Tween",则时间轴窗口变成新样式。

【例 4.4】 物体的多种变动

① 添加"图片"组件:选择新建组件,在这里将组件命名为 ball,Behavior 属性设为 Movie Clip。点击"确定"按钮后,进入组件编辑窗口。

② 选择"椭圆工具"。按住 Shift 键,用椭圆工具在组件 ball 中画个方形。选择图形,对该图形进行属性设置,即圆形的轮廓颜色、轮廓宽度、填充色、圆心位置等等。(提示:在图像处理软件中,几乎都有这一相同的功能,即按住 Shift 键时可画出正方形与圆,不按时画出的常常是长方形与椭圆。)

③ 返回到场景。确定当前影格在"时间轴"上是第一帧。用鼠标将 ball 组件拖到场景一中,位置稍微偏左。

④ 用鼠标点击时间轴第十影格处,选中此帧,插入关键帧,然后再将本影格中的圆向右拖动。鼠标右键选择"Creat Motion Tween"。

⑤ 在 20 帧处插入关键帧,然后选中图形,使用"任意变形工具"(出现 8 点格),将其变大。鼠标右键选择"Creat Motion Tween"。

⑥ 在30帧处插入关键帧，然后选中图形，使用“任意变形工具”（出现8点格），将其变小或旋转。鼠标右键选择“Creat Motion Tween”。

⑦ 在40帧处插入关键帧，然后选中图形，使用“图像”属性设置，进行颜色的设置或透明处理。鼠标右键选择“Creat Motion Tween”。

【例4.5】 “移动动画”与“图片”元件的差别（太阳－地球－月亮）

① 添加“图片”组件：选择新建组件，在这里将组件命名为ball1，Behavior属性设为Movie Clip；编制一个动画，如地球－月亮。

② 添加“图片”组件：选择新建组件，在这里将组件命名为ball2，Behavior属性设为图片；编制一个动画，如地球－月亮。

③ 返回到场景。确定当前影格在“时间轴”上是第一帧。用鼠标将ball1组件拖到场景一中，位置稍微偏左。用鼠标将ball2组件拖到场景一中，位置稍微偏右。播放一下，看看两种元件制作后，动画的差别。

④ 利用ball1元件，再做1个动画，如太阳－地球，看看两种动画结合的效果。

⑤ 设置旋转的方向：自动，顺时针，逆时针等操作。

【例4.6】 结合洋葱皮功能制作文字书写的动画

① 在第一帧的位置上，输入要写的文字，例如“生物”，选好字体，调整好大小。

② 选择打散（Ctrl＋B）动作。

③ 从第1帧到适当的位置上，右键选择“转化为关键帧”。

④ 使用“橡皮擦”功能。

⑤ 从后向前对每一帧内的内容进行擦除处理。

【例4.7】 变形动画（一个红色的圆球，逐渐变化成一个“8”字）

① 新建个图片组件，取名为Ball，并绘制红色球体。

② 再创建一个图片组件，取名为Font，并输入“8”字样。

③ 组件制作完毕，现在进入场景开始布置。在第一帧处，将组件Ball拖入工作区适当位置。

④ 在第30帧处插入空白关键帧，加入组件Font，即那个“8”字。

⑤ 回到第1帧，选中球体后，按Ctrl＋B或使用菜单命令“Modify（修改）”→“Break Apart（打散）”，将所选组件打散；然后再到第30帧处，将该处的Font组件打散。

⑥ 确认打散后，回到第1帧，并在“Frame（帧）”面板中将Tweening（渐变）设置为Shape（变形）。

【例4.8】 让一个球按指定的路线移动

① 新建一个圆球组件，属性为Movie Clip，将该图形移动到组件窗口的中央。

② 回到场景中，将该组件拖入工作区。

③ 应用建立“动画”的三个条件，建立一个小球移动的动画。

④ 添加导引层（Guided Layer）。

⑤ 在导引层中制作Layer 1中圆球的运动路线。确认是在导引层中，然后用绘图工具栏中的铅笔工具随意绘制一条路径。

⑥ 在第一帧处，将圆球的中心点与导引线的始端重合；在最后一帧处，让圆球的中心点与

导引线的尾端重合。

【例 4.9】 让一个球按圆形、矩形路径移动

① 建立 1 个“移动动画”图层；插入 1 个导引层。

② 在导引层中使用圆形工具，随意绘制一个圆或矩形。将该图形的轮廓线选中，充当导引路径。

③ 将“移动物体”的始端与尾端设置到图形的轮廓线上。

④ 如果要将球体作循环运动，需将图形的轮廓线擦掉一端，再将球体的始端与尾端设置到合适的位置（断线）处。

⑤ 如果要将球体移动的轨道也显示出来，需要插入一个新图层。然后在引导线的第一帧处，将关键帧的内容复制；在新图层的第一帧处，将关键帧的内容粘贴；将该图层格式修改为一般图层。

⑥ 使用颜料桶工具(Paint Bucket Tool)添加轨道内的颜色。根据选项(Options)的不同可以采取多种填充方式。（不封闭空隙(Don't Close Gaps)：不封闭的区域不能进行填充；不封闭小空隙(Close Small Gaps)：间隙较小的不封闭区域也可进行填充；不封闭中空隙(Close Medium Gaps)：允许较大的空隙；不封闭大空隙(Close Large Gaps)：允许更大的空隙。）

【例 4.10】 让一个球按文字（文字造型）轮廓路径移动

① 在导引层中使用文字工具，输入“文字”。

② 用箭头工具选择该文字（提示为蓝色方框），将文字打散。

③ 使用墨水瓶工具创建该文字的轮廓。

④ 将文字内的颜色删除掉；留下的内容为文字轮廓线路径。

⑤ 墨水瓶工具(Ink Bottle Tool)：本工具用来给对象的边框上色，其用途同图形的线条颜色设置相似。区别在于，当该图形没有轮廓线时，就无法使用线条颜色设置，而只能使用墨水瓶工具进行轮廓线的添加。如果对线条使用颜色桶等工具，必须进行转换处理。其方法是：“修改”→“形状”→“线条转变为颜色”，这样就可以对线条进行渐变以及遮盖处理。

【例 4.11】 遮罩图层实例

从前面学到的知识知道，层是透明的，最上面的层的空白处可以透露出下面层的内容，Flash 的遮罩跟这个原理正好相反，遮罩层的内容完全覆盖在被遮罩的层上面，只有遮罩层内有内容的地区可以显示下层图像信息。方法是使用组件库，先导入两个组件，一个为背景图片，另一个为遮罩图形（如圆形）。在场景工作区，设置两个图层，第一个图层设置背景图片；另一个图层设置图片。选择图片层，右击鼠标选择“遮罩图层”设置；将两个图层上锁，就可以看到遮罩效果。

【例 4.11.1】 移动遮罩效果（遮罩层图形移动，或底层图形移动）

① 在遮罩图层，将该图层内的图形设置成移动动画。

② 或在底层图层，将该图层内的图形设置成移动动画。

【例 4.11.2】 文字遮罩效果（遮罩层为文字，底层为移动图片）

① 将大图片（或四张风景图片）输入 Flash，然后打开库窗口，把输入的四张图片共同组成一个图片组件以便调用。注意图片与图片之间不要出现缝隙。

② 新建一个组件来放字体，字要大点，采用黑体。字体大小将其定为 150（在字体大小设置

栏内直接输入150即可)。

③ 现在将它们放进场景中。在底层图片层内,设置移动动画。

④ 文字层设置为遮罩层。

【例4.11.3】 文字遮罩效果(遮罩层为文字,并移动)

① 将输入的组件背景图片拖入到第一帧的工作区中,并调整大小,最好该图片能够布满全层,以保证遮罩层的文字无论移动到哪里都有下层信息透露出来。

② 新建一个文字层并将新建的组件拖进去。因为要让文字从左移到右,所以请把该组件放到工作区外靠左边界处,并设置成动画效果。

③ 将文字层设置成遮照层。

【例4.11.4】 文字遮罩或动画彩虹字效果(遮罩层图形移动,底层为文字)

① 在底层图层,输入文字信息。

② 在遮罩图层,将该图层内的图形(小图形或大图形)设置成移动动画。

【例4.12】 按钮制作

① 新建一个Flash文档。在菜单栏中执行"修改"→"文档"命令,弹出"文档属性"对话框。设置文档名称为"透明按钮";设置尺寸数值框的数值为270px×170px;设置背景颜色为白色;设置帧频数值框的数值为12;在"标尺单位"下拉列表中选择"像素"选项,设置完成后单击"确定"退出对话框。如图4.10所示。

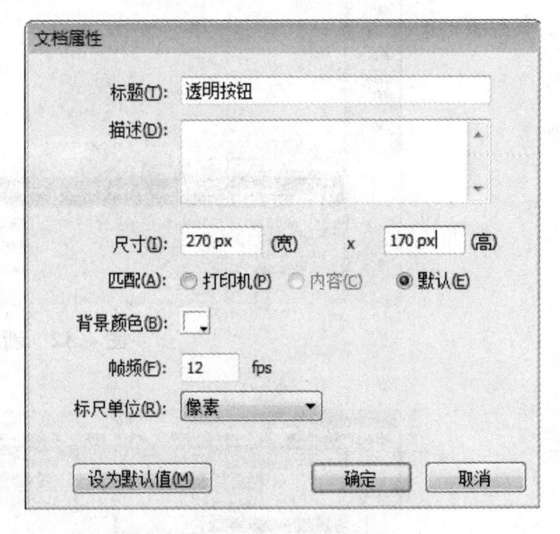

图4.10 参数设置

② 在菜单栏中执行"插入"→"新建元件"命令,弹出如图4.11所示的"创建新元件"对话框。设置元件名称为"鱼"并选中"影片剪辑"单选按钮,单击"确定"按钮保存设置。执行"文件"→"导入"→"导入到舞台"命令,在弹出的"导入"对话框中选中"小鱼"图片文件,将它导入到绘图区域中并调节它到合适的位置。

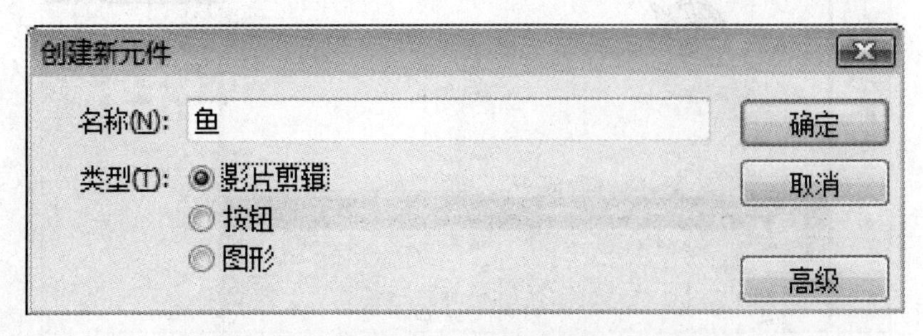

图4.11 创建新元件

③ 在"图层1"上单击时间轴上的"添加运动引导层"按钮新建引导层。在工具栏中单击"铅笔工具"按钮绘制一条曲线模拟图的游动路线,将时间指示器移动到第15帧的位置,按F5键插入空白帧。选择"图层1",在工具栏中单击"选择工具"按钮,选中并移动鱼,使它的中心点靠近

引导线的一个端点，如图 4.12 所示。在第 15 帧按 F6 键插入一个关键帧，选中并移动鱼，使它的中心点靠近另一个端点，如图 4.13 所示。第 1 帧到第 15 帧之间选择任意一帧，单击鼠标右键，在弹出的快捷菜单中选择“创建补间动画”命令创建一个补间动画。

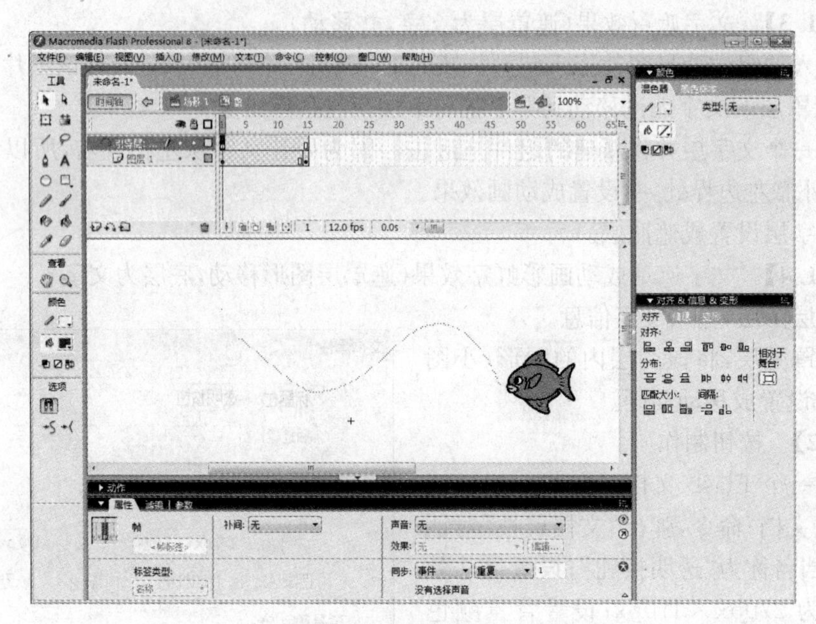

图 4.12　新建引导层 1

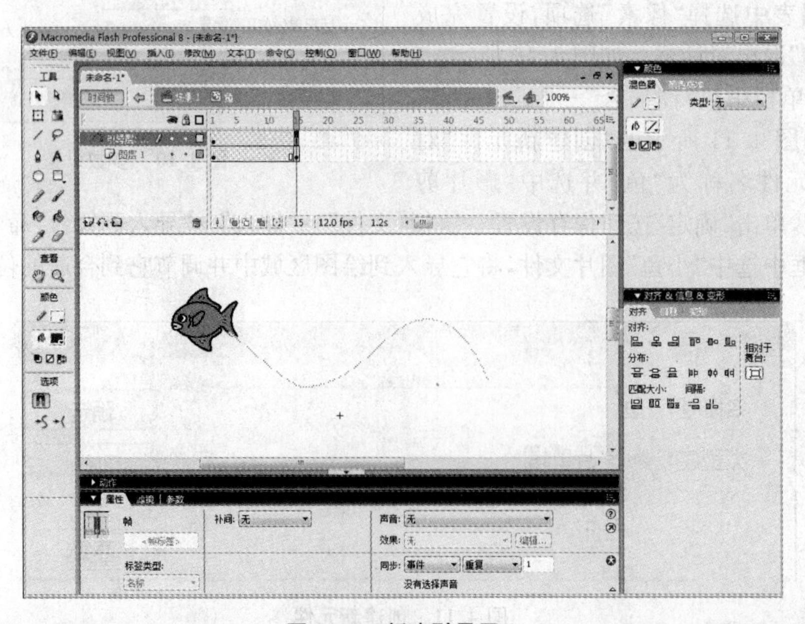

图 4.13　新建引导层 2

④ 在菜单栏中执行“插入”→“新建元件”命令，弹出如图 4.14 所示的“创建新元件”对话框。设置元件名称为“透明按钮”并选中“按钮”单选按钮，单击“确定”按钮进入编辑状态。选中帧，在“矩形工具属性”面板中设置笔触颜色为无色，设置填充颜色为黑色，设置完成后绘制一个

宽 207px，高 130px 的实心方框。这样，一个透明按钮就做好了。

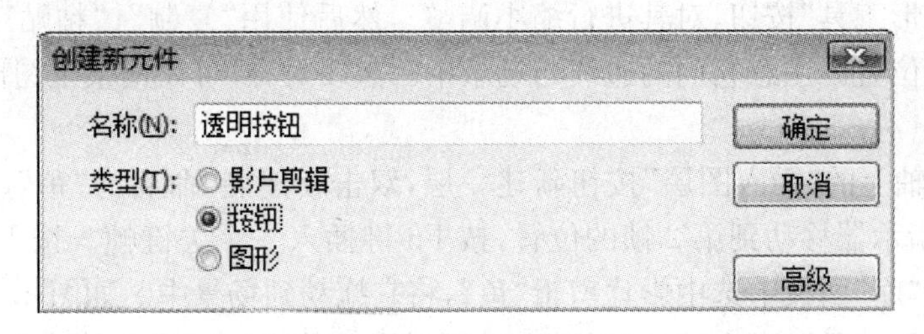

图 4.14　创建新元件

⑤ 按 Ctrl+E 组合键返回场景，双击“图层 1”，将该图层重新命名为“按钮”。按下 Ctrl+L 组合键打开“库”面板，在“库”面板中选中元件“透明按钮”，将它拖动到场景中。在图层按钮上单击时间轴上的按钮新建一层，双击新建层，重新命名为“黑线”。在工具栏中单击“矩形工具”按钮，在“矩形工具属性”面板中设置笔触颜色为黑色，设置填充颜色为无色。围着透明按钮画一个黑边。

⑥ 选中透明按钮，按 F8 键转换为元件，弹出如图 4.15 所示的“转换为元件”对话框。设置文件名称为“元件 1”，并选中“影片剪辑”单选按钮，单击“确定”按钮保存设置。双击影片编辑元件“元件 1”进入编辑状态，双击“图层 1”，将该层重新命名为“按钮”。下面给按钮加入命令，选中透明按钮，按 F9 键打开“动作”面板，在里面输入如下代码：on(rollOver){play();}，如图 4.16所示。

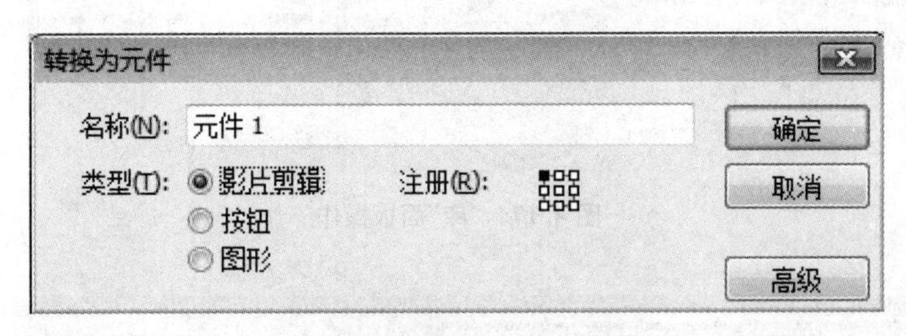

图 4.15　“转换为元件”对话框

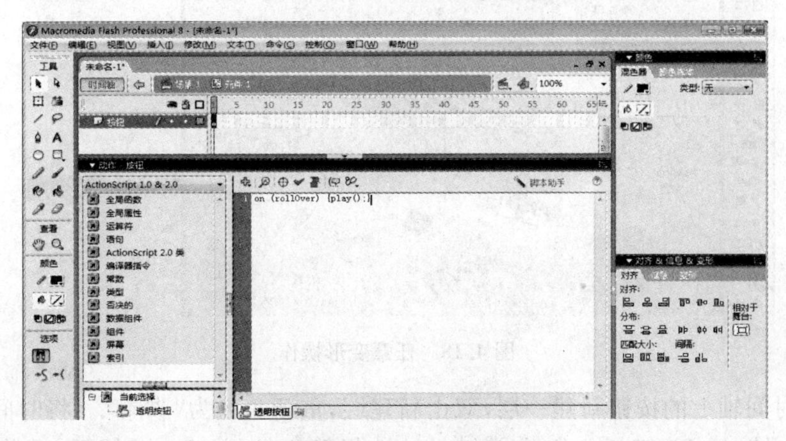

图 4.16　输入代码

⑦ 将时间指示器移动到第 2 帧的位置，按 F6 键插入一个关键帧。选中透明按钮，在工具栏中单击“任意变形工具”按钮，对其进行缩小调整。然后使用“复制”、“粘贴”的方法制作 3 个副本，调整它们的位置。注意它们的边线与场景中的黑线对齐，可以调整视图比例，将视图放大后，更易于对齐。

⑧ 单击时间轴上的“插入图层”按钮新建一层，双击新建层，命名为“鱼”，把它放在“按钮”层下面。将时间指示器移动到第 2 帧的位置，按 F6 键插入一个关键帧。按下 Ctrl＋L 组合键打开“库”面板，在“库”面板中选中影片剪辑“鱼”，将它拖动到场景中。如图 4.17 所示。在工具栏中单击“任意变形工具”按钮，然后按住 Shift 键对影片剪辑“鱼”进行缩小并调整它到适当位置。选择调整好的鱼，按住 Ctrl＋C 组合键复制，按 Ctrl＋V 组合键粘贴一个，执行“修改”→“变形”→“水平翻转”命令，将它放在适当位置，如图 4.18 所示。

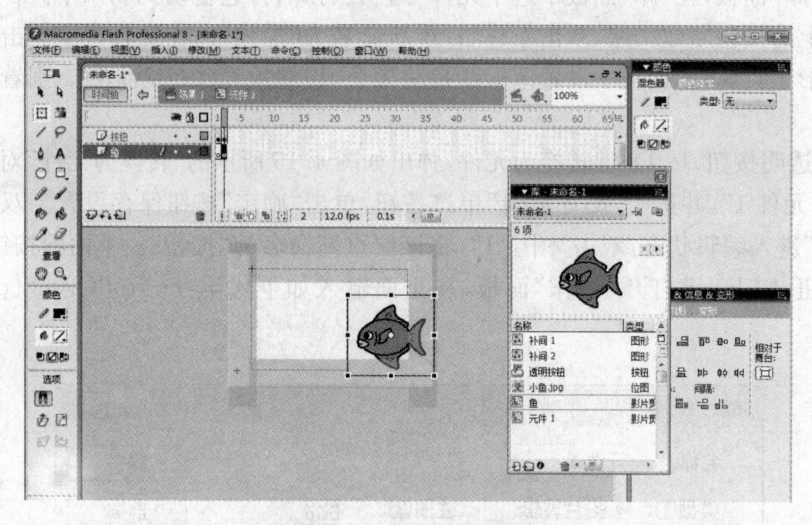

图 4.17 “库”面板操作

图 4.18 任意变形操作

⑨ 单击时间轴上的按钮新建一层，双击新建层，重新命名为“脚本”。将时间指示器分别移动到第 1、2 帧，按 F7 键插入空白关键帧。选择第 1 帧，按 F9 键打开“动作”面板，如图

4.19 所示。执行“全局函数”→“时间轴控制”→“stop”命令，第 2 帧同理。按 Ctrl+E 组合键返回场景。

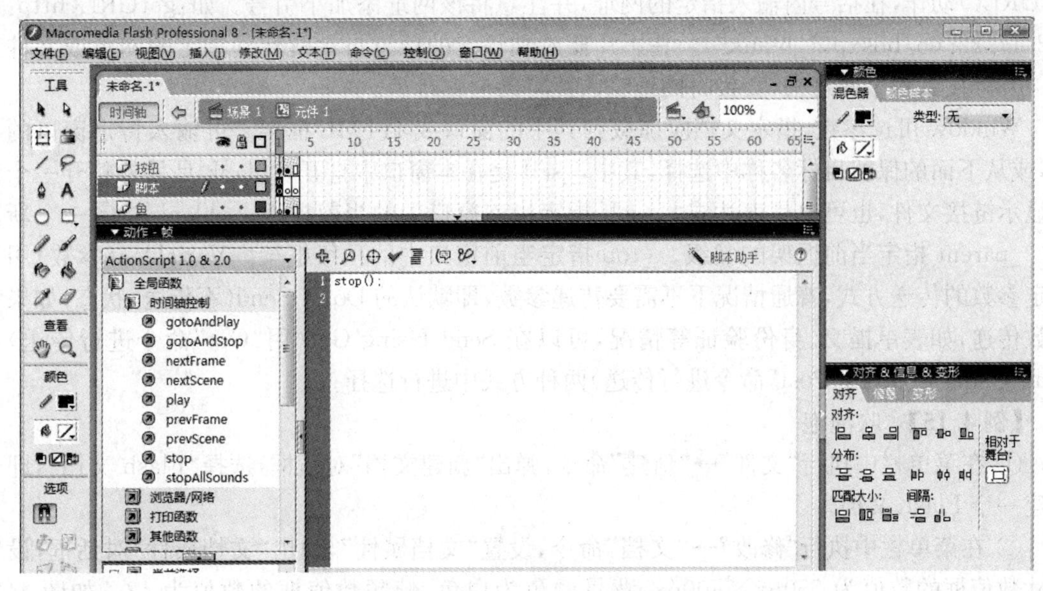

图 4.19　打开“动作”面板

⑩ 按 Ctrl+Enter 组合键测试效果。然后按 Ctrl+Shift+S 组合键将影片命名为“透明按钮”进行存盘。

【例 4.13】　播放动画(按钮控制)

① 在图层 1 内建立 1 个动画或变形。

② 新建 1 个 ACT 图层，在该图层的最后一帧内插入 1 个关键帧，设置 Action 动作，属性定义为 Stop()，让其在播放完动画后暂停。

③ 在该 ACT 图层的第一个关键帧内，同样也设置 Action 动作，属性定义为 Stop()，让其先暂停播放动画。

④ 新建 1 个按钮控制图层，在该图层内的第一帧上，插入 1 个按钮组件；选择“按钮组件”，设置该组件的 Action 属性(分别设置 On()与 play()属性)，属性设置为：

```
On(rollOver){
play()
}
```

⑤ 为了让按钮从第二帧以后不再出现，在第二个帧上插入 1 个空白关键帧。

⑥ 在按钮控制图层内的最后一帧上，插入 1 个关键帧，插入 1 个按钮组件，选择该按钮设置 Action 动作(分别设置 On()与 GotoandPlay()属性)，属性设置为：

```
On(rollOver){
GotoandPlay(1)或 GotoandPlay(2)
}
```

注意，使用动作设置时，一定要选择按钮进行操作。

【例 4.14】 调用指定的网页

在播放动画时，自动跳转到指定网页或通过按钮链接到指定网页上。在某帧上，加入getURL()动作，在括号内输入指定的网址，并注意将该网址添加小引号。如：getURL(http://172.17.22.66/bbsxp,"_blank")。在影片播放到预定的地方自动跳转到指定的网页或文件上去。要链接到哪个网址去，直接将网址输入此对话框就行了。

Window 可选参数，指定文档应加载到其中的窗口或 HTML 框架。可输入特定窗口的名称，或从下面的保留目标名称中选择，其中，_self 是在本窗口中打开，_blank 是另外打开一个窗口显示链接文件，也可以是表达式。_self 指定当前窗口中的当前框架。_blank 指定一个新窗口。_parent 指定当前框架的父级。_top 指定当前窗口中的顶级框架。Variables(参数)用于设定参数的传送方式，普通情况下不需要传递参数，即默认的 Don't Send(不传送)状态；如果有参数传递，如表单提交、身份验证等情况，可以在 Send Using Get(用"Get"命令进行传送)和 Send Using Post(用"Post"命令进行传送)两种方式中进行选择。

【例 4.15】 吹泡泡

① 在菜单栏中执行"文件"→"新建"命令，弹出"新建文档"对话框，选择"Flash 文档"，即可新建一个 Flash 文档。

② 在菜单栏中执行"修改"→"文档"命令，设置"文档属性"，弹出"文档属性"对话框，设置尺寸数值框的数值为 550px×400px，背景颜色为白色，帧频数值框的数值为 12。如图 4.20 所示。

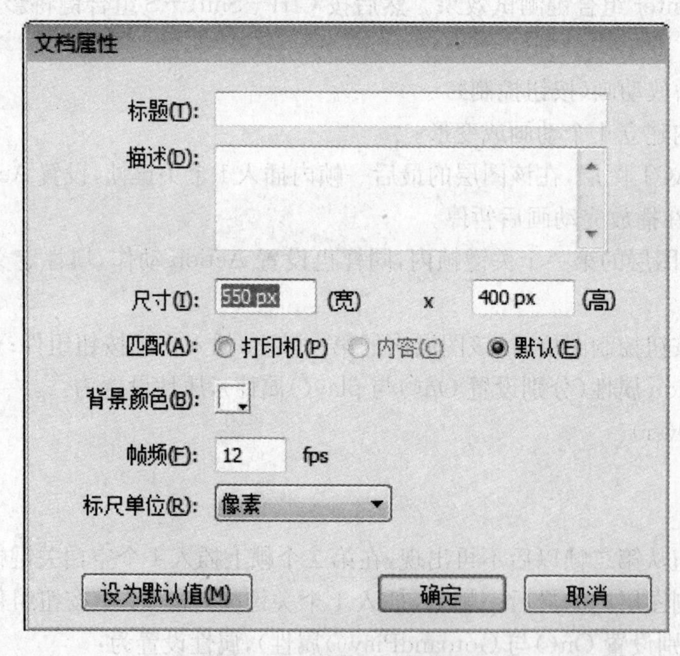

图 4.20 设置"文档属性"

③ 执行"文件"→"导入"→"导入到舞台"命令，在弹出的"导入"对话框中选中一个背景图片。

④ 在菜单栏中执行"修改"→"转换为元件"命令，弹出"转换为元件"对话框。设置元件名

称为“背景”，并选中“图形”单选按钮，如图 4.21 所示。

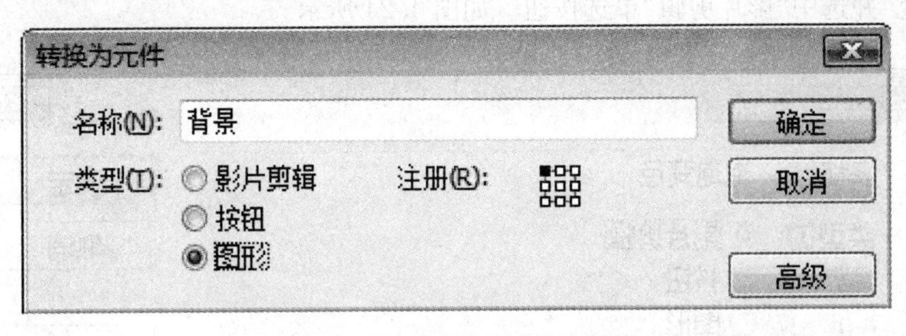

图 4.21　“转换为元件”对话框

⑤ 在菜单栏中执行“插入”→“新建元件”命令，弹出“创建新元件”对话框。设置元件名称为“泡泡”，并选中“图形”单选按钮，如图 4.22 所示。

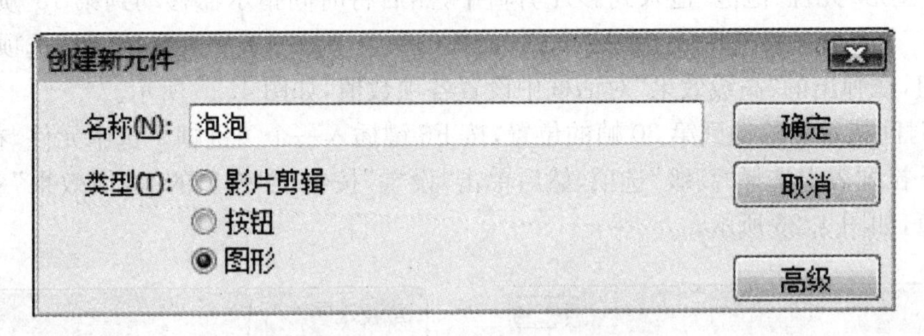

图 4.22　“创建新元件”对话框

⑥ 在工具栏中单击“椭圆形工具”按钮，按住 Shift 键绘制一个椭圆形，然后执行“窗口”→“混色器”命令，打开“混色器”面板，在“类型”下拉列表中选择“放射状”命令。设置第 1 帧的颜色为白色，第 2 帧的颜色为粉色，如图 4.23 所示。

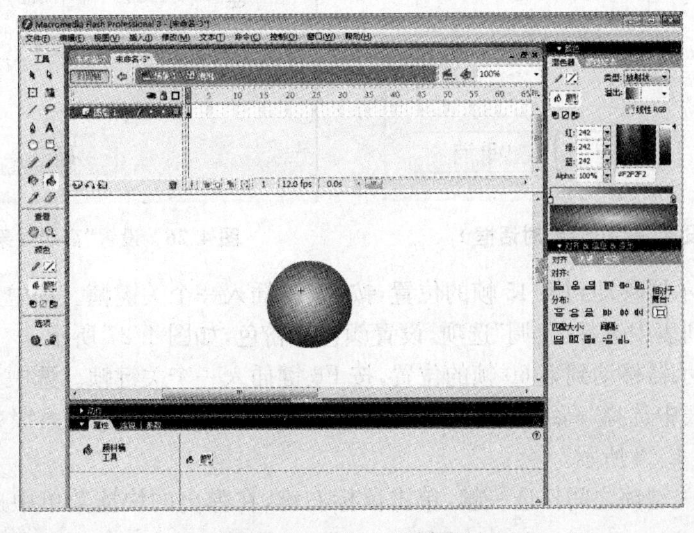

图 4.23　绘制一个椭圆形

⑦ 在菜单栏中执行“插入”→“新建元件”命令，弹出“创建新元件”对话框。设置元件名称为“泡泡变色”并选中“影片剪辑”单选按钮。如图 4.24 所示。

图 4.24　设置元件

⑧ 将“图形”元件“泡泡”拖入到影片剪辑中，然后将时间指示器移动到第 15 帧的位置，按 F6 键插入一个关键帧。选中元件，在“属性”面板的颜色下拉列表中选择“高级”选项，然后单击“设置”按钮，在弹出的“高级效果”对话框中设置各项数值，如图 4.25 所示。

⑨ 将时间指示器移动到第 30 帧的位置，按 F6 键插入一个关键帧。选中元件，在“属性”面板的颜色下拉列表中选择“高级”选项，然后单击“设置”按钮，在弹出的“高级效果”对话框中设置各项数值，如图 4.26 所示。

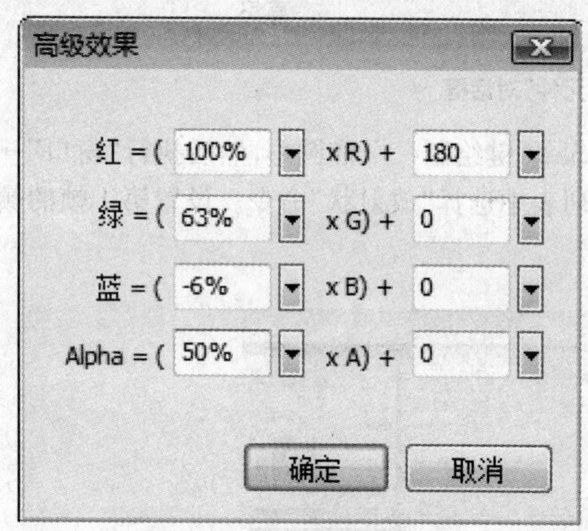

图 4.25　设置“高级效果”对话框 1

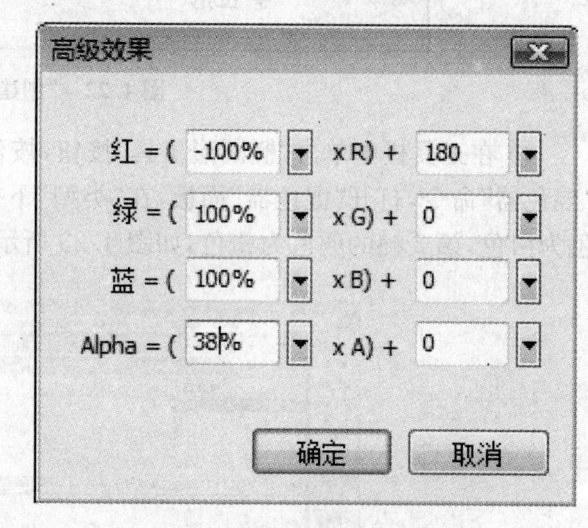

图 4.26　设置“高级效果”对话框 2

⑩ 将时间指示器移动到第 45 帧的位置，按 F6 键插入一个关键帧。选中元件，在“属性”面板的“颜色”下拉列表中选择“色调”选项，设置颜色为粉色，如图 4.27 所示。

⑪ 将时间指示器移动到第 60 帧的位置，按 F6 键插入一个关键帧。选中元件，在“属性”面板的颜色下拉列表中选择“高级”选项，然后单击“设置”按钮，在弹出的“高级效果”对话框中设置各项数值，如图 4.28 所示。

⑫ 在每两组关键帧之间任选一帧，单击鼠标右键，在弹出的快捷菜单中选择“创建补间动画”命令。

⑬ 在菜单栏中执行“插入”→“新建元件”命令，弹出“创建新元件”对话框。设置元件名称

为“泡泡透明”，并选中“影片剪辑”单选按钮。

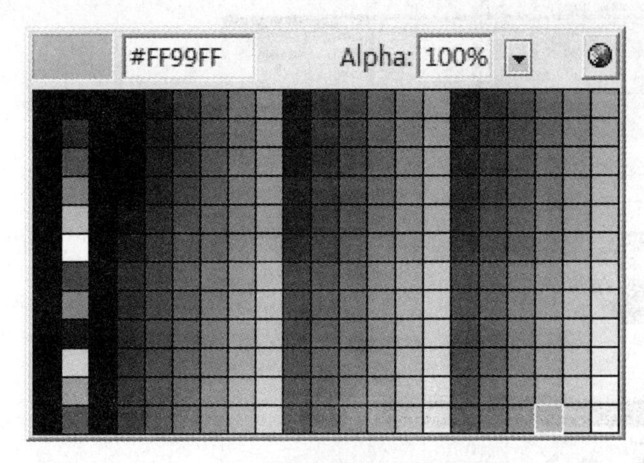

图 4.27　设置“色调”

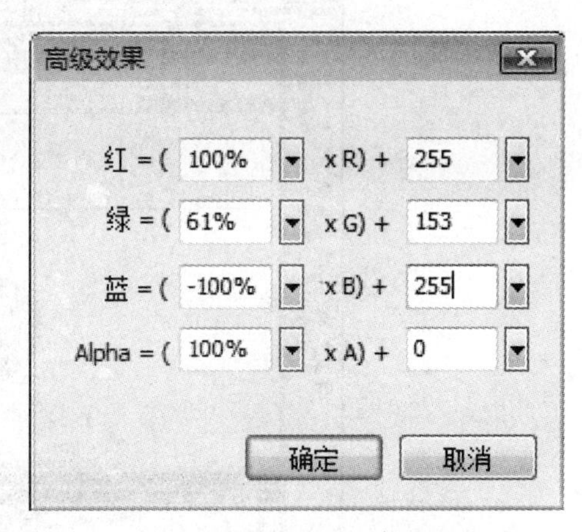

图 4.28　“高级效果”对话框

⑭ 将图形元件“泡泡变色”拖入到影片剪辑中，选中元件，在“属性”面板的“颜色”下拉列表中选择“Alpha”选项，然后设置 Alpha 数量为 0，效果如图 4.29 所示。

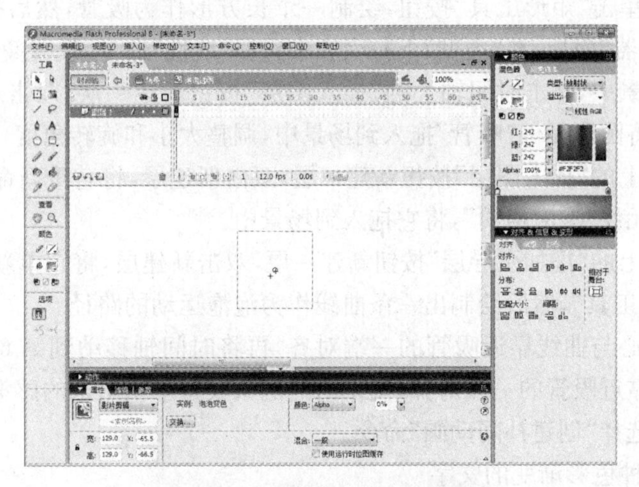

图 4.29　设置“Alpha”后的效果图

⑮ 将时间指示器移动到第 10 帧的位置，在“属性”面板的“颜色”下拉列表中选择“Alpha”选项，然后设置 Alpha 数量为 100。

⑯ 再将时间指示器移动到第 50 帧的位置，在“属性”面板的“颜色”下拉列表中选择“Alpha”选项，然后设置 Alpha 数量为 100。

⑰ 将时间指示器移动到第 60 帧的位置，在“属性”面板的“颜色”下拉列表中选择“Alpha”选项，然后设置 Alpha 数量为 0。

⑱ 在第 1 帧和第 15 帧之间，在第 50 帧和第 60 帧之间分别单击鼠标右键，在弹出的快捷菜单中选择“创建补间动画”命令，如图 4.30 所示。

⑲ 在菜单栏中执行“插入”→“新建元件”命令，弹出“创建新元件”对话框。设置元件名称为“吸管”，并选中“图形”单选按钮。

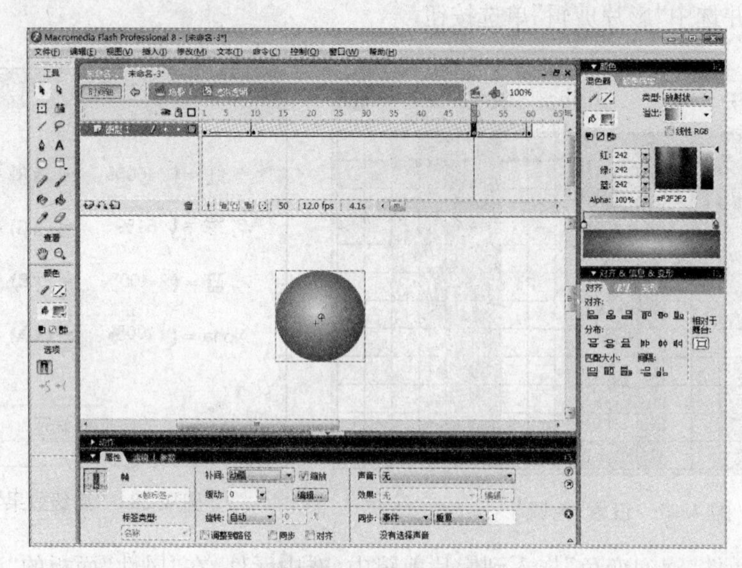

图 4.30 创建补间动画

⑳ 在工具栏中单击“矩形工具”按钮，绘制一个长方形作为吸管，然后执行“窗口”→“混色器”命令，打开“混色器”面板，在“类型”下拉列表中选择“线性”命令，设置颜色。

㉑ 返回到到场景中，单击时间轴上的“插入图层”按钮新建一层，双击新建层，将它重新命名为“吸管”。然后将图形元件“吸管”拖入到场景中，调整大小和旋转角度。

㉒ 单击时间轴上的“插入图层”按钮新建一层，双击新建层，将它重新命名为“泡泡”。然后从“库”面板中选中元件“泡泡透明”，将它拖入到场景中。

㉓ 单击时间轴上的“添加引导层”按钮新建一层，双击新建层，将它重新命名为“引导”。在工具栏中单击“铅笔工具”，然后绘制出一条曲线作为泡泡运动的路径。

㉔ 将元件的中心与曲线靠近吸管的一端对齐，再将时间轴移动到第 60 帧的位置，然后将元件的中心与曲线靠近吸管的一端对齐，制作出泡泡从吸管中吹出来的感觉，单击鼠标右键，在弹出的快捷菜单中选择“创建补间动画”命令。

【例 4.16】 多种色彩渐变的文字

① 打开 Flash 软件，选择菜单“File”→“New”，新建一电影文件。

② 选择工具栏中的文字工具 A，并设置其参数栏中的字体类型为 Arial Black，字体大小为 60。在工作区中点击鼠标，然后在出现的黑框中输入文字“hongen”。

③ 选择工具栏中的箭头工具，调整文字到工作区中间。

④ 选择菜单“Modify”→“Break Apart”，将文字打碎。

⑤ 选择工具栏中的油漆桶工具，点击参数栏中的填充颜色按钮，在弹出的颜色菜单中选择自定义颜色按钮，进入颜色设置对话框，切换到“Gradient”选项卡，选择彩色渐变色块。

⑥ 用鼠标点击文字，然后再选择箭头工具，在空白处点击鼠标，这时文字的效果显示。

⑦ 再次点击工具栏中的油漆桶工具，按下按钮，这时在文字左右方将出现两条竖线，向

下拖动右边竖线上端的圆圈，将它们旋转到一定位置，这时渐变效果显示。

【例 4.17】 动感球体

① 选择菜单“File”→“New”，创建一个新电影。

② 选择菜单“Modify”→“Movie”，弹出电影属性设置对话框，分别在 Width 和 Height 域中输入 150px。在 Background 域中选择背景颜色。点击“OK”按钮，关闭属性设置对话框。

③ 选择工具栏中的画圆工具，单击参数栏中的边框颜色按钮，在弹出的菜单中选择左上角的黑框，即把线框设置成无线条。

④ 按住 Shift 键，在工作区中按下并拖动鼠标，画出一个圆。选择工具栏中的油漆桶工具，点击参数栏中的填充颜色按钮，在弹出的下拉菜单中选择自定义颜色按钮，选择“Gidient”选项卡，点击第二个颜色渐变，单击第一个颜色箭头，改变它的 RGB 值为(153，204，204)。用鼠标左键单击圆形图片的左上角，点击后的图形显示。

⑤ 用鼠标右键单击图层 Layer1 的第 15 帧，在弹出的菜单中选择“Insert Keyframe”项，即在图层 Layer1 的第 15 帧处插入一个关键帧。

⑥ 选中工具栏中的油漆桶工具按钮，用鼠标左键单击圆形图片的右下角。

⑦ 用鼠标右键点击图层 Layer1 的第 1 帧，在弹出的菜单中选择“Properties”项，这时弹出帧属性对话框，切换到“Tweening”选项卡，在“Tweening”域中选择“Shape”项，点击“OK”按钮，关闭属性对话框。

⑧ 用鼠标右键点击图层 Layer1 的第 1 帧，在弹出的菜单中选择“Copy Frames”项，复制第 1 帧。再用鼠标右键点击图层 Layer1 的第 30 帧，在弹出的菜单中选择“Paste Frames”项，粘贴刚复制的帧。

⑨ 用步骤 7 中的方法建立程序。

⑩ 选择菜单“Control”→“Test Movie”即可看到动感球体的效果。

【例 4.18】 线框文字的制作

① 选择菜单“File”→“New”，创建一个新电影。

② 选择菜单“Modify”→“Movie”，弹出电影属性对话框，将其中的 Width(即工作区宽度)设置成 350px，Height(即工作区高度)设置成 80px，Background(即背景色)设置成白色，单击“OK”按钮，关闭对话框。

③ 选择工具栏文字工具，在工作区中点击鼠标，然后在出现的黑框中输入文字，选中文字，将文字工具栏中字体类型设置成 Arial Black，字体大小设置成 72，如果要设置字体的颜色，可单击参数栏中的颜色按钮，在弹出的颜色选择板中点击其中的色块即可，这里取默认值。

④ 选择工具栏中的箭头工具，将文字移动到工作区中间。

⑤ 按键盘上的 Ctrl+B 键，这时文字将被打碎。

⑥ 选择工具栏中的墨水瓶工具，将墨水瓶工具参数栏中线条颜色设置成红色线条，宽度设置成 4.0。

⑦ 点击参数栏中线型下拉框右侧的黑三角，在出现的下拉菜单中选择“Custom”项。在弹出的“线型”对话框中，将线型设置成 Dotted，Dot Spacing(即点距)设置成 0.5，Thickness 设置为 4，点击“OK”按钮。

⑧ 将鼠标移动到工作区中，鼠标光标将变成墨水瓶形状，用墨水瓶依次点击文章边界，文字周围将出现红色点状线边框。

⑨ 选择菜单“Edit”→“Clear”，文字的填充部分将被删除，这时工作区中将只剩下红色点状线边框，就完成了要制作的线框文字。通过对线型对话框进行不同的设置，可以得到多种不同线型的边框，可以根据需要进行设置。

【例 4.19】 有倒影的立体文字

① 选择菜单“File”→“New”，建立一个新文件。

② 选择工具栏中的文字工具，并设置字体类型为 Arial Black，字体大小为 100，在工作区中点击鼠标，然后在出现的黑框中输入文字“你好”。

③ 选择菜单“Modify”→“Break Apart”，将文字打碎，选择工具栏中的墨水瓶工具，依次点击文字边缘，这时文字边缘出现边框。选择菜单“Edit”→“Clear”，将文字中间的填充部分删除，只留下文字边框。

④ 用箭头工具将文字边框全部选中，按下键盘上的 Alt 键。用鼠标向右上方拖动文字边框，复制出新的文字。

⑤ 删除不可见的边线，并用直线工具绘制出文字的框架图形。

⑥ 选择工具栏中的油漆桶工具，并将填充颜色设置成由蓝色到蓝白色到蓝色的直线渐变。其中蓝色的 RGB 值为(68，149，247)，蓝白色的 RGB 值为(185，215，251)。设置完毕，分别在文字的正面点击鼠标。按下油漆桶参数栏中的按钮，调整填充的直线渐变的角度。

⑦ 将油漆桶工具参数栏中填充颜色设置成由深蓝色到浅蓝色再到深蓝色的直线渐变，其中深蓝色的 RGB 值为(9，87，166)，浅蓝色的 RGB 值为(49，146，242)，设置完毕，用鼠标点击文字的顶面。

⑧ 将油漆桶工具参数栏中填充颜色设置成由暗蓝色到深蓝色再到暗蓝色的直线渐变，其中暗蓝色的 RGB 值为(4，40，74)，深蓝色的 RGB 值为(18，86，199)，设置完毕，用鼠标点击文字的侧面。

⑨ 按住 Shift 键，依次选中文字的边框并删除。用箭头工具将立体文字选中，然后选择菜单“Insert”→“Convert to Symbol”，在弹出的“图符属性”对话框中输入图符名称“你好”，点击“OK”按钮，这时立体文字被转换成了图符。

⑩ 下面制作立体文字的倒影。新建图符“mirror”，进入编辑模式。从图符资料库中拉入图符“你好”，并将它打碎。按住 Shift 键，依次选中文字的正面，然后选择菜单“Modify”→“Transform”→“Flip Vertical”，将选中文字正面翻转。

综合练习题

一、填空题

1. 与 GIF 和 JPG 不同，用 Flash 制作出来的动画是__________的，不管怎样放大、缩小，它还是清晰可见。

2. 用 Flash 制作的文件很小，这样便于在互联网上传输，而且它采用了________技术，只要下载一部分，就能欣赏动画，而且能一边播放一边传输送数据。

3. ____________中包括“文件”、“编辑”、“视图”、“插入”、“修改”、“文本”、“命令”、“控制”、“窗口”和“帮助”10 个菜单项。

4. ____________：也可称为场景，是用来存放 Flash 动画内容的矩形区域。

5. ____________工具：该工具用于选择图形对象、改变对象的形状或位置。

6. ____________工具：该工具用于对图形对象的形状进行变形。

7. 在 Flash 中绘制图形，离不开使用____________、辅助线和网格。使用它们可以帮助用户轻松地进行图形的定位，使绘制的图形更加精确。

8. 当用户要绘制大小及位置十分精确的图形时，可使用____________来进行定位。

二、简答题

1. 矢量图形与位图图像的区别是什么？Flash 编辑哪一种图形对象？
2. Flash 工作界面中包括哪几大部分？
3. 如何改变舞台显示比例？
4. 在进行舞台设计时可以使用哪些辅助工具？
5. Flash 中，有哪两种编辑环境？
6. 解释 Flash 中的场景，如何编辑场景？
7. 简述 Flash 中各工具的使用。
8. 简述文本“属性”面板各项设置的意义。
9. 可以对图形进行哪些变形操作？如何实现？
10. 动画是如何分类和定义的？
11. 什么是元件？其作用是什么？
12. 什么是实例？它与元件有什么区别和联系？
13. 如何修改元件的名字？
14. 如何建立元件？

三、上机操作题

1. 制作吹泡泡。
2. 制作闪光文字。
3. 制作动感球体。

第5章 网页特效的应用

本章主要介绍JavaScript语言的基本概念和语法,JavaScript语句和函数,JavaScript对象的方法和属性。

5.1 JavaScript语言的基本概念和语法

5.1.1 JavaScript语言的基本概念

1. JavaScript语言的基本概念

JavaScript是一种基于对象(Object)和事件驱动(Event Driven)的脚本语言。所谓脚本语言,就是可以和HTML语言一起使用的语言。JavaScript是一种运行于浏览器环境中的语言,被用来向HTML页面添加交互行为。

JavaScript的功能是:利用JavaScript可以将文本动态的放入HTML页面;可以对事件做出响应;可以读写HTML元素;可被用来验证用户输入的数据;可被用来检测访问者的浏览器,并根据所检测到的浏览器,为这个浏览器载入相应的页面等等。

JavaScript程序的主要特点是解决人机交互问题。编写任何程序首先应该弄明白要解决的问题是什么,为了解决问题,需要对什么样的数据进行处理,这些数据是如何在程序中出现的(也就是如何获得它们),又该用什么样的语句(也就是算法)来处理它们,最后达到预期的目的。

下面通过记事本编写第一个JavaScript程序。通过这个例子可以说明JavaScript的脚本是怎样嵌入到HTML文档中的,以便对JavaScript有一个大概的认识。

【例5.1】 在页面中输出字符串

其效果如图5.1所示。程序代码如下:

```
<html>
<head>
<title>第一个JavaScript程序</title>
<script Language="JavaScript">
<! —
document.write("欢迎进入JavaScript精彩世界!");      //输出字符串
-->
</script>
</head>
</html>
```

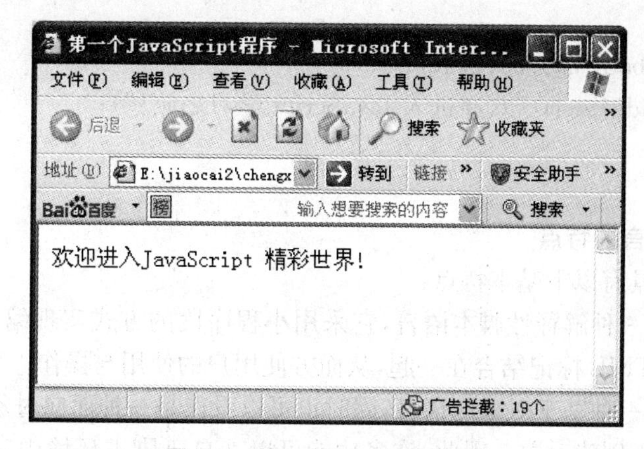

图 5.1　第一个 JavaScript 示例

基本语法说明：

① 在标记〈script Language="JavaScript"〉…〈/script〉之间可以加入 JavaScript 脚本。

② 脚本标记 script 必须以〈script Language="JavaScript"〉开头，以〈/script〉结束，界定程序开始的位置和结束的位置。

③ JavaScript 语言提供了说明语句，即注释，其作用是为代码添加阅读说明。注释有两种：一是以"//"开始的单行注释，二是以"/ * "开头，以" * /"结尾的多行注释。本例中的"//输出字符串"就是在程序中添加的注释。浏览器在解释脚本语句时，忽略说明语句。

④ 在书写 JavaScript 程序时，每条语句后面加一个分号";"。

⑤ JavaScript 程序本身不能独立存在，它是依附于某个 HTML 页面，在浏览器端运行的。如果把脚本放置到 head 部分，在页面载入的时候，就同时载入了代码。通常这个区域的 JavaScript 代码是为 body 区域程序代码所调用的事件处理函数。如果把脚本放置于 body 部分后，在页面载入时不属于某个函数的脚本就会被执行，执行后的输出就成为页面的内容。下面给出了位于 head 部分的代码实例和位于 body 部分的代码实例。

位于 head 部分的代码实例：

```
〈html〉
〈head〉〈title〉位于 head 部分的代码〈/title〉
〈script Language="JavaScript"〉
function show(){
alert("欢迎进入 JavaScript 学习之旅!");
}
〈/script〉
〈/head〉
〈body onload="show()"〉  //调用 head 部分的函数 show()
〈/body〉
〈/html〉
```

位于 body 部分的代码实例：

```
<html>
<title>位于 body 部分的代码</title>
<body onload='alert("欢迎进入 JavaScript 学习之旅!");'>
</body>
</html>
```

2. JavaScript 语言的特点

JavaScript 语言具有以下基本特点：

① JavaScript 是一种解释性脚本语言，它采用小程序段的方式实现编程，提供了一个容易的开发过程，并与 HTML 标记结合在一起，从而方便用户的使用与操作。

② JavaScript 是一种基于对象的语言，同时也可以看作是一种面向对象的语言。用户可以直接使用对象，而不必创建对象。因此，许多功能可以来自于脚本环境中对象的方法与脚本的相互作用。

③ JavaScript 是一种比较简单的语言，它的变量类型采用弱类型，没有使用严格的数据类型，因此易于操作和维护。

④ JavaScript 是一种安全性语言，它不允许访问本地的磁盘，并且不能将数据存放到服务器上，不允许对网络文档进行修改和删除，只能通过浏览器实现信息浏览或动态交互，从而有效地防止数据丢失。

⑤ JavaScript 是动态的，它可以直接对用户的输入做出响应，无须经过 Web 服务程序。它对用户的响应是采用事件驱动的方式进行的。所谓事件驱动，是指在主页(Home Page)中执行了某种操作所产生的动作。例如，单击或双击鼠标等。

⑥ JavaScript 是一种跨平台语言，只要能运行浏览器的计算机，并且浏览器支持 JavaScript，就可以正确执行。

5.1.2 JavaScript 语言的基本语法

1. 常量

JavaScript 的常量通常又称为字面常量，它是不能改变的数据。下面介绍 JavaScript 中几种基本类型的常量。

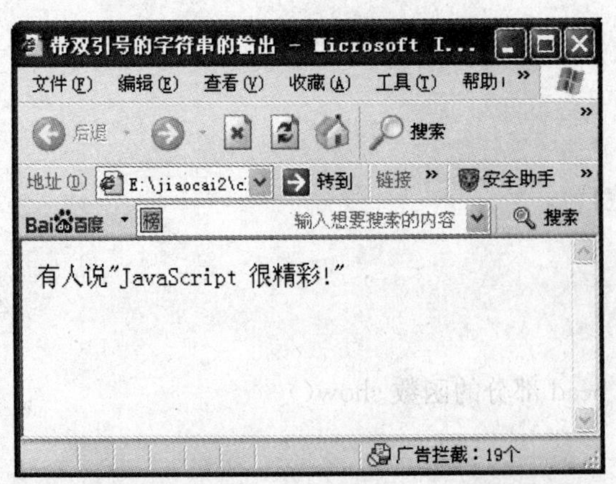

图 5.2 输出本身包含双引号的字符串

(1) 字符串常量

字符串是用单引号或双引号括起来的字符序列(可以使用单引号来输入包含双引号的字符串，反之亦然)，如“张三”、‘张三’或者‘“张三”’。例 5.2 是一个输出包含双引号的字符串的实例。

【例 5.2】 输出本身包含双引号的字符串

其效果如图 5.2 所示。程序代码如下：

```
<html>
<head><title>带双引号的字符串的输出
```

```
〈/title〉
    〈script Language＝"JavaScript"〉
    〈! --
    document.write(有人说"JavaScript 很精彩!");
    --〉
    〈/script〉
    〈/head〉
    〈/html〉
```

(2) 数值常量

JavaScript 支持整数和浮点数。整数可以分为正整数、0 和负整数;浮点数可以包含小数点,也可以包含一个"E"(大小写均可,在科学记数法中表示"10 的幂"),或者同时包含这两项。下面是一些关于数的表示。

① 整数:1、30、−1、−30。

② 浮点数:10.3、−10.3。

③ 指数:2E3 表示 2×10×10×10,5.1E4 表示 5.1×10×10×10×10。

④ 八进制数:八进制数是以 0 开头的数,如 070 代表十进制的 56。

⑤ 十六进制数:16 进制数是以 0x 开头的数,如 0x1f 代表十进制的 31。

(3) 布尔型常量

布尔值也就是逻辑值,它有两个取值:true(真)和 false(假)。

(4) 空值

空值即 null,就是没有任何值,什么也不表示,它是 JavaScript 的保留值。

(5) 特殊字符

JavaScript 中也有以反斜杠(\)开头的不可显示的特殊字符,通常称为控制字符。反斜杠是一个转义字符,表示 JavaScript 解析器下面的字符为特殊字符。例如,\b 表示退格,\n 表示换行,\r 表示回车等。

2. 变量

变量对应计算机内存中的某个单元。为了使用计算机处理数据,应事先将数据存放在内存中。为了将数据存放在内存,应先根据要保存的数据类型,声明属于这种类型的变量,计算机根据数据类型分配相应的内存单元,并将该内存单元与声明的变量对应上。通过该变量,就可以将数据保存到内存中或从内存中取出数据了。

变量必须经过变量的声明,明确变量的命名、变量的类型以及变量的作用域。

(1) 变量的声明

在使用一个变量保存值之前要事先声明一下这个变量。其基本语法是:

var 变量名[＝初值][,变量名[＝初值]…]

其中,var 是关键字,声明变量时至少要有一个变量,需要给每个变量起一个合适的名字。变量的起名应该符合标识符的规定,即变量名必须以字母或下划线(_)开始,接下来可以是数字 0～9、字母 A～Z 或 a～z、下划线。好的名字应该做到见名知意。可以同时声明多个变量,在声明变量的同时,可以直接给变量赋予一个合适的初值。以下是变量声明的实例:

```
var account;
var area=0;
var a,b,c;
```

例 5.3 和例 5.4 分别给出声明变量时不赋值和声明变量时赋值的实例。

(2) 变量的类型

JavaScript 的变量有以下 4 种类型:整型变量、实型变量、字符串变量和布尔型变量。分别举例如下:

```
var x=28;
var y=12.5;
var name="张三";
var status=true;
```

【例 5.3】 声明变量时不赋值

其效果如图 5.3 所示。程序代码如下:

```
<html>
<head><title>声明变量时不赋值</title>
<script Language="JavaScript">
<! --
var aa;
aa="声明变量时不赋值";
document.write(aa);       //输出的是变量 aa 的值
-->
</script>
</head>
</html>
```

图 5.3 声明变量时不赋值

【例 5.4】 声明变量时赋值

其效果如图 5.4 所示。程序代码如下：

```
〈html〉
〈head〉〈title〉声明变量时赋值〈/title〉
〈script Language="JavaScript"〉
〈! --
var aa="声明变量时赋值";
document.write(aa);
--〉
〈/script〉
〈/head〉
〈/html〉
```

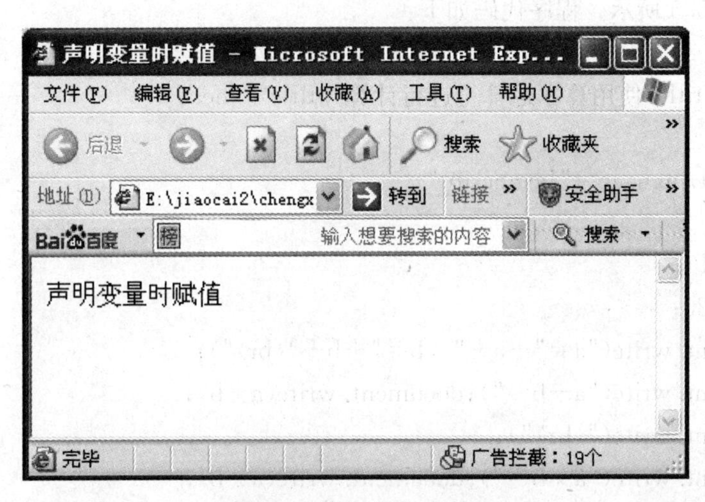

图 5.4 声明变量时赋值

不能使用 JavaScript 中的保留字作为变量名。例如 int、var、double 等不能作为变量名。JavaScript 的变量名区分大小写。例如，str 和 STR 分别代表不同的变量。

3. 运算符和表达式

JavaScript 运算符的类型有：算术运算符、赋值运算符、自增运算符、自减运算符、比较运算符、逻辑运算符、条件运算符、位运算符，也可以根据运算符需要操作数的个数，把运算符分为一目运算符、二目运算符和三目运算符。

由操作数（变量、常量、函数调用等）和运算符结合在一起构成的式子称为表达式。对应的表达式包括：算术表达式、赋值表达式、自增表达式、自减表达式、比较表达式、逻辑表达式、条件表达式、位表达式。

(1) 算术运算符和表达式

JavaScript 算术运算符负责算术运算，如表 5.1 所示。用算术运算符和运算对象（操作数）连接起来符合规则的式子，称为算术表达式。例 5.5 是使用算术运算符进行计算的实例。

表 5.1　算术运算符

算术运算符	功能描述	运算符类型
+	加	双目运算符
−	减	双目运算符
*	乘	双目运算符
/	除	双目运算符
%	取模	双目运算符
++	递加 1	单目运算符
−−	递减 1	单目运算符
−	取反	单目运算符

【例 5.5】　使用算术运算符进行计算

其效果如图 5.5 所示。程序代码如下：

```
〈html〉
〈head〉〈title〉使用算术运算符进行计算〈/title〉〈/head〉
〈body〉
〈script Language="JavaScript"〉
〈! --
var a=10;
var b=20;
document.write("a="+a+"　b="+b+"〈br〉");
document.write("a+b=");document.write(a+b);
document.write("〈br〉");
document.write("a * b=");document.write(a * b);
document.write("〈br〉");
--〉
〈/script〉〈/body〉〈/html〉
```

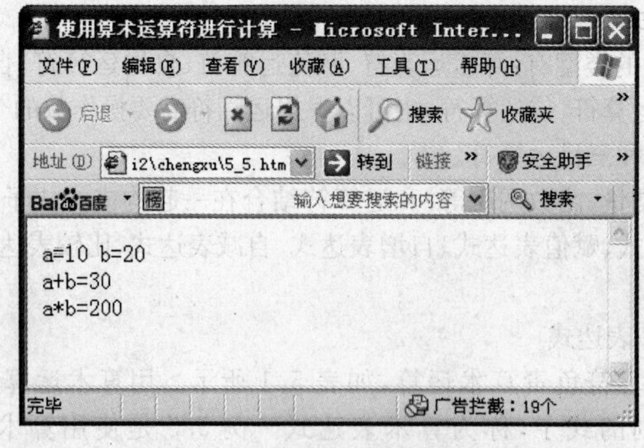

图 5.5　使用算术运算符进行计算

（2）比较运算符和表达式

比较运算符负责判断两个值是否符合给定的条件，如表 5.2 所示。用比较运算符和运算对象（操作数）连接起来，符合规则的式子，称为比较表达式。比较表达式返回的结果为“true”或“false”，分别代表符合给定的条件或者不符合。比较表达式一般用在分支和循环控制语句中，根据逻辑值的真假来决定程序的执行流向。例 5.6 是使用比较运算符进行计算的实例。

表 5.2　比较运算符

比较运算符	功能描述
>	大于
<	小于
>=	大于等于
<=	小于等于
==	等于
!=	不等于

【例 5.6】 使用比较运算符进行计算

其效果如图 5.6 所示。程序代码如下：

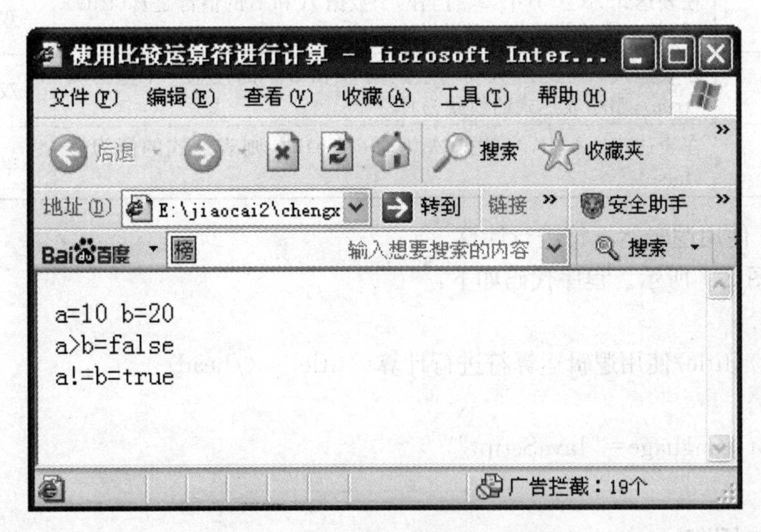

图 5.6　使用比较运算符进行计算

```
<html>
<head><title>使用比较运算符进行计算</title></head>
<body>
<script Language="JavaScript">
<! --
var a=10;
var b=20;
```

```
document.write("a="+a+"   b="+b+"<br>");
document.write("a>b=");document.write(a>b);
document.write("<br>");
document.write("a!=b=");document.write(a!=b);
document.write("<br>");
-->
</script>
</body>
</html>
```

（3）逻辑运算符和表达式

逻辑运算符包括2个双目运算符逻辑或(||)和逻辑与(&&)，要求两端的操作数类型均为逻辑值，逻辑非(!)则是1个单目运算符，它们的运算结果还是逻辑值，如表5.3所示。其使用的场合和关系表达式类似，一般都用于控制程序的流向，如分支条件、循环条件等等。例5.7是使用逻辑运算符进行计算的实例。

表5.3 逻辑运算符

逻辑运算符	功能描述	运算符类型
&&	在表达式A&&B中，只有当两个数据A和B的值都是真(true)时，整个表达式的值才能为真。	双目运算符
‖	在表达式A‖B中，只要两个数据A和B中的任意一个值为真(true)，整个表达式的值就为真。	双目运算符
!	在表达式!A中，当数据A为真(true)时，则表达式的值为假(false)。	单目运算符

【例5.7】 使用逻辑运算符进行计算

其效果如图5.7所示。程序代码如下：

```
<html>
<head><title>使用逻辑运算符进行计算</title>  </head>
<body>
<script Language="JavaScript">
<!--
var a=true;
var b=false;
document.write("a="+a+"   b="+b+"<br>");
document.write("a&&b=");document.write(a&&b);
document.write("<br>");
document.write("a||b=");document.write(a||b);
document.write("<br>");
document.write("! a=");document.write(! a);
document.write("<br>");
```

```
-->
</script>
</body>
</html>
```

图 5.7 使用逻辑运算符进行计算

(4) 赋值运算符和表达式

赋值运算符由等号(=)实现,只是把等号右边的值赋予等号左边的变量。赋值运算符是最常用的一种运算符,通过赋值,可以把一个值用一个变量名来表示。例如:“area=3.14×radius×radius;”表示将等号右侧的表达式作为一个整体赋给变量 area。例 5.8 是赋值运算符的使用实例。

【例 5.8】 赋值运算符的使用

其效果如图 5.8 所示。程序代码如下:

```
<html>
<head> <title>赋值运算符的使用</title> </head>
<body>
<script Language="JavaScript">
<! --
var x=20;
document.write("x="); document.write(x+"<br>");
document.write("x+=10 后 x="); document.write(x+=10);
document.write("<br>");
x=20;
document.write("x-=10 后 x="); document.write(x-=10);
document.write("<br>");
x=20;
```

```
document.write("x*=10后x="); document.write(x*=10);
document.write("〈br〉");
-->
〈/script〉
〈/body〉
〈/html〉
```

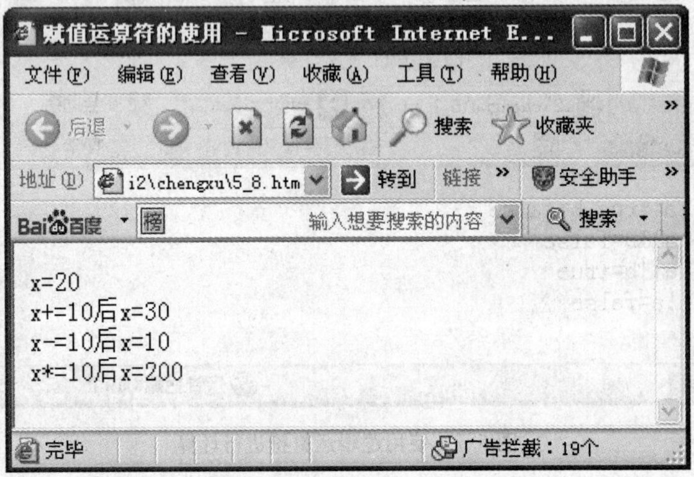

图5.8 赋值运算符的使用

(5) 条件运算符和表达式

条件运算符是一个三目运算符,其基本语法如下:

variable=boolean_expression ? true_value : false_value;

表示 boolean_expression 的结果为 true,则 variable 的值取 true_value,否则取 false_value。

【例 5.9】 条件运算符的使用

其效果如图 5.9 所示。程序代码如下:

```
〈html〉
〈head〉 〈title〉条件运算符的使用〈/title〉 〈/head〉
〈body〉
〈script Language="JavaScript"〉
〈! --
var score,dengji;
score=70;
dengji=(score〉=60)?"及格":"不及格";
document.write("她考试"+dengji+"了!");
-->
〈/script〉
〈/body〉
```

```
</html>
```

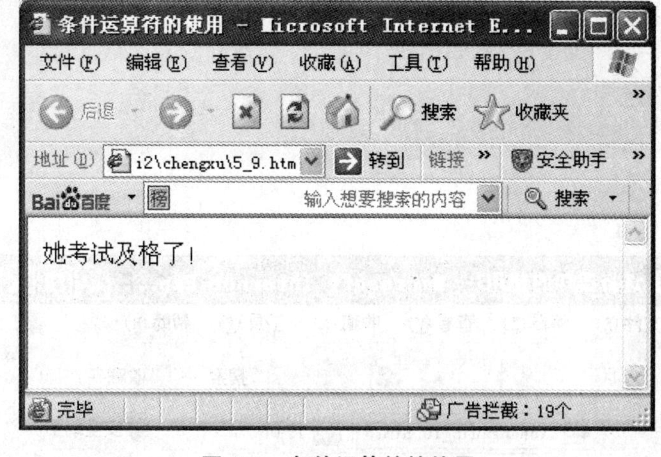

图5.9 条件运算符的使用

5.2 JavaScript语句和函数

5.2.1 JavaScript语句

JavaScript语句是发给浏览器的命令,这些命令的作用是告诉浏览器要做的事情。JavaScript常用的程序语句有:选择语句、分支语句和循环语句。

1. 选择语句

选择语句又称为条件语句,其基本语法如下:

```
if(条件)
  {执行语句1}
else {执行语句2}
```

如果if()中的条件成立,则执行语句1,否则执行语句2。

【例5.10】 选择语句的使用

其效果如图5.10所示。程序代码如下:

```
<html>
<head> <title>选择语句的使用</title></head>
<body>
<script Language="JavaScript">
<! --
var score=90;
if(score<60)
document.write("不及格");
```

```
else if(score<80)
document.write("及格");
else document.write("良好");
-->
</script>
</body>
</html>
```

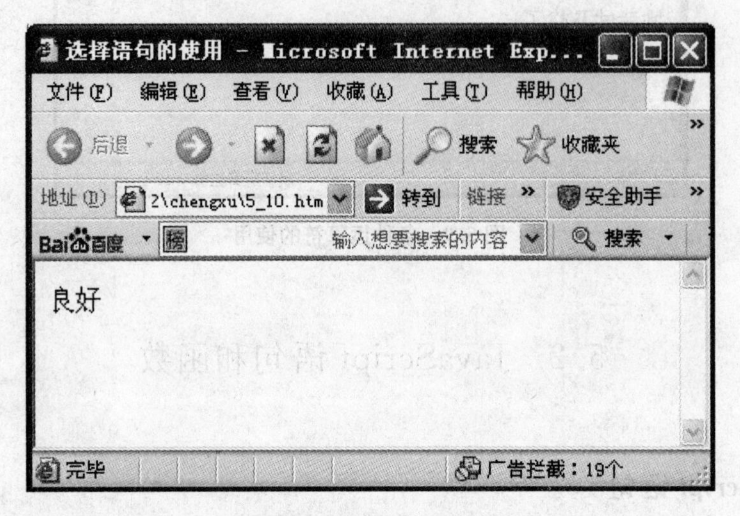

图 5.10　选择语句的使用

2. 分支语句

分支语句 switch 可以根据一个变量的不同取值采取不同的处理方法。基本语法如下：

```
switch(表达式)
{
case label1:语句块 1;
case label2:语句块 2;
case label3:语句块 3;
…
default:语句块 n;
}
```

根据表达式的不同值，执行对应的语句；如果表达式的值同程序中的任何一条语句都不同，将执行 default 后的语句。例 5.11 是 switch 分支语句的使用实例。

【例 5.11】　switch 分支语句的使用

其效果如图 5.11 所示。程序代码如下：

```
<html>
<head><title>switch 分支语句的使用</title>　</head>
<body>
```

```
<script Language="JavaScript">
<! --
var score=90;
switch(score)
{
case 60:alert("成绩及格!");break;
case 70:alert("成绩中等!");break;
case 80:alert("成绩良好!");break;
case 90:alert("成绩优秀!");break;
}
-->
</script>
</body>
</html>
```

图 5.11 switch 分支语句的使用

alert()语句表示弹出一个对话框;break 表示跳出该 switch 语句。

3. 循环语句

常见的循环语句有如下几种:for 语句,do…while 语句,break 语句,continue 语句。

(1) for 语句

基本语法如下:

```
for(初始化表达式;判断表达式;循环表达式)
{
    语句块…
}
```

表示循环条件成立,执行语句块;更新条件,重新判断条件,执行语句,直到条件不成立,跳出循环体。

【例 5.12】 for 循环语句的使用

其效果如图 5.12 所示。程序代码如下:

```
<html>
<head><title>for 循环语句的使用</title></head>
```

```
<body>
<script Language="JavaScript">
<! --
var sum=0;
for(i=1;i<=100;i++)
sum+=i;
document.write(sum);
-->
</script>
</body>
</html>
```

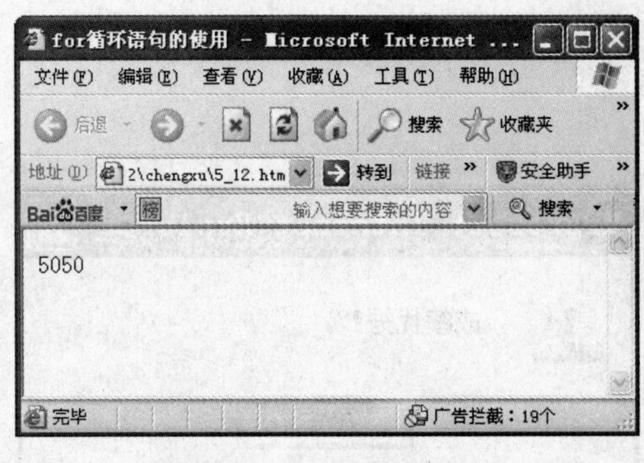

图 5.12 for 循环语句的使用

(2) do…while 语句

基本语法如下：

```
do{执行语句…}
while(条件)
```

表示先执行语句，再判断条件是否成立，直到条件不成立为止。该语句至少要执行一次。

【例 5.13】 do…while 循环语句的使用

其效果同图 5.12。程序代码如下：

```
<html>
<head><title>do…while 循环语句的使用</title></head>
<body>
<script Language="JavaScript">
<! --
var sum=0,i=1;
do{
sum+=i;
i++;
```

```
}while(i<=100)
document.write(sum);
-->
</script>
</body>
</html>
```

(3) break 和 continue 的作用

前面介绍了两种类型的循环,每次循环都是从头执行到尾,然而情况并不都是如此,有时在循环中,可能碰到一些需要提前中止循环的情况,或者放弃某次循环的情况。break 语句的作用就是立即结束循环,转到循环后的语句继续执行。continue 语句的作用则是结束本次循环,开始下一次的循环(如果还有的话)。

5.2.2 JavaScript 函数

在 JavaScript 中,函数(Function)一般是由若干条语句构成的,代表了一种特定的功能。

1. 函数的定义

函数的基本语法如下:

```
function 函数名(参数 1,参数 2,…参数 n)
{
    函数体;
}
```

组成一个函数必须有“function”关键字、自定义的函数名、放在小括号中的可选参数(可以没有参数,但括号必须保留)以及包含在大括号内的由若干条语句构成的函数体。

【例 5.14】 函数定义的实例

其效果如图 5.13 所示。程序代码如下:

```
<html>
<head><title>函数定义的实例</title>
<script Language="JavaScript">
function welcome(name)      //name 为函数 welcome()的形式参数
{
alert(name+",欢迎您进入函数世界!");
}
</script>
</head>
<body>
<form>
姓名:<input type="text" name="xingming" id="xingming">
<input type="button" value="Click me!"
onclick="welcome(document.getElementById('xingming').value)" >
```

```
</form>
</body>
</html>
```

图 5.13　函数定义的实例

需要注意的是，不能在其他语句或其自身中嵌套 function 语句，也就是说，每个函数声明都是独立的。

2. 函数的参数

在实例 5.14 中定义的函数 welcome(name)里的"name"是参数变量，简称为"形参"。参数变量的作用是用来接收函数调用者传递过来的"实参"。例如，括号里的"仲夏"就是实际参数值。

函数声明时的形式参数代表了函数在执行时需要这些形式参数接收传递过来的值，并在代码中具体应用，因此，声明函数的形式参数时应该事先明确每个参数的作用。

JavaScript 函数的参数是可选的。它有下面几个特点：

① JavaScript 本身是弱类型，所以，它的函数参数也没有类型检查和类型限定，一切都要靠编程者自己去进行检查。

② 实参的个数可以和形参的个数不匹配。在实际使用中，可以传任意个参数给这个函数。如果函数在执行时，发现参数不够，不够的参数被设置为 undefined 类型。

3. 函数的调用

函数必须被调用才能发挥作用。具体调用规则是：函数必须通过名字加上括号才能调用，例如例 5.14 中的 welcome()，括号必不可少；函数调用时，必须满足参数传递的要求，按照形式参数的声明要求，保证类型、顺序和个数的统一。

函数可以在执行后返回一个值来代表执行后的结果，当然有些函数基于功能的需要并不需要返回任何值。

函数返回一个值非常简单，一般在一个函数代码的最后一行是 return 语句。return 的作用有两点：结束程序的执行，也就是说 return 之后的语句就不会再执行了；利用 return 可以返回一个结果。return 语句后可以跟上一个具体的值，也可以是简单的变量，还可以是一个复杂的表达式。

【例 5.15】　函数调用的实例

其效果如图 5.14 所示。程序代码如下：

```
<html>
```

```
〈head〉 〈title〉函数调用的实例〈/title〉
〈script Language="JavaScript"〉
〈! --
function f(x)
{
var sum=0,i=1;
while(i〈=x)
{
sum+=i;
i++;
}
return sum;        //return 语句返回了函数的值
}
-->
〈/script〉
〈/head〉
〈body〉
〈script Language="JavaScript"〉
〈! --
var x=100,y=f(x);
document.write(y);
-->
〈/script〉
〈/body〉
〈/html〉
```

图 5.14　函数调用的实例

5.3 JavaScript 语言对象

5.3.1 JavaScript 语言对象的概念

1. JavaScript 对象的概念

对象是现实世界中客观存在的事物，例如，教师、学生、手机等。而一个 JavaScript 对象是由属性和方法两个基本要素构成的。属性主要是用于描述一个对象，说明其特征。例如，学生具有学号、姓名、年龄等属性；手机具有大小、颜色等属性。方法表示对象可以做的事情。例如，人可以吃饭、睡觉等；汽车可以行驶、停止等。

通过访问或者设置对象的属性，调用对象的方法，就可以完成各种各样的任务。对象包含属性和方法，使用对象就是调用它的属性和方法。在调用对象的属性和方法时，最常用的使用方法如下：

对象名.属性名

对象名.方法名()

建立对象的目的是将对象的属性和方法封装在一起，提供给程序设计人员使用，从而减轻编程人员的劳动，提高设计 Web 页面的能力。例如，通过 document 对象，可以获得页面表单内的输入内容，也可以直接用程序更改一个表格的显示样式。

2. JavaScript 对象的类型

JavaScript 对象的类型可以分为四类：JavaScript 本地对象(native object)，这种对象无需具体定义，直接就可以通过名称引用它们的属性和方法，例如数学对象 Math，调用其 PI 属性，求圆周率，可以使用 Math.PI；JavaScript 的内建对象(built-in object)，如 Array，String 等，这些对象独立于宿主环境，在 JavaScript 程序内由程序员定义具体对象，并可以通过对象名来使用；宿主对象(host object)是被浏览器支持的，目的是为了能和被浏览的文档乃至浏览器环境交互，如 document，window 和 frames 等；自定义对象，是程序员基于需要自己定义的对象类型。

5.3.2 JavaScript 语言的常用对象

JavaScript 的对象包括：Array，Date，Math，String，window，document 和 form 对象等。这些对象同时在客户端和服务器端的 JavaScript 中使用。

1. Array 对象

数组(Array)对象用来在单独的变量名中存储一系列的值，避免了同时声明很多变量使得程序结构变得复杂，导致难于理解和维护。数组一般用在需要对一批同类的数据逐个进行相同的处理中。通过声明一个数组，将相关的数据存入数组，使用循环等结构对数组中的每个元素进行操作。

(1) 定义数组并直接初始化数组元素

var course=new Array("Java 程序设计","HTML 开发基础","数据库原理","计算

机网络");

(2) 先定义数组后初始化数组元素

```
var course=new Array();
course[0]="Java 程序设计";
course[1]="HTML 开发基础";
course[2]="数据库原理";
course[3]="计算机网络";
```

(3) 数组的长度

可以通过"数组名.length"来获得指定数组的实际长度。

2. Date 对象

Date 对象用来处理和日期时间相关的事情,可以用来帮助网页制作人员设置日期和时间。要使用 Date 对象,必须使用 new 运算符,其基本语法格式如下:

变量名=new Date()

(1) 定义日期对象

有以下几种定义日期对象的方法:

```
new Date()
new Date("month day,year hours:minutes:seconds")
new Date(yr_num,mo_num,day_num)
new Date(yr_num,mo_num,day_num,hr_num,min_num,sec_num)
```

具体应用如下:

```
var today=new Date();  //自动使用当前的日期和时间作为其初始值
var birthday=new Date("December 17,1991 03:24:00");  /*按照日期字符串设置
                                                       对象*/
birthday=new Date(1991,11,17);  //根据指定的年月日设置对象
birthday=new Date(1991,11,17,3,24,0);  //根据指定的年月日时分秒设置对象
```

(2) 获得日期对象的各个时间元素

根据定义对象的方法,可以看出日期对象包括年月日时分秒等各种信息,Date 对象提供了获得这些内容的方法。

① getDate():返回一个月中的某一天(1～31)。

② getDay():返回一周中的某一天(0～6)。

③ getMonth():返回月份(0～11)。

④ getFullYear():以四位数字返回年份。

⑤ getHours():返回 Date 对象的小时(0～23)。

⑥ getMinutes():返回 Date 对象的分钟(0～59)。

⑦ getSeconds():返回 Date 对象的秒数(0～59)。

⑧ getMilliseconds():返回 Date 对象的毫秒(0～999)。

【例 5.16】 Date 对象的演示

其效果如图 5.15 所示。程序代码如下:

```
〈html〉
〈head〉〈title〉Date 对象的演示〈/title〉〈/head〉
〈body〉
〈script Language="JavaScript"〉
〈! --today=new Date();
year=today. getFullYear();
month=today. getMonth()+1;
day=today. getDate();
hour=today. getHours();
minute=today. getMinutes();
second=today. getSeconds();
document. write("〈h2〉"+"现在是"+year+"年"+month+"月"+day+"日"+hour
    +"时"+minute+"分"+second+"秒"+"〈/h2〉");
--〉
〈/script〉
〈/body〉
〈/html〉
```

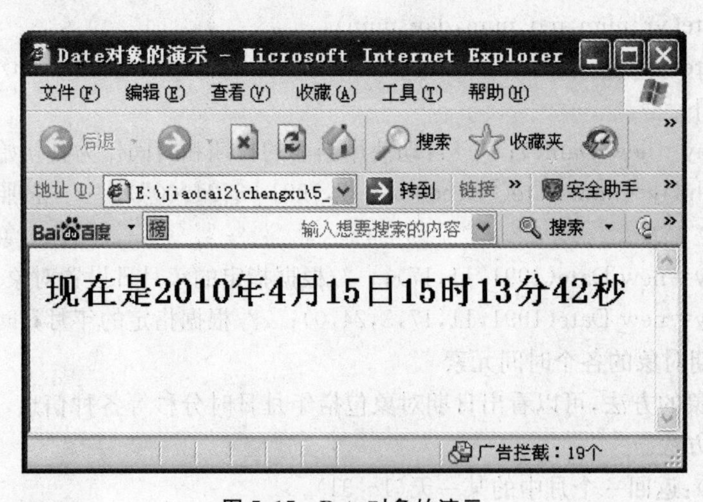

图 5.15 Date 对象的演示

3. Math 对象

Math 对象提供多种算数常量和函数，执行普通的算数任务。使用 Math 对象无需像数组和日期对象一样要首先定义一个变量，可以直接通过"Math"名来使用它提供的属性和方法。例如，使用 Math. PI 求圆周率；使用 Math. random()生成介于 0.0～1.0 之间的一个伪随机数；使用 sqrt()求一个数的平方根；还有其他一些函数，如 max()、min()、ceil()、floor()、round()，exp()、log()和 pw()等函数。

4. String 对象

字符串(String)是 JavaScript 程序中使用非常普遍的一种类型。JavaScript 为 String 提供丰富的属性和方法，来完成各种各样的要求。有两种不同的定义字符串对象的方式，例如：

```
var  s1="Welcome to you!";
var  s2=new String("Welcome to you!");
```

(1) 获取字符串的长度

每个字符串都有一个 length 属性来说明该字符串的字符个数。例如：

```
var  s1="Welcome to you!";
var  len=s1. length;  /＊s1. length 返回 15，也就是 s1 所指向的字符串中有 15 个
                       字符＊/
```

【例 5.17】 通过创建自定义对象来求字符串长度

其效果如图 5.16 所示。程序代码如下：

```
〈html〉
〈head〉 〈title〉求字符串长度〈/title〉〈/head〉
〈body〉
〈script Language="JavaScript"〉
〈! --
var str;
str=prompt("字符串","请在这里输入字符串");    //弹出一个提示对话框
alert("字符串长度为:"+str. length);  //弹出一个警示对话框
--〉
〈/script〉
〈/body〉
〈/html〉
```

(a) prompt方法的效果图

(b) length方法的效果图

图 5.16　求字符串长度

(2) 获取字符串中指定位置的字符

通过 charAt()方法可以获得一个字符串指定位置上的字符。例如，要想获得"Welcome to you!"这个字符串中第四个字符 c，可以这样：var ch=s1. charAt(3);

因为字符串的字符位置是从 0 开始的，所以给 charAt()方法传递了数值 3，却取得第 4 个字符 c。

(3) 字符串查找

字符串对象提供了在字符串内查找一个字符串是否存在的方法，方法是：

indexOf(searchvalue,fromindex);

返回某个指定的字符串值在字符串中首次出现的位置，在一个字符串中的指定位置从前向后搜索，如果没有发现，返回-1。

lastIndexOf()可返回一个指定的字符串值最后出现的位置，在一个字符串中的指定位置从后向前搜索，如果没有发现，返回-1。

(4) 字符串的分割

split()方法用于把一个字符串分割成字符串数组。例如"Welcome to you!"中的三个单词之间都用空格间隔，就可以把这个字符串按照空格分成 3 个字符串。程序如下：

```
<script Language="JavaScript">
var s1="Welcome to you!";
var sub=s1.split(" ");     //sub 是一个数组
for(var i=0;i<sub.length;i++){
document.write(sub[i]);
document.write("<br>");
}
</script>
```

5. window 对象

window 对象是 JavaScript 层级中的顶层对象。这个对象会在一个页面中<body>或<frameset>出现时被自动创建，即一个浏览器中显示的网页会自动拥有相关的 window 对象。

window 除了页面的内容以外，还包含其他特性，如窗口的尺寸、滚动条、菜单栏、状态栏等元素。对于这些元素，window 对象提供了一些方法和属性来进行一定的控制。下面分别列出 window 对象的方法和属性。

(1) window 对象中的主要属性

① history：记录了一系列用户访问的网址，可以通过 history 对象的 back()、forward()和 go()方法来重复执行以前的访问。

② location：表示本窗口中当前显示文档的 Web 地址，如果把一个含有 URL 的字符串赋予 location 对象或它的 href 属性，浏览器就会把新的 URL 所指的文档装载进来，并显示在当前窗口。

③ screen：存放着有关显示浏览器屏幕的信息。

④ parent：获得当前窗口的父窗口对象引用。

⑤ top：窗口可以层层嵌套，典型的如框架，top 表示最高层的窗口对象引用。

⑥ self：返回对当前窗口的引用，等价于 window 属性。

(2) window 对象中的主要方法

① close()：关闭浏览器窗口。

② createPopup()：创建一个右键弹出窗口。

③ open()：打开一个新的浏览器窗口或查找一个已命名的窗口。

④ alert(message)：弹出一个警示对话框。

⑤ prompt(message,deafultmessage)：弹出一个提示对话框。

⑥ confirm(message)：弹出一个确认对话框。

【例 5.18】 窗口打开和关闭方法的演示

其效果如图 5.17 所示。程序代码如下：

```
〈html〉
〈head〉 〈title〉窗口打开和关闭方法的演示〈/title〉
〈script Language="JavaScript"〉
function openwindow()  //定义打开新窗口函数,窗口内容为安徽师大网
{
window.open("http://www.ahnu.edu.cn","window","width=600,height=400")
}
〈/script〉
〈/head〉
〈body onload=openwindow()〉
〈form〉
〈input type="button" value="关闭窗口" onclick=window.close()〉
〈/form〉
〈/body〉
〈/html〉
```

图 5.17　窗口打开和关闭方法的演示

【例 5.19】 提示对话框的演示

其效果如图 5.18 所示。程序代码如下：

```
〈html〉
〈head〉〈title〉提示对话框的演示〈/title〉
〈script Language="JavaScript"〉
var age;
age=prompt("您多大了?","请在这里输入您的年龄");
alert(age)
〈/script〉
〈/head〉
〈/html〉
```

图 5.18　提示对话框的演示

6. document 对象

document 对象代表了整个 HTML 文档，可用来访问页面中的所有元素。document 对象是 window 对象的一个部分，虽然可通过 window. document 属性来访问，但编程中，可以直接使用 document 名称来访问页面元素。

页面就是按照规则由一系列如〈html〉、〈body〉、〈form〉和〈input〉等各种标签组成的规范文档。这些标签之间存在着一定的关系，例如〈body〉被〈html〉所包含，而〈form〉标签又被包含在〈body〉内，这些页面元素之间存在嵌套关系。

(1) 通过 ID 访问页面元素

语法：document. getElementById(id)。

参数：id 是必选项，为字符串(String)。

返回值：返回相同 id 对象中的第一个，如果无符合条件的对象，则返回 null。使用该方法开发页面时，最好给每一个需要交互的元素设定一个唯一的 id 以便于查找。

(2) 通过 Name 访问页面元素

语法：document. getElementsByName(name)。

参数：name 是必选项，为字符串(String)。

返回值：数组对象，如果无符合条件的对象，则返回空数组。由于该方法的返回值是一个数组，所以可以通过位置下标来获得页面元素，例如：

```
var userNameInput=document. getElementsByName("userName");
var userName=userNameInput[0]. value;
```

哪怕一个名字指定的页面元素确实只有一个，该方法也返回一个数组，所以在上面代码段中，用位置下标 0 来获得“用户名输入框”元素，如 userNameInput[0]；如果指定名字，在页面中没有对应的元素存在，则返回一个长度为 0 的数组，程序中可以通过判断数组的 length 属性值是否为 0 来判断是否找到了对应的元素。

(3) 通过标签名访问页面元素

语法：document.getElementsByTagName(tagname)。

参数：tagname 是必选项，为字符串(String)。

返回值：数组对象，如果无符合条件的对象，则返回空数组。

(4) document 对象的方法 write()

表示向文档中写入文本。

【例 5.20】 document 对象的演示

其效果如图 5.19 所示。程序代码如下：

```
<html>
<head><title>document 对象的演示</title>
<script Language="JavaScript">
document.write("当前文档的标题:"+document.title+"<p>");
document.write("当前文档的最后修改日期:"+document.lastModified);
</script>
</head></html>
```

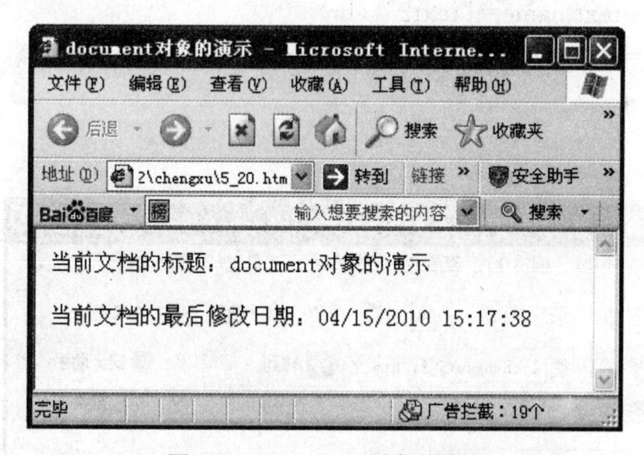

图 5.19　document 对象的演示

7. form 对象

form 对象是表单对象，是网页设计时一种重要的和用户进行交互的工具，它用于搜集不同类型的用户输入。

(1) form 对象的属性

① name：表单名称。

② length：表单元素的个数。

③ action：表单在提交时执行的动作，通常是一个服务器端脚本程序的 URL。

④ elements：表单中所有的控件元素的数组。

(2) form 对象的方法

① reset():相当于表单中的"重置"按钮。

② submit():相当于表单中的"提交"按钮。

【例 5.21】 form 对象的演示

其效果如图 5.20 所示。程序代码如下:

```
〈html〉
〈head〉 〈title〉form 对象的演示〈/title〉
〈script Language="JavaScript"〉
function clear(form)
{
form.text1.value="";
form.text2.value="";
}
〈/script〉
〈/head〉
〈body〉
〈form method=post〉
〈input type=text name="text1"〉〈br〉
〈input type=text name="text2"〉〈br〉
〈input type=reset value="重置" onclick="clear(this.form)"〉
〈/body〉
〈/html〉
```

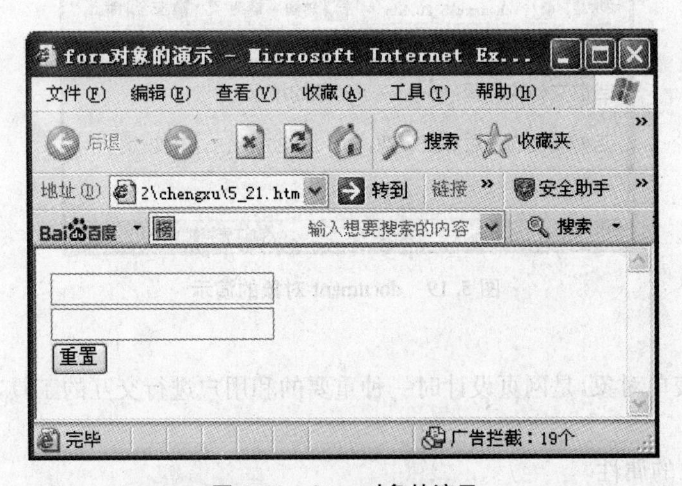

图 5.20 form 对象的演示

5.3.3 JavaScript 语言的事件

每个对象可以识别和响应某些行为,这些操作行为称为事件。网页中的每个元素都可以产生某些可以触发 JavaScript 函数的事件。网页访问中常见的事件有：鼠标单击；鼠标进入、悬浮或退出页面的某个热点；页面或图像载入；在表单中选取输入框或改变输入框中文本的内容；确认表单；键盘按键。

为了使用这些事件，需要使用相应事件的事件处理程序，它的使用方法为在用户指定的 HTML 代码中插入事件处理程序，其基本格式如下：

on 事件名＝“ ”

引号内可以是用户编写的任何 JavaScript 语句、方法或者函数等。所谓的事件处理程序，指该事件被激活时，所要执行的 JavaScript 程序代码。下面是一些常用的事件。

1. click 事件与 dblclick 事件

当页面上的任何一个元素，如按钮、文本框或者超链接被用户单击时，都会产生一个 click 事件。当页面上的任何一个元素，被用户双击时，都会产生一个 dblclick 事件。

【例 5.22】　click 事件演示

其效果如图 5.21 所示。程序代码如下：

```
<html>
<head>  <title>click 事件演示</title></head>
<body>
<form name=button>
<input type="button" value="上一页" onClick="history.back()">
<input type="button" value="安徽师大" onClick="location=http://www.ahnu.
    edu.cn">
<input type="button" value="下一页" onClick="history.forward()">
</form>
</script>
</body>
</html>
```

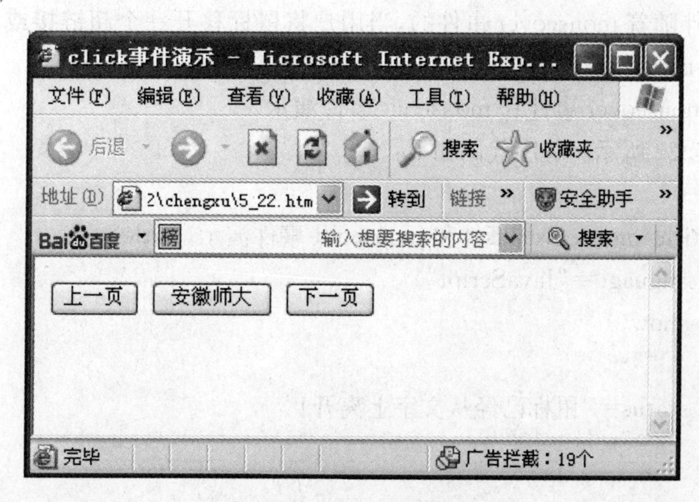

图 5.21　click 事件演示

程序中,事件处理程序 onclick 在执行过程中,调用了"history"对象的 back()方法和 forward()方法。history 对象是指浏览器历史列表,使用户可以跟踪浏览器曾经使用过的 URL。history. back()方法是指回到历史列表中上一个 URL,而 history. forward()方法是指回到历史列表的下一个 URL。

2. load 事件与 unload 事件

当窗口和框架完成加载时,就产生了一个 load 事件。当窗口和框架内的文档被退出时,就产生了一个 unload 事件。

【例 5.23】 load 事件演示

其效果如图 5.22 所示。程序代码如下:

```
<html>
<head> <title>load 事件演示</title></head>
<body onload=alert("登录网页成功!")>
</body>
</html>
```

图 5.22 load 事件演示

3. mouseover 事件与 mouseout 事件

当用户将鼠标移至一个超链接或者网页其他元素时,就会产生一个 mouseover 事件。mouseout 事件是伴随着 mouseover 事件的,当用户将鼠标移开一个超链接或者网页其他元素时,就会产生一个 mouseout 事件。

【例 5.24】 mouseover 事件和 mouseout 事件演示

其效果如图 5.23 所示。程序代码如下:

```
<html>
<head><title>mouseover 事件和 mouseout 事件演示</title>
<script Language="JavaScript">
function show()
{
window. status="鼠标已经从文字上离开!"
}
</script>
</head>
```

```
<body>
<a href="http://www.ahnu.edu.cn" onMouseover=alert("鼠标在文字正上方")
    onMouseout=show()>
安徽师范大学
</a>
</body>
</html>
```

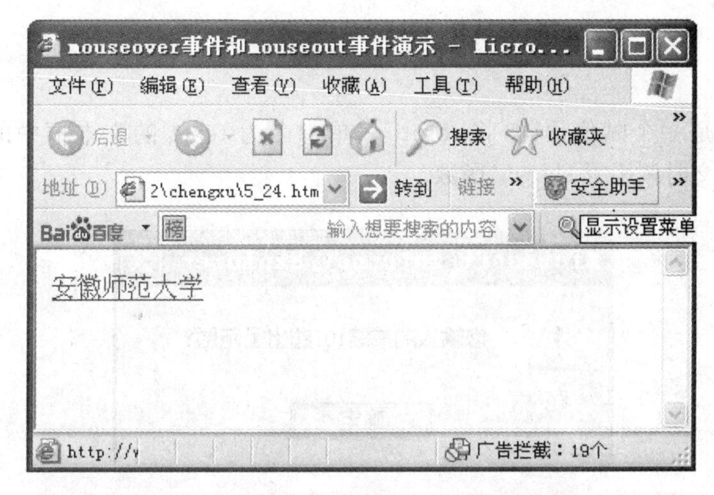

图 5.23　mouseover 事件和 mouseout 事件演示

在 show()函数中，将 window 对象的 status(状态栏)属性设置为“鼠标已经从文字上离开!”，就是在状态栏显示文本“鼠标已经从文字上离开!”。

4. submit 事件与 reset 事件

当用户单击表单中的提交按钮，准备向服务器提交信息时，就会产生一个 submit 事件。当用户单击表单中的重置按钮时，就产生一个 reset 事件。

【例 5.25】　submit 事件演示

其效果如图 5.24 所示。程序代码如下：

```
<html>
<head><title>submit 事件演示</title>
<script Language="JavaScript">
function show()
{
score=document.form1.text1.value
if(0<=score && score<=100)
return(ture)
else{
alert("您输入的成绩"+score+"超出了范围!")
}
```

```
}
〈/script〉
〈/head〉
〈body〉
〈form name="form1" onSubmit="show()"〉
〈input type="text" name="text1" value=""〉〈br〉
〈input type="submit" value="提交"〉
〈/form〉
〈/body〉
〈/html〉
```

代码第 7 行是一个赋值语句，将 form1 表单中名为 text1 的文本框中的数值赋给变量 score。在表单提交时调用了 show()函数。

图 5.24 submit 事件演示

综合练习题

一、填空题

1. JavaScript 中有______、______、______、______、______和______等 6 种基本类型常量。
2. JavaScript 变量可以在使用前先使用______关键字对变量作声明。
3. x=3，则表达式 x++×4 的值为______。
4. 表达式 4>5 && false 的值为______。
5. JavaScript 中用______来定义函数。
6. break 语句和 continue 语句的区别在于______。

二、选择题

1. 可以在下列哪个 HTML 元素中放置 javascript 代码？________。

   A. 〈script〉　　B. 〈javascript〉　　C. 〈js〉　　D. 〈scripting〉

2. 输出“Hello World”的正确 javascript 语法是________。

   A. document. write("Hello World")　　B. "Hello World"

C. response. write("Hello World")　　D. ("Hello World")

3. 引用名为“xxx. js”的外部脚本的正确语法是？________。

A. 〈script src="xxx. js"〉　B. 〈script href="xxx. js"〉　C. 〈script name="xxx. js"〉

4. 如何在警告框中写入“Hello World”________。

A. alertBox="Hello World"　　B. msgBox("Hello World")

C. alert("Hello World")　　D. alertBox("Hello World")

5. 如何创建名为 myFunction 的函数________。

A. function:myFunction()　B. function myFunction()　C. function=myFunction()

6. 如何调用名为“myFunction”的函数？________。

A. call function myFunction　B. call myFunction()　C. myFunction()

7. 如何编写当 i 等于 5 时执行某些语句的条件语句？________。

A. if(i==5)　B. if i=5 then　C. if i=5　D. if i==5 then

8. 下面哪个 for 循环是正确的？________。

A. for(i＜＝5; i++)　　B. for(i=0; i＜＝5; i++)

C. for(i=0; i＜＝5)　　D. for i=1 to 5

9. 如何把 7. 25 四舍五入为最接近的整数？________。

A. round(7. 25)　　B. rnd(7. 25)

C. Math. round(7. 25)　　D. Math. rnd(7. 25)

10. 如何求得 2 和 4 中最大的数？________。

A. Math. ceil(2,4)　　B. Math. max(2,4)

C. ceil(2,4)　　D. top(2,4)

三、上机操作题

1. 写一段代码，定义三个整数变量并任意赋初值，求它们的平均值并用 alert 语句输出。

2. 信函的重量不超过 100 g 时，每 20 g 付邮资 80 分，即信函的重量不超过 20 g 时，付邮资 80 分，信函的重量超过 20 g，不超过 40 克时，付邮资 160 分，编写程序输入信函的重量，输出应付的邮资（注意：本题不使用分支结构，使用顺序结构，假设输入的信函重量不超过 100 克）。

3. 通过双重循环在页面上输出一个九九乘法表。

第6章　动态网站制作基础

本章主要介绍 ASP(Active Server Pages)的基本概念,ASP 工作环境 IIS(Internet Information Server)服务器安装和配置以及 ASP 网页的创建。

6.1　ASP 的基本概念

1. ASP 的基本概念

ASP(动态服务器页面)是目前开发动态网页的主流技术之一,它运行于 Windows 系列平台之上。ASP 可以把 HTML、脚本程序、后台服务和 Web 数据库结合在一起,建立动态的、交互的、高性能的 Web 服务器应用程序。

动态网页文件的扩展名为.asp,由于其脚本语言运行于服务器端,故请求.asp 文件的客户端浏览器不需要支持脚本语言即可浏览 ASP 网页。静态网页通常采用 HTML 标记语言编写。当客户端向服务器端请求静态 HTML 文件时,服务器端不经过任何处理向客户端直接发送 HTML 文件,然后客户端浏览器解释执行文件中的 HTML 代码,并将结果显示在页面上。

在浏览器中打开一个 ASP 页面时,会向 Web 服务器提出请求,ASP 脚本开始运行,Web 服务器运行完脚本,不会把源程序代码传给浏览器,只是把需要显示的运行结果返回给浏览器。

2. ASP 的特点

ASP 具有以下几个特点:

① ASP 的编程语言可以是 VBScript 和 JavaScript。ASP 运行在服务器端,不必担心客户端浏览器是否支持 ASP 所使用的编程语言。

② ASP 代码不区分大小写,简单易学。

③ ASP 内置了 ADO(ActiveX Data Object)组件,通过访问组件,可以轻松地实现对数据库的访问。

④ ASP 网页是在 HTML 网页上嵌入 ASP 代码的页面,ASP 脚本包含在定界符"〈%"和"%〉"之间,ASP 语句必须分行编写。

⑤ ASP 返回标准的 HTML 页面,可以在常用的浏览器中显示。浏览者查看到的是 ASP 生成的 HTML 代码,而不是 ASP 源程序。如例 6.1 所示。

【例 6.1】　在标准 HTML 文档中嵌入 ASP 代码

其效果如图 6.1 所示。程序代码如下:

```
〈html〉
〈head〉 〈title〉一个 ASP 文件〈/title〉〈/head〉
〈body〉
```

```
〈% for i=5 to 7 %〉
〈font size=〈%=i%〉〉ASP 应用实例〈/font〉〈p〉
〈% next %〉
〈/body〉
〈/html〉
```

如果已经成功安装配置了 IIS,将例 6.1 中编写的 ASP 源程序保存在创建的虚拟目录 myweb 下,网页文件名为 6_1.asp,在浏览器地址栏中输入 http://localhost/myweb/6_1.asp,就可以看到该 ASP 网页。执行结果如图 6.1 所示。

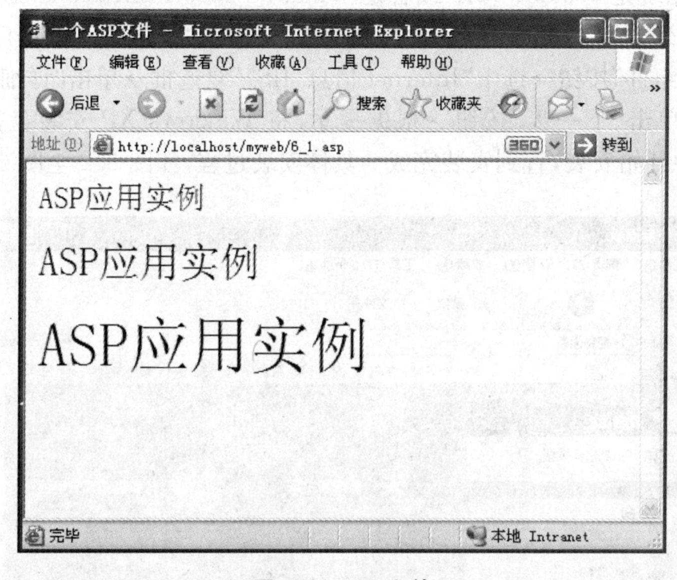

图 6.1　ASP 文件

执行浏览器的"查看"→"源文件"命令,可以浏览到该网页的代码如下,而不是 ASP 源程序。

```
〈html〉
〈head〉 〈title〉一个 ASP 文件〈/title〉〈/head〉
〈body〉
〈font size=5〉ASP 应用实例〈/font〉〈p〉
〈font size=6〉ASP 应用实例〈/font〉〈p〉
〈font size=7〉ASP 应用实例〈/font〉〈p〉
〈/body〉
〈/html〉
```

通过上例可以看出,当客户端向服务器发出访问 ASP 网页的请求时,服务器对网页中的 ASP 代码逐行进行解释执行,生成标准的 HTML 网页代码,然后将网页文件传送给客户端,客户端浏览器对网页文件进行解释执行。

6.2 安装配置 IIS 服务器

6.2.1 安装 IIS

在建立动态网站之前，首先要安装、配置因特网信息服务器 IIS，以便对动态网页进行测试、浏览。如果操作系统是 Windows 2000 Server 版本或者更高版本，操作系统默认安装、配置好了 IIS。如果操作系统是 Windows XP 或者是 Windows 2000 Professional 版本，则需要重新安装配置 IIS。IIS 安装配置步骤如下：打开“控制面板”→单击“添加或删除程序”图标→选中“添加/删除 Windows 组件”按钮→选中“Internet 信息(IIS)”复选框→单击“详细信息”按钮→选中全部 IIS 子组件→单击“下一步”按钮→根据提示，将 Windows XP 安装盘插入光驱中，通过 Windows 组件向导开始安装，直到安装完成。具体安装过程，如图 6.2 至图 6.5 所示。

图 6.2 控制面板中“添加或删除程序”图标

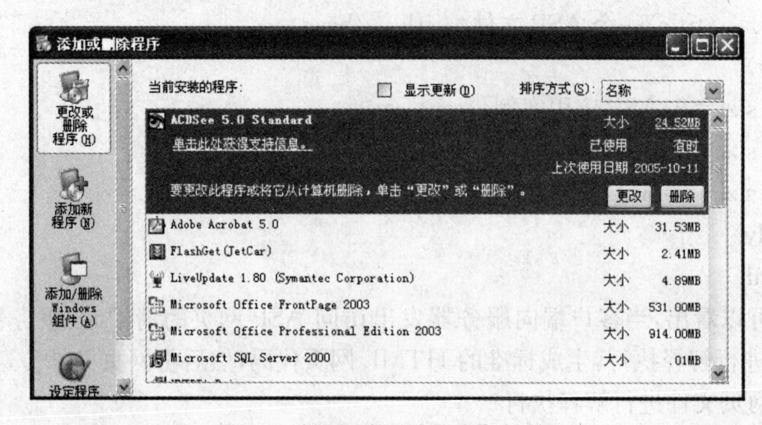

图 6.3 “添加或删除程序”对话框

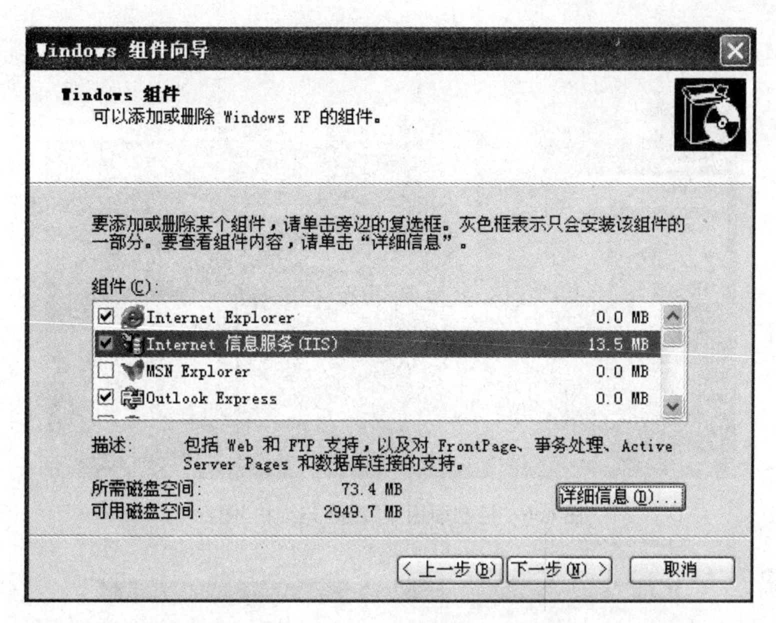

图 6.4　“Windows 组件向导”对话框

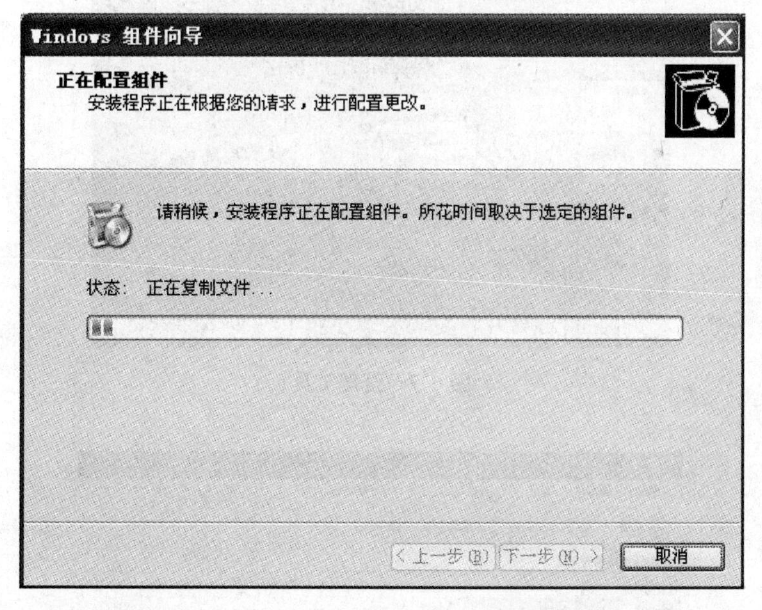

图 6.5　通过 Windows 组件向导开始安装 IIS

6.2.2　配置 IIS

Internet 信息服务配置步骤如下：IIS 安装成功之后，打开“控制面板”→双击“性能和维护”图标→双击“管理工具”图标→窗口中增加了“Internet 信息服务”项目。具体过程如图 6.6 至图 6.8 所示。

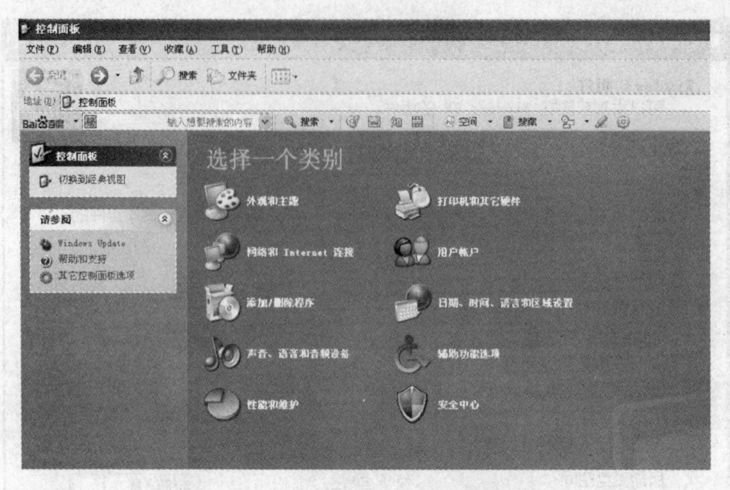

图 6.6　控制面板中“性能与维护”图标

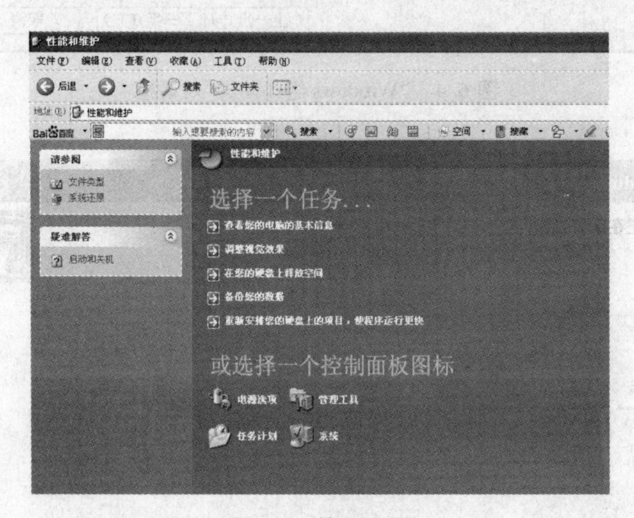

图 6.7　管理工具

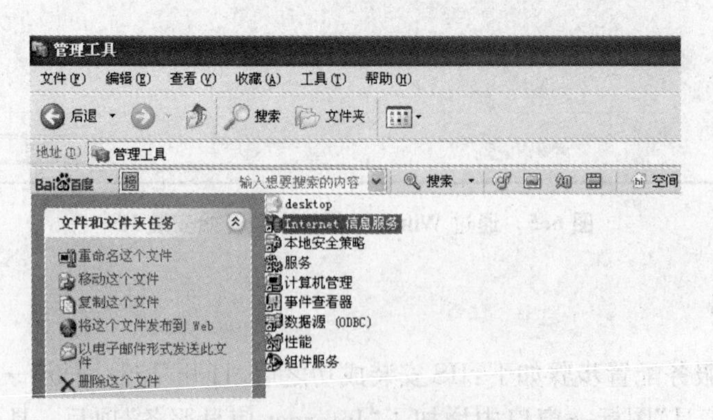

图 6.8　Internet 信息服务

IIS 安装完毕，在本机上会自动创建一个默认站点，此时在 IE 浏览器地址栏中输入 http://localhost 或者输入 http://127.0.0.1，弹出的页面就是由默认站点管理的主页，表示 IIS 安装成功了，如图 6.9 所示。

图 6.9　IIS 安装成功演示

打开“Internet 信息服务”窗口→单击“默认网站”→选中一个以 .asp 为扩展名的网页文件→右键菜单“浏览”→测试动态网页的效果。

打开“Internet 信息服务”窗口，选中“默认网站”单击右键，出现快捷菜单，选择“属性”选项，分别配置默认网站的“网站”、“主目录”和“文档”属性。具体过程如图 6.10 至图 6.13 所示。

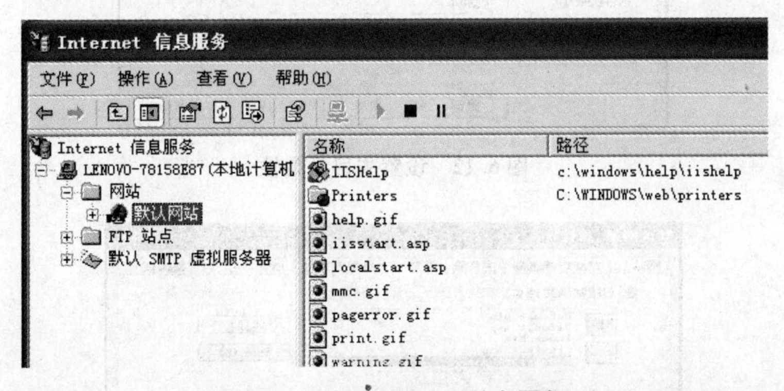

图 6.10　打开 Internet 信息服务

① 在“网站”属性选项中，如果用户有固定的 IP 地址，可以将其填入，否则保持不变。

② 在“主目录”属性选项中，选中“此计算机上的目录”选项，给出“本地路径”的绝对路径。以后可以将 ASP 网页存放在默认的本地目录下，IIS 自动启用这个目录，打开 ASP 默认网页文档。

③ 在“文档”属性选项中，设置“启用默认文档”。即在某个目录下，系统自动打开的 ASP

文件名,这样的文件可以设置多个。

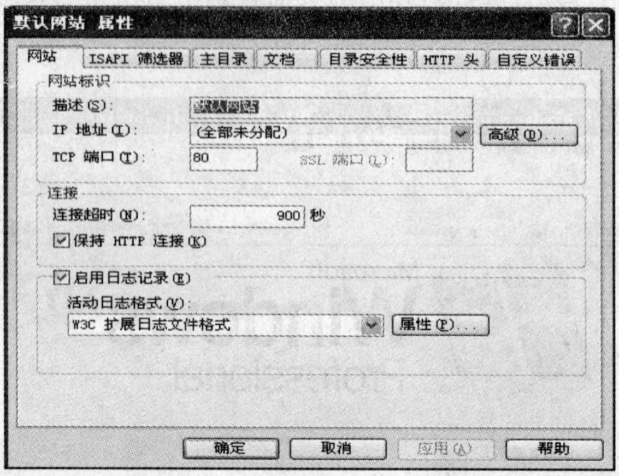

图 6.11 设置默认网站的属性

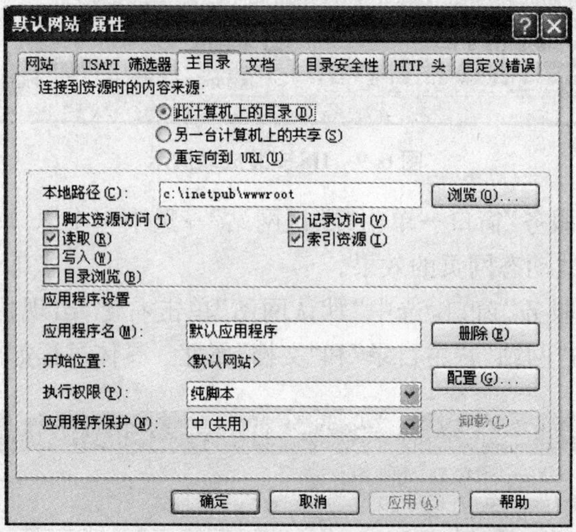

图 6.12 设置主目录属性

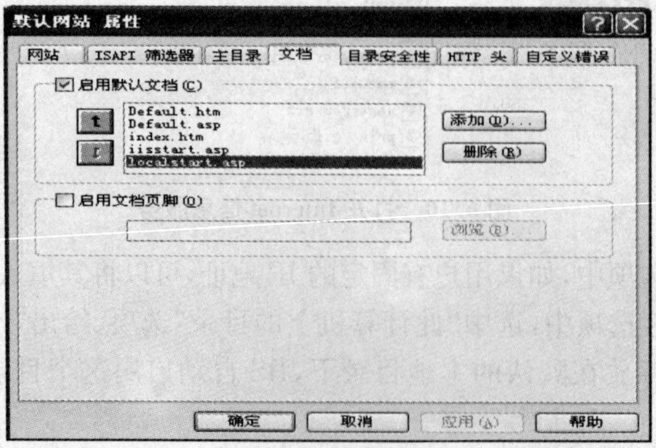

图 6.13 设置文档属性

6.2.3　建立虚拟目录

在本地调试 ASP 之前，需要建立虚拟目录。所谓虚拟目录，就是将一个普通的目录虚拟成 Web 服务器下的目录。设置虚拟目录的好处是本地的物理地址和虚拟后的名称无关，使用的时候都是相对 Web 根目录来引用。

建立虚拟目录过程如下：打开“Internet 信息服务”窗口→选中“默认网站”→单击右键→选中“新建”子目录下的“虚拟目录”，出现虚拟目录对话框，按照提示，逐一进行设置。如图 6.14 至图 6.19 所示。

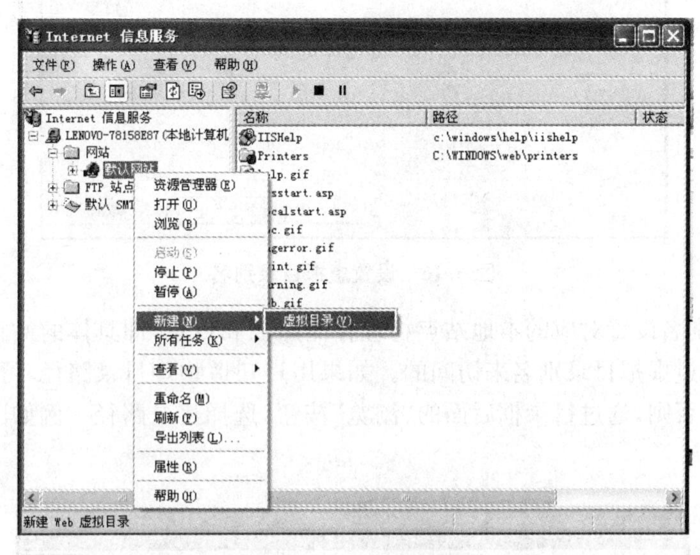

图 6.14　新建虚拟目录

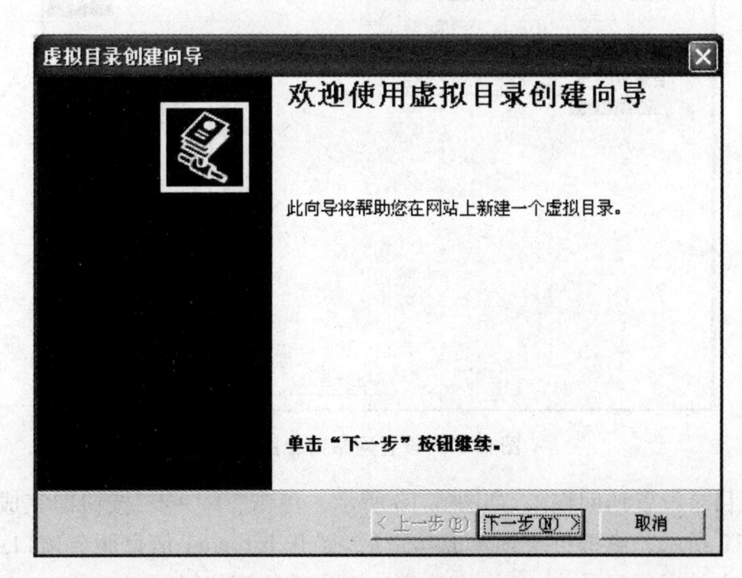

图 6.15　虚拟目录创建向导

为虚拟目录设置一个别名，别名的命名规则和文件目录名的命名规则一致。今后可以通过别名来访问新建的站点。如图 6.16 所示创建一个别名为“myweb”的虚拟目录。

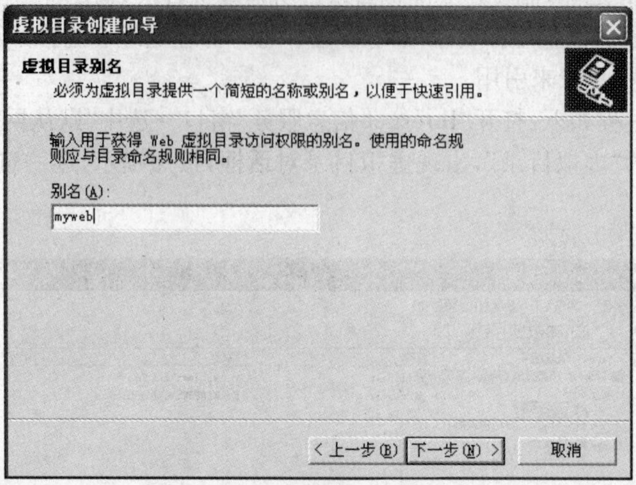

虚拟目录创建向导
虚拟目录别名
必须为虚拟目录提供一个简短的名称或别名，以便于快速引用。
输入用于获得 Web 虚拟目录访问权限的别名。使用的命名规则应与目录命名规则相同。
别名(A):
myweb
<上一步(B) 下一步(N)> 取消

图 6.16 设置虚拟目录别名

为虚拟目录别名设置对应的本地站点物理存储路径和目录，即具体的站点位置。但是，在站点访问时，是通过虚拟目录别名来访问的。如果用户知道物理目录路径，可以直接在目录框中输入目录路径，否则，通过目录框后面的“浏览”按钮，选择目录路径。例如图 6.17 中所示的“D:\zzp\test”。

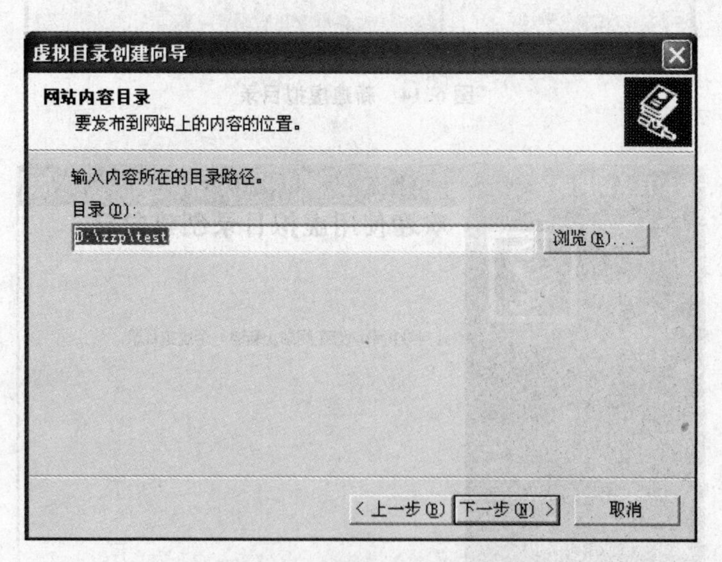

图 6.17 设置网站内容目录

接着为虚拟目录设置访问权限，如图 6.18 所示。单击“下一步”按钮即完成虚拟目录的创建工作，如图 6.19 所示。虚拟目录创建成功之后，展开 Internet 信息服务窗口中的默认网站，可以看到刚刚建立的虚拟目录 myweb，右边窗口会出现物理目录“D:\zzp\test”下的网站文件，如图 6.20 所示。

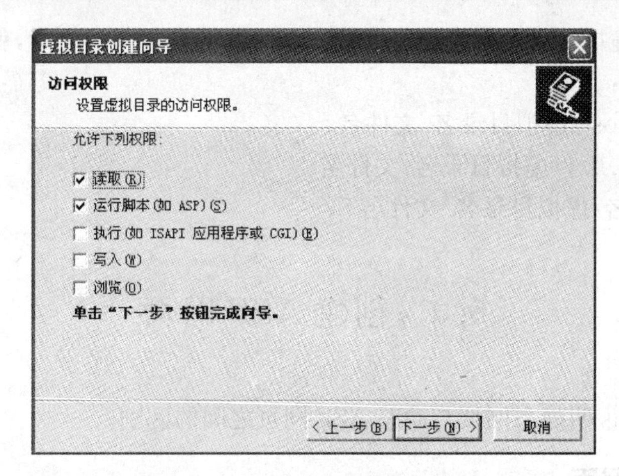

图 6.18　设置虚拟目录访问权限

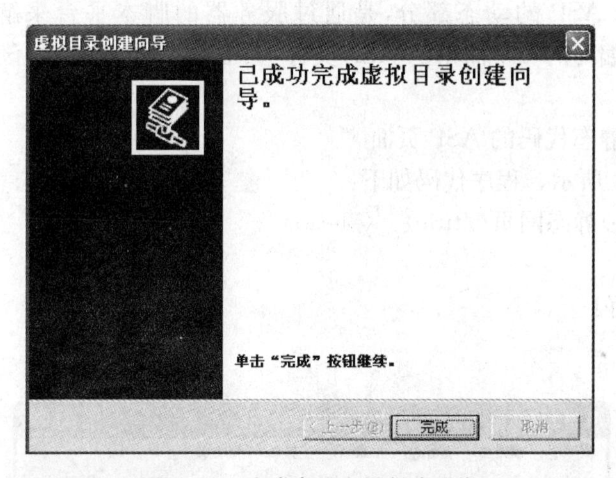

图 6.19　完成虚拟目录创建工作

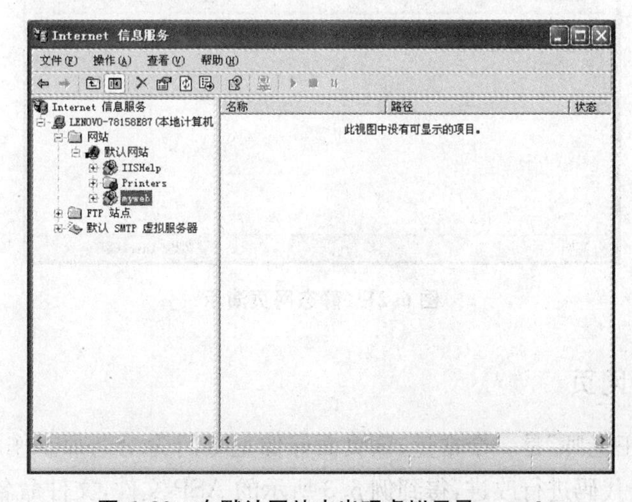

图 6.20　在默认网站中出现虚拟目录 myweb

需要注意的是，虚拟目录名不能使用中文。虚拟目录设置完毕之后，就可以通过以下三种方法来浏览本地网页：

① http://localhost/虚拟目录名/文件名。

② http://127.0.0.1/虚拟目录名/文件名。

③ http://主机名/虚拟目录名/文件名。

6.3 创建 ASP 网页

下面通过实例来说明静态网页与动态 ASP 网页之间的区别。

6.3.1 创建静态网页

活动服务器网页 ASP 的动态部分，是通过服务器的脚本平台来解释执行的。下面的例 6.2是通过记事本编写的一个简单的 ASP 文件，命名为 hello1.asp。该 ASP 文件中只有静态代码。

【例 6.2】 只有静态代码的 ASP 页面

其效果如图 6.21 所示。程序代码如下：

```
〈head〉〈title〉静态网页〈/title〉 〈/head〉
〈body〉
王老师，您好！
〈/body〉
```

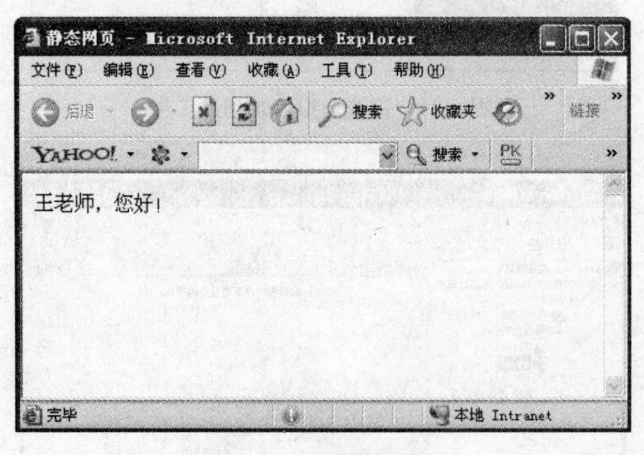

图 6.21 静态网页演示

6.3.2 创建 ASP 网页

上面文件中的“王老师”是一个常量，该页面好像是专门为王老师制作的。显然，这样缺乏交互性。将上述文件代码进行改进，得到例 6.3 所示的 ASP 文件，文件命名为 hello2.asp。

【例 6.3】 包含 ASP 标签的 ASP 页面

其效果如图 6.22 所示。程序代码如下：

```
〈head〉〈title〉ASP 动态网页〈/title〉 〈/head〉
〈body〉
〈% dim name
name="王老师" %〉
〈% Response.Write name %〉,您好!
〈/body〉
```

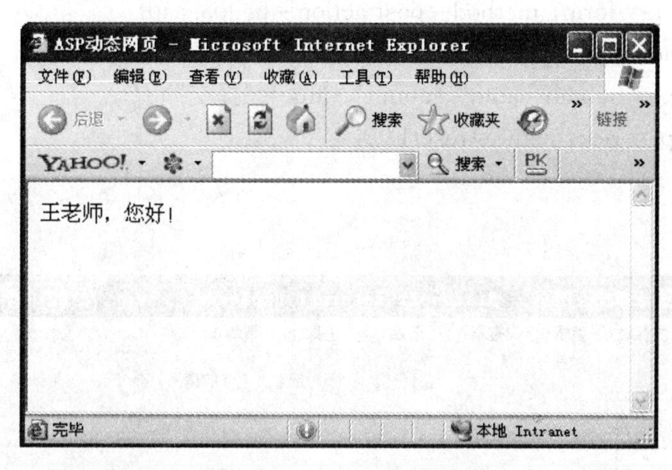

图 6.22　ASP 动态网页演示

从运行结果来看，两个例子显示的结果基本一致。但是，修改后的文件中多了一些用“〈%%〉”标签括起来的代码。这些标签是要求服务器在将页面发送给用户浏览器之前应做的一些额外工作，称之为 ASP 标签。ASP 标签内的代码可以是 ASP 对象，也可以是 VBScript 和 JavaScript 的组合。这些代码可以实现从简单的文本操作到复杂的数据库处理的工作。

Microsoft Web 服务器中包含一个名为 asp.dll 的动态链接库文件，负责处理 ASP 文件的动态部分。当 Web 服务器解释执行一个带.asp 扩展名的页面文件时，如果遇到 ASP 标签，它就会调用动态链接库文件 asp.dll 来帮助解释由 ASP 标签括起来的代码。如例 6.3，有两端用 ASP 标签括起来的代码：

```
〈% dim name
name="王老师" %〉
〈% Response.Write name %〉
```

其中，dim 是一个 VBScript 命令，用于定义一个变量，这里定义了一个 name 变量的同时赋初值“王老师”。Response 是一个 ASP 对象，Write 是对象 Response 的方法，其功能是将指定的字符串写到当前的客户端浏览器中。

6.3.3　创建交互表单

在上面改进的代码中，运行结果与赋给变量 name 的值有关。如果要面向其他用户，必须给代码中的变量 name 重新赋值。显然，这也是很不方便的。在此希望的是，当某个用户访问该页面时,可以在页面的文本框中输入自己的姓名,页面将根据输入的姓名给出问候语,真正实现用户与计算机之间的交互。下面的例 6.4 和例 6.5 是包含表单和 ASP 对象的代码,分别命名为 hello3. htm 和 hello3. asp。

【例 6.4】 包含表单的 HTML 页面

其效果如图 6.23 所示。程序代码如下:

```
<head><title>表单交互网页</title></head>
<body>
<form name=form1 method=post action=hello3. asp>
姓名:<input type=text name=text1 value="请填写您的姓名">
<input type=submit name=submit1 value="提交">
<input type=reset name=reset1>
</form>
</body>
```

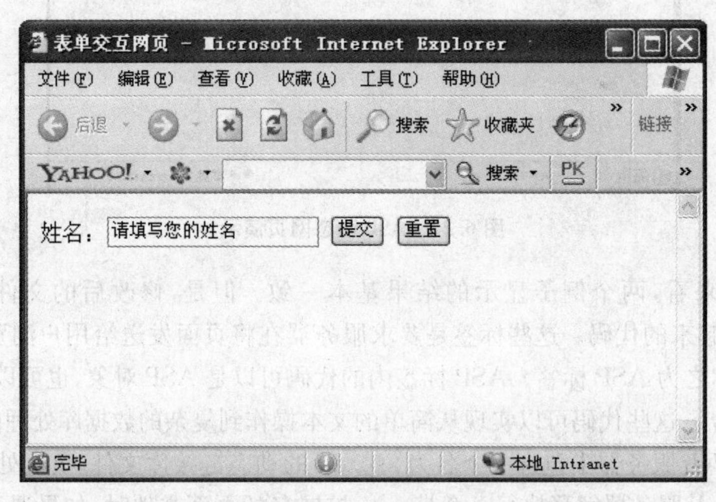

图 6.23 表单交互网页演示

在文件 hello3. htm 中,<form name=form1 method=post action=hello3. asp>建立一个名为 form1 的表单,method 给出表单提交方式,action 给出表单数据提交的目标文件;<input type=text name=text1 value="请填写您的姓名">定义一个名为 text1 的文本输入框;<input type=submit name=submit1 value="提交">定义一个名为 submit1 的"提交"按钮;<input type=reset name=reset1>定义一个名为 reset1 的"重置"按钮。

【例 6.5】 包含 ASP 对象的 ASP 页面

其效果如图 6.24 所示。程序代码如下:

```
<html>
<head>  <title>表单交互网页</title></head>
<body>
<% dim name
name=Request. form("text1")%>
```

```
<% Response.Write name %>老师，您好！
</body>
</html>
```

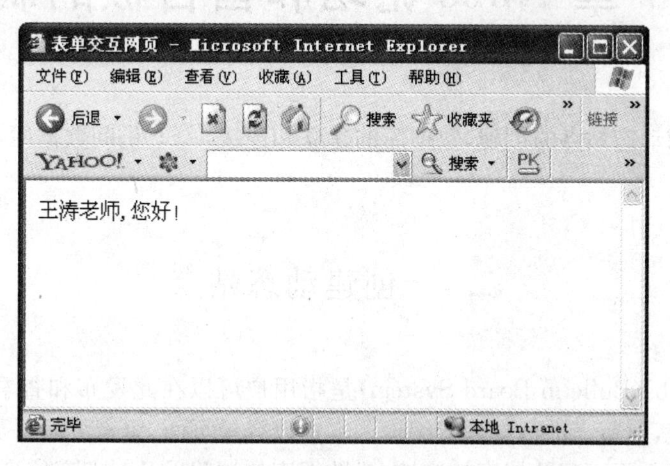

图 6.24　表单交互网页演示

在文件 hello3.asp 代码中，name=Request.form("text1")使用了 ASP 的对象 Request，该对象的功能是从表单的文本输入框 text1 中获取字符串数据。

虽然 ASP 可以看作是一个独立的实体，但是，在实际应用中，必须嵌入到 HTML 代码中。在此基础上添加一系列脚本语言和 ASP 对象操作。另外，ASP 可以包含许多来自微软公司的 ADO 活动服务器组件，用于进行数据库访问。具体请见第 7 章相关内容。

综合练习题

上机操作题：

1. 请选择一台计算机，安装、配置 IIS，并通过创建和执行 ASP 网页检验安装是否成功。

2. 编写一个 ASP 提交网页，通过它输入学生学号、姓名等个人信息，然后在浏览器中显示输入的信息。

第 7 章 bbs 论坛和留言板的制作

本章主要介绍动态站点的创建，数据库的建立和连接，ASP 访问数据库，bbs 论坛和留言本的制作。

7.1 创建动态站点

公告板系统 bbs(Bulletin Board System)是指用户可以在此发布和查看留言，管理员可以通过后台管理系统，对留言进行整理和编辑。本章以登录页面、留言页面以及显示页面为例，介绍公告板系统中各个页面与数据库的连接、对数据库的访问以及对留言信息的显示等。

【例 7.1】 建立动态站点

步骤如下：

① 在 Dreamweaver 8.0 中，执行菜单命令“站点”→“新建站点”，打开“基本”选项卡，在“您打算为您的站点起什么名字？”下的文本框中输入动态站点的名称，如图 7.1 所示。

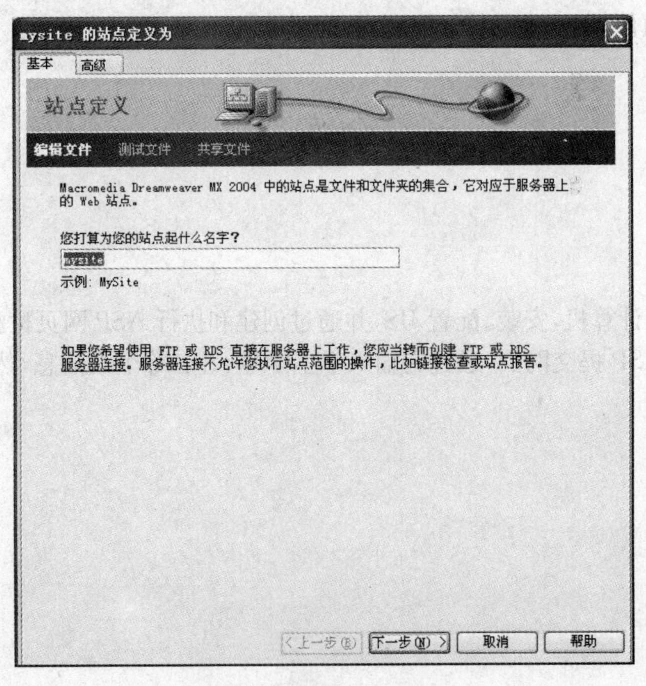

图 7.1 为动态站点命名

② 单击“下一步”按钮。选择“是，我想选择服务器技术”选项，选中下拉菜单中的“ASP

JavaScript”，如图 7.2 所示。

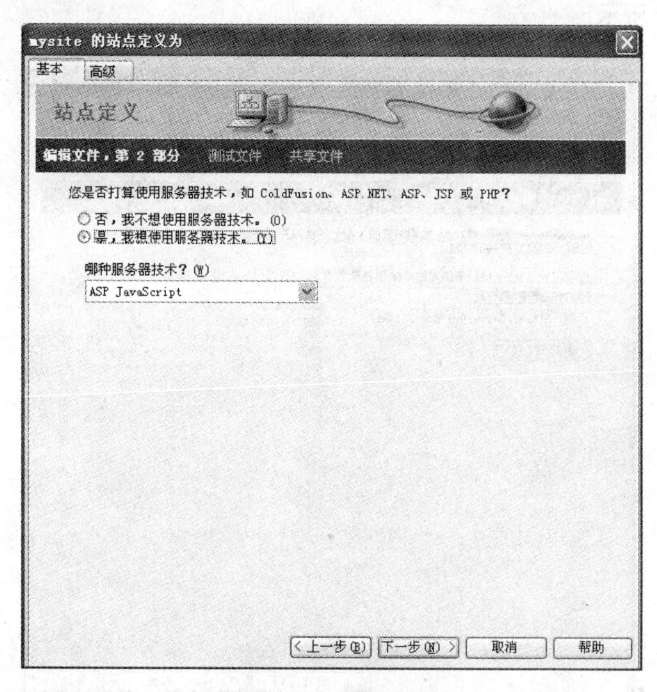

图 7.2　设置服务器

③ 单击“下一步”按钮，选中单选按钮项“在本地进行编辑和测试”，选择站点文件的存储路径，如“E:\zzp\site”，如图 7.3 所示。

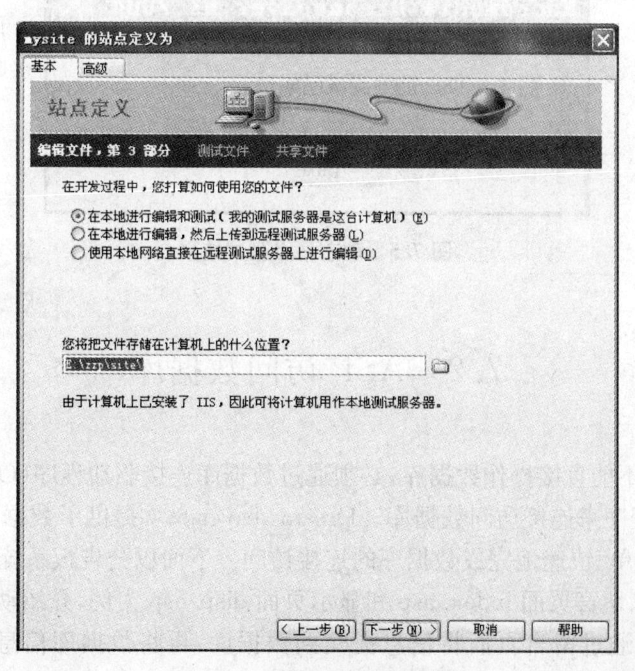

图 7.3　设置站点的物理路径

④ 单击“下一步”按钮，弹出如图 7.4 所示的对话框，单击“测试 URL(T)”按钮，得到测试结果界面，如图 7.5 所示。

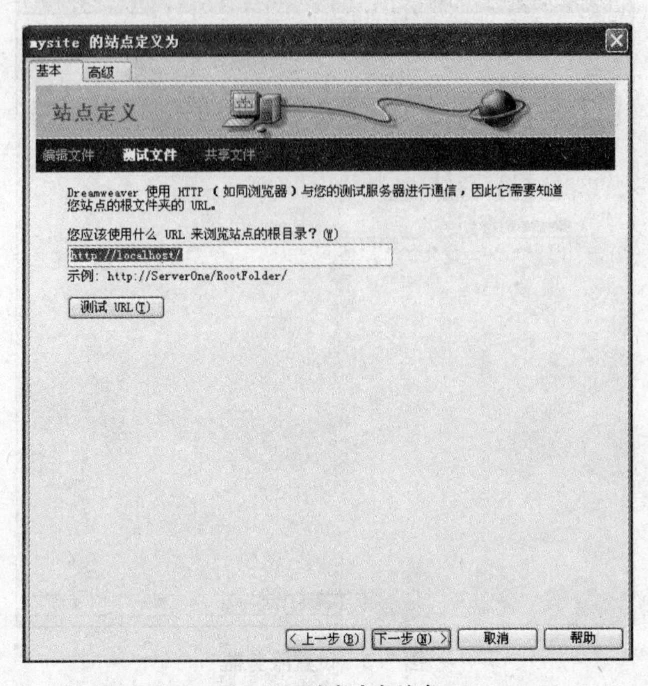

图 7.4 测试动态站点

图 7.5 动态站点测试结果

7.2 ASP 访问数据库

ASP 应用程序不能直接操作数据库，必须通过数据库连接驱动程序(ODBC)或嵌入式数据库(OLE DB)提供程序来连接访问数据库。Dreamweaver 8.0 提供了数据库访问功能，通过一些简单设置，可以简单、快速地完成数据库的连接访问。下面以公告板系统 bbs 站点 myweb 的登录页面 login.asp、留言页面 index.asp 和显示页面 disp.asp 为例，介绍动态页面 ASP 与数据库之间的连接方法，通过留言页面将信息提交到数据库，再将数据库信息通过浏览页面显示出来。

7.2.1　数据库的建立

本文以 Access 2003 为例，介绍公告板系统 bbs 网站所需数据库及表格的创建过程。

【例 7.2】　建立公告板系统 bbs 网站所需的数据库 bbs.mdb 及两个数据表 member 和 bbs

(1) 建立公告板系统 bbs 数据库 bbs.mdb 及两个数据表 member 和 bbs

首先打开 Access 数据库软件，新建数据库文件 bbs.mdb，弹出图 7.6 所示的窗口，双击“使用设计器创建表”，创建一个用户登录网站的信息表 member。

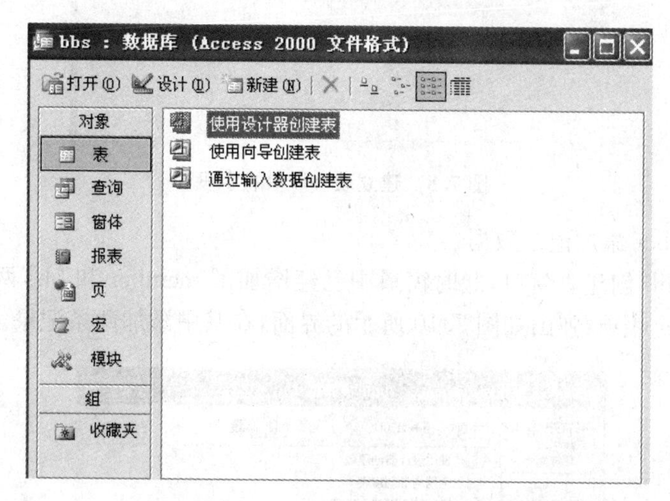

图 7.6　新建数据库 bbs.mdb

按照图 7.7 所示，为表 member 建立两个字段 user 和 password，分别存储用户登录的“用户名”和“密码”。

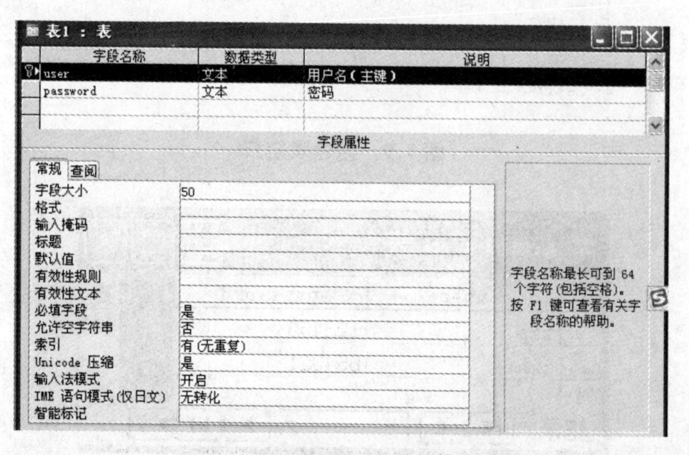

图 7.7　建立表 member 中的字段

设置表 member 中两个字段 user 和 password 的属性，将“允许空字符串”设为否，将“必填字段”设为是，将字段 user 设为主键。执行菜单命令“文件”→“保存”，在弹出的窗口中为表命名为 member。创建数据表 bbs，用于存储留言者“编号”、“姓名”、“性别”、“标题”、“留言内容”和“联系方式”等等。对应的字段分别是：id、name、sex、title、content 以及 tel。具体设置情况如

图 7.8 所示。

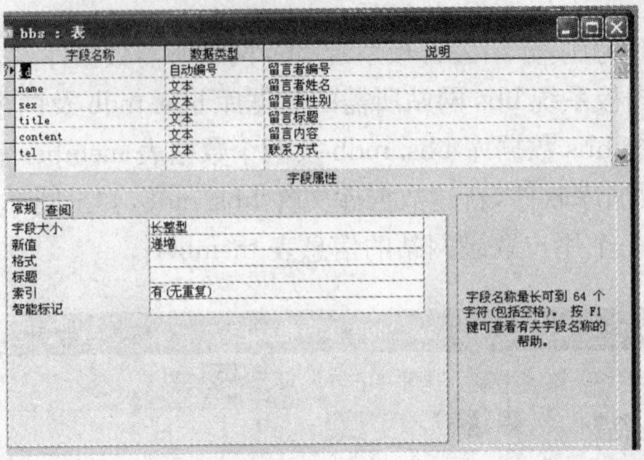

图 7.8　建立表 bbs 中的字段

(2) 为表 member 添加记录数据

返回到 bbs.mdb 创建表窗口，此时窗口中已经增加了 member 和 bbs 两个表项，如图 7.9 所示。双击 member 表项，弹出如图 7.10 所示的界面，在其中添加两条记录。

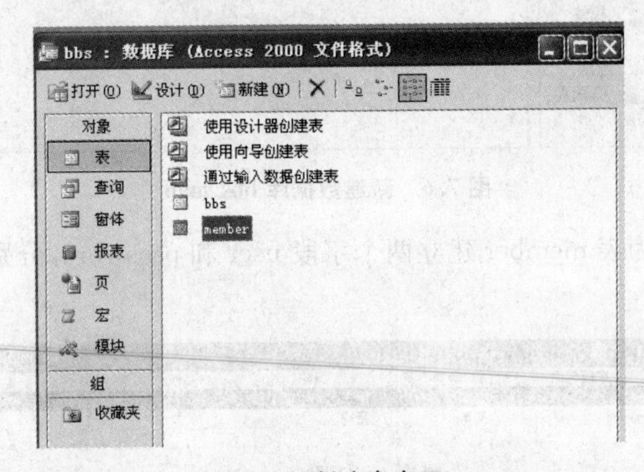

图 7.9　创建表窗口

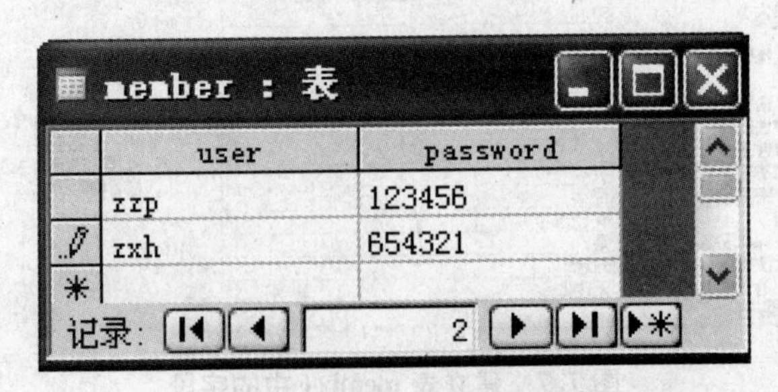

图 7.10　为表 bbs 添加记录

7.2.2　数据库的连接

以 Dreamweaver 8.0 提供的数据库访问功能为例，介绍公告板系统站点中登录页面

(login. asp)、留言页面(index. asp)与显示页面(disp. asp)与数据库 bbs. mdb 的连接过程。

【例 7.3】 建立公告板系统 bbs 站点与数据库 bbs. mdb 的连接

① 创建指向数据库 bbs. mdb 的 ODBC 数据源(数据库与数据源连接)。单击“开始”→“控制面板”→“管理工具”→“数据源 ODBC”,打开“ODBC 数据源管理器”对话框,如图 7. 11 所示。

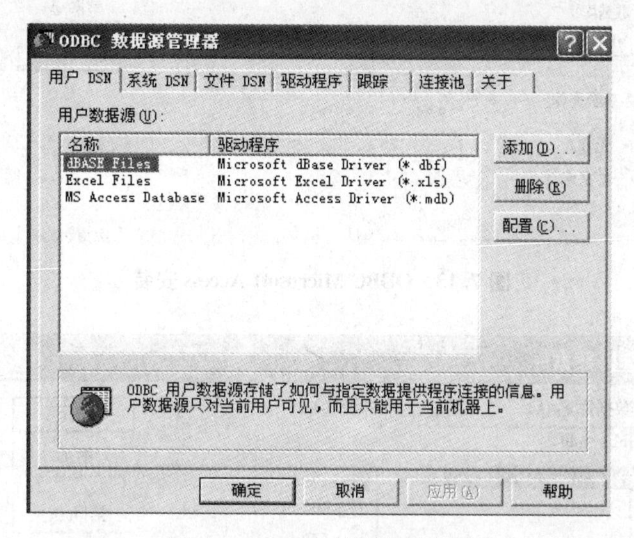

图 7. 11　ODBC 数据源管理器

② 单击“系统 DSN”选项卡,单击“添加”按钮,弹出“创建新数据源”对话框,如图 7. 12 所示,选择“Microsoft Access Driver(*. mdb)”或“Driver do Microsoft Access(*. mdb)”,单击“完成”按钮。弹出如图 7. 13 所示的“ODBC Microsoft Access 安装”对话框。在数据源名文本框中输入“bbs_odbc”,单击“选择”按钮,打开如图 7. 14 所示“选择数据库”对话框,选择要连接的数据库 bbs. mdb,单击“确定”按钮,完成 ODBC 数据源的设置。

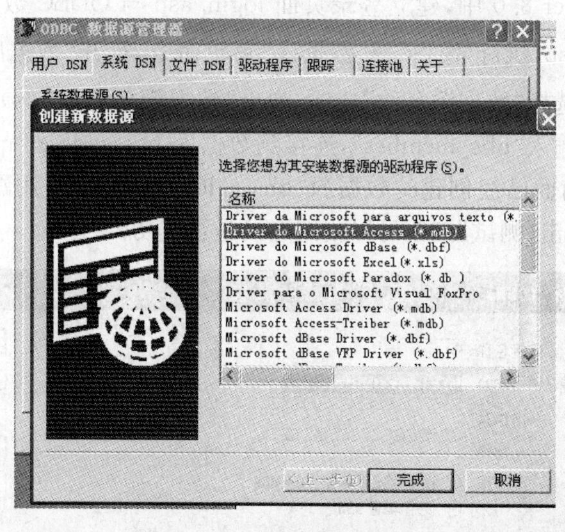

图 7. 12　创建新数据源

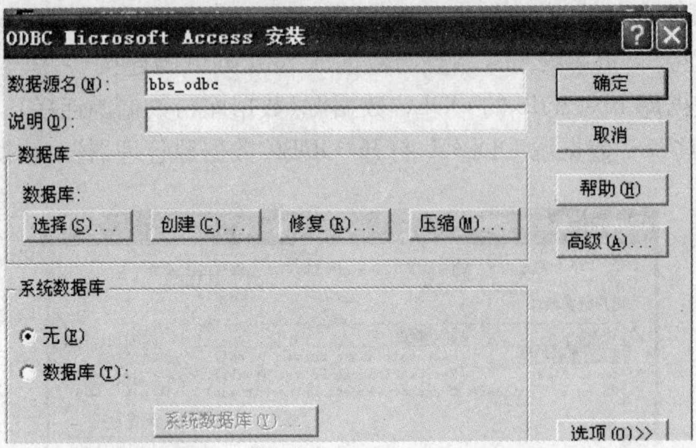

图 7.13 ODBC Microsoft Access 安装

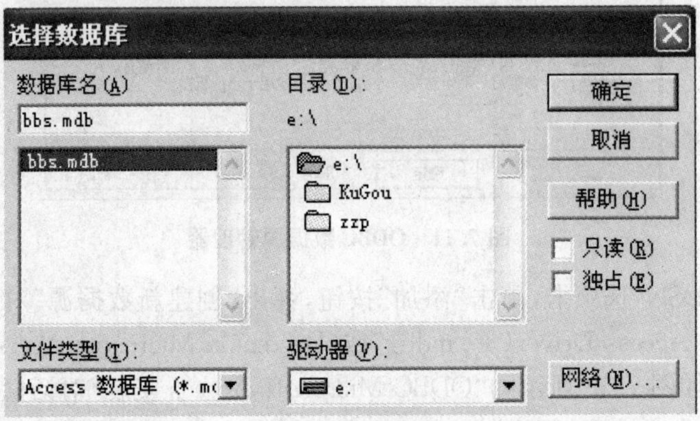

图 7.14 选择数据库

③ 在 Dreamweaver 8.0 中,建立登录页面 login.asp 与 ODBC 数据源 bbs_odbc 的链接。打开登录页面 login.asp,执行"窗口"→"数据库"菜单命令,打开"数据库面板"。单击按钮,在弹出的下拉菜单中选择"数据源名称"选项,弹出"数据源名称(DSN)"窗口,如图 7.15 所示。在连接名称文本框中输入"bbs_member",连接到数据库 bbs.mdb 的 member 表,在"数据源名称"下拉列表中选择前面已经创建的数据源"bbs_odbc",其他项使用默认选项,单击"确定"按钮,完成连接过程。单击"测试"按钮可以测试连接是否成功。

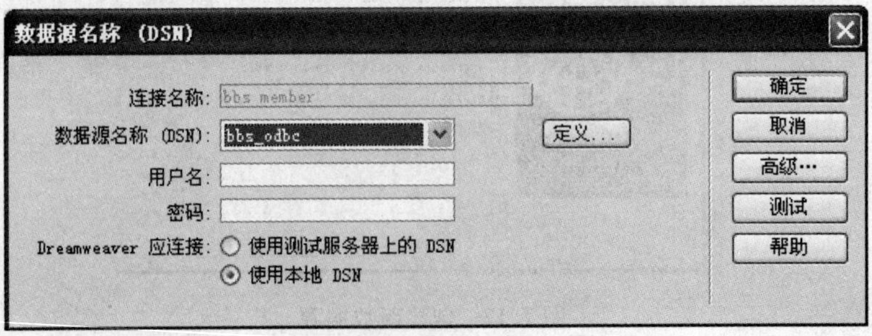

图 7.15 数据源名称(DSN)

数据库连接成功以后，“数据库”面板中增加了一个数据库项 bbs_member，该项包含了相关的表和视图，对表的操作可以在该项目中直接进行，同时站点下增加了 Connections 目录，如图 7.16 所示。

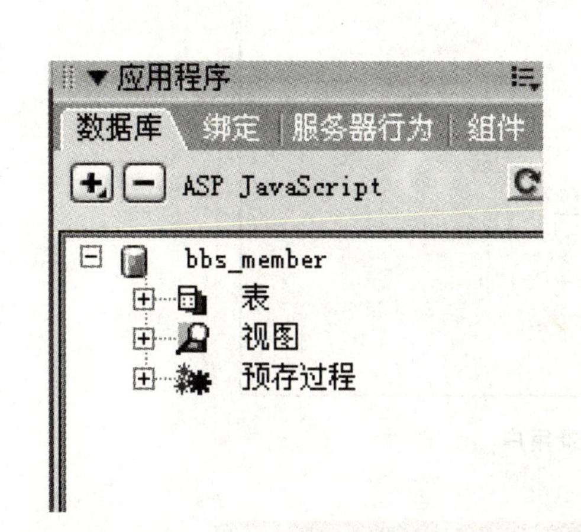

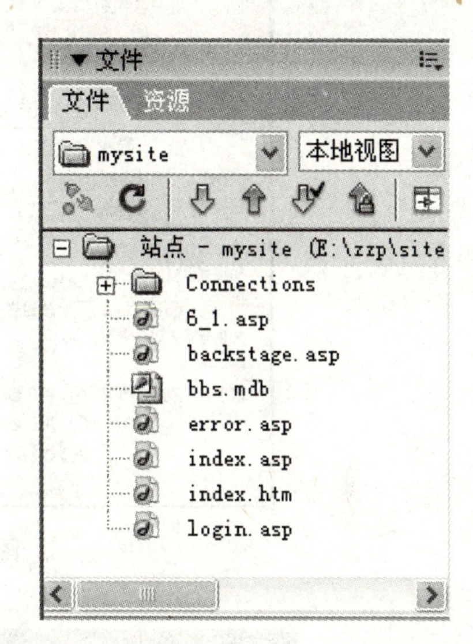

图 7.16　数据库连接成功

7.2.3　数据库的访问

ADO(ActiveX Data Objects)是一组访问数据库的专用模块，在服务器端执行，通过 ADO 可以实现动态服务器页面 ASP 对数据库的访问。在 Dreamweaver 8.0 开发环境中，开发人员只需做适当设置，就可以实现如“用户身份验证”、“将信息提交到数据库”以及“显示数据库中信息”等功能。

【例 7.4】　为登录网页 login.asp 实现用户身份的验证功能

① 验证登录页面 login.asp 中输入的“用户名”和“密码”与数据库 bbs.mdb 中数据表 member 中某条记录的字段 user 和字段 password 值是否相等，如果相等，转向留言页面 index.asp，如果不等，则显示登录失败信息，重新登录。执行“窗口”→“服务器行为”菜单命令，打开“服务器行为”面板，单击按钮＋，选择“用户身份验证”菜单下的子菜单“登录用户”，弹出“登录用户”对话框，如图 7.17 所示。“登录用户”对话框中，“从表单获取输入”部分选择登录页面 login.asp 中的两个文本域“用户名字段”和“密码字段”，分别是 user、password。“使用连接验证”、“表格”、“用户名列”及“密码列”的选择如图 7.17 所示。登录页面如图 7.18 所示。如果登录成功，转到留言页面 index.asp；如果登录失败，转到登录失败页面 error.asp，并给出提示信息，如图 7.19 所示。

② 测试登录页面 login.asp。打开浏览器，在地址栏中输入地址：http://localhost/myweb/login.asp，可以打开登录页面，如图 7.18 所示。在登录页面的“用户名”和“密码”文本框中输入信息，如果正确，转到如图 7.20 所示的公告板留言页面。

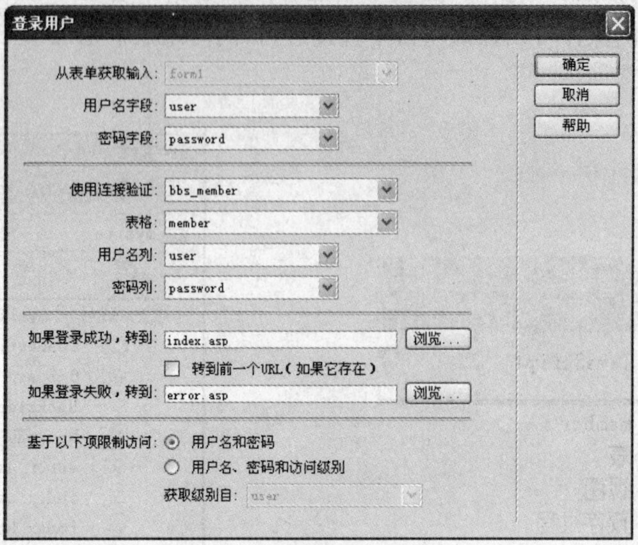
登录用户
从表单获取输入：form1
用户名字段：user
密码字段：password
使用连接验证：bbs_member
表格：member
用户名列：user
密码列：password
如果登录成功，转到：index.asp
浏览...
转到前一个URL（如果它存在）
如果登录失败，转到：error.asp
浏览...
基于以下项限制访问：
用户名和密码
用户名、密码和访问级别
获取级别自：user
确定
取消
帮助

图 7.17　登录用户

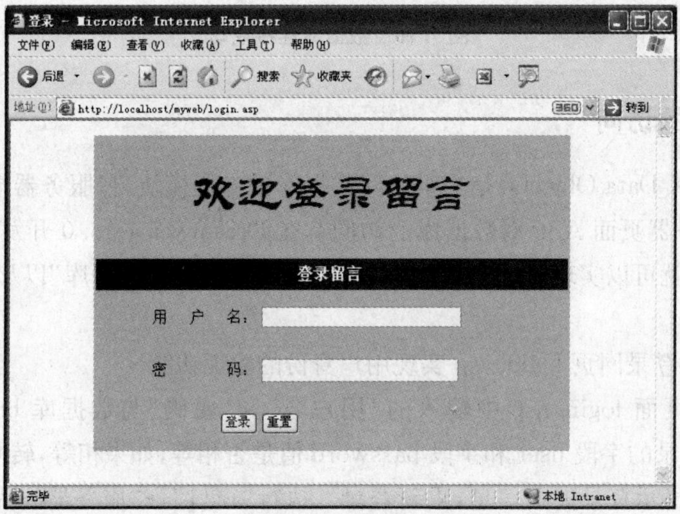
登录 - Microsoft Internet Explorer
文件(F)　编辑(E)　查看(V)　收藏(A)　工具(T)　帮助(H)
后退　搜索　收藏夹
地址(D)　http://localhost/myweb/login.asp
转到
欢迎登录留言
登录留言
用　户　名：
密　　　码：
登录　重置
完毕
本地 Intranet

图 7.18　登录页面

Microsoft Internet Explorer
用户名或密码不能为空，请返回！
确定

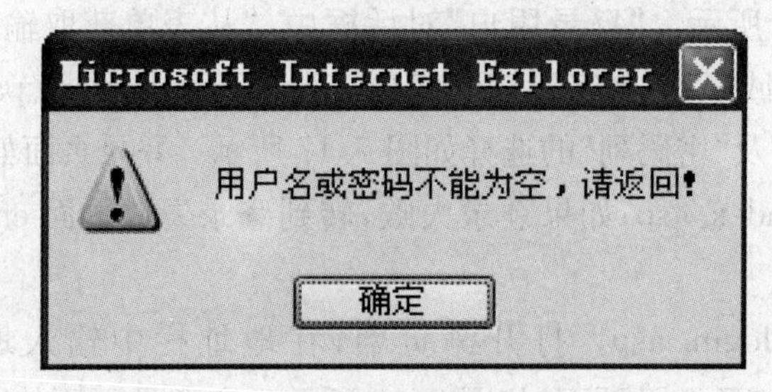

图 7.19　登录失败

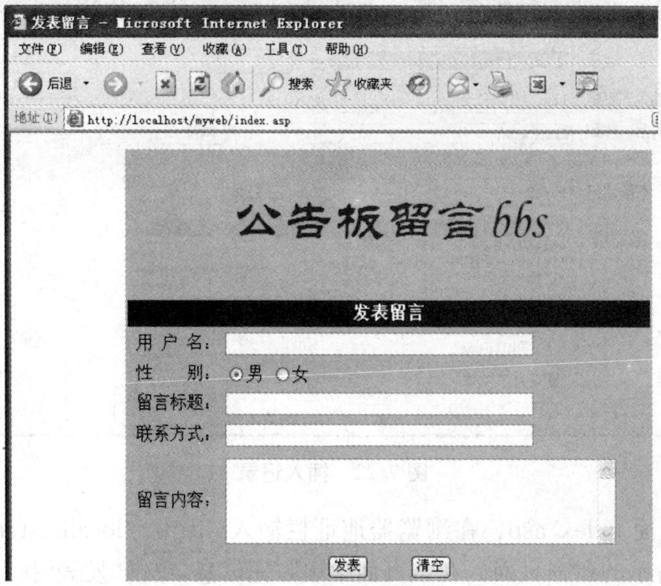

图 7.20　留言页面

【例 7.5】　将留言页面 index. asp 中输入的信息提交到数据库 bbs. mdb 中的 bbs 数据表中

① 在 Dreamweaver 8.0 中建立留言页面 index. asp 与 ODBC 数据源 bbs_odbc 之间的连接。打开留言页面 index. asp，执行“窗口”→“数据库”菜单命令，打开“数据库面板”。单击按钮 +，在弹出的下拉菜单中选择“数据源名称”选项，在弹出的“数据源名称(DSN)”窗口的“连接名称”文本框中输入 bbs_bbs(连接到数据库 bbs. mdb 中的数据表 bbs)。在“数据源名称”下拉列表中选择在 ODBC 中创建的数据源 bbs_odbc，其他项使用默认值。单击“测试”按钮，测试连接是否成功，如图 7.21 所示，单击“确定”按钮完成连接过程。

图 7.21　测试连接

② 为表单添加服务器行为。执行“窗口”→“服务器行为”菜单命令，打开“服务器行为”面板。用光标选中状态栏中的〈form＃form1〉，单击“服务器行为”面板中的按钮 +，选择“插入记录”行为，在弹出的“插入记录”对话框中，设置“连接”、“插入到表格”、“插入后，转到”、“获取值自”以及“表单元素”中的各项的值。具体设置如图 7.22 所示。

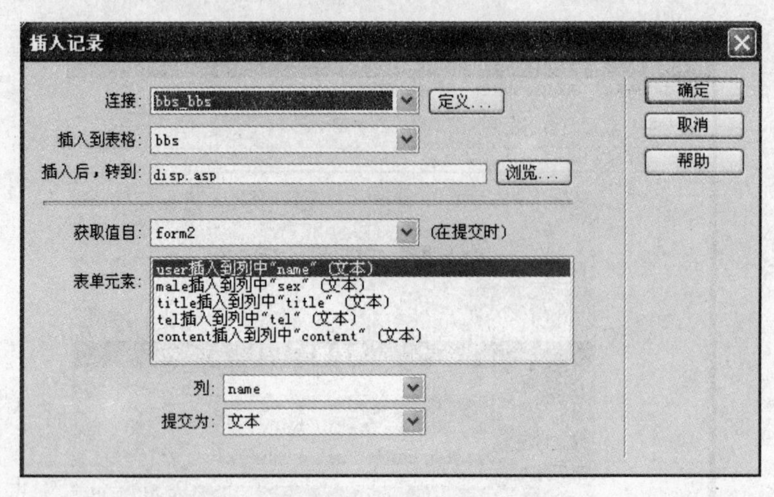

图 7.22 插入记录

③ 测试留言页面 index.asp。在浏览器地址栏输入：http://localhost/myweb/index.asp，将打开如图 7.20 所示的留言页面。在该页面中填写完信息，单击“发表”按钮，页面中输入的信息将提交到数据表 bbs 中。

【例 7.6】 在显示页面 disp.asp 中显示数据表 bbs 中存储的全部留言信息

① 在 Dreamweaver 8.0 中，建立显示页面 disp.asp 与 ODBC 数据源 bbs_odbc 之间的连接(连接到数据库 bbs.mdb 的数据表 bbs)。

② 在显示页面 disp.asp 中绑定满足检索条件的记录集。执行菜单命令“窗口”→“绑定”，弹出“绑定”面板。单击按钮 ，选择“记录集(查询)”子菜单项，弹出“记录集”对话框，如图 7.23 所示。单击“简单”按钮，按照图 7.24 所示的“记录集”对话框进行设置。单击“确定”按钮，“绑定”面板和“服务器行为”面板都增加了记录集 Recordset1。

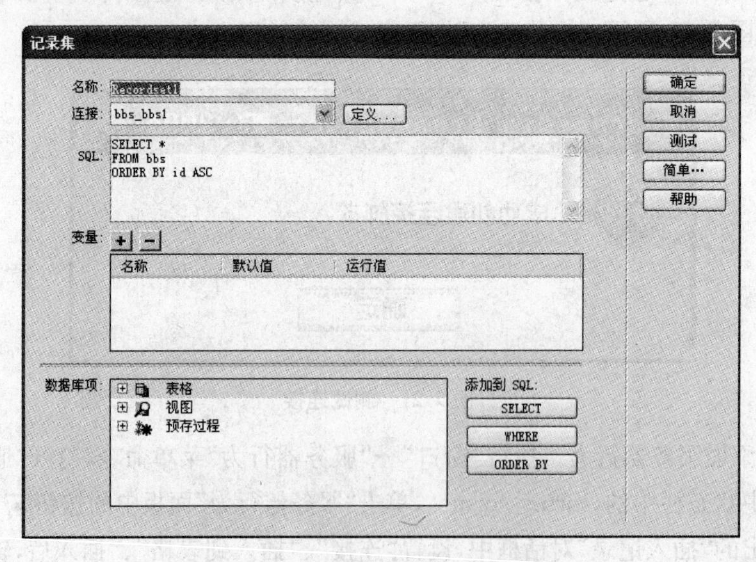

图 7.23 “记录集”对话框高级界面

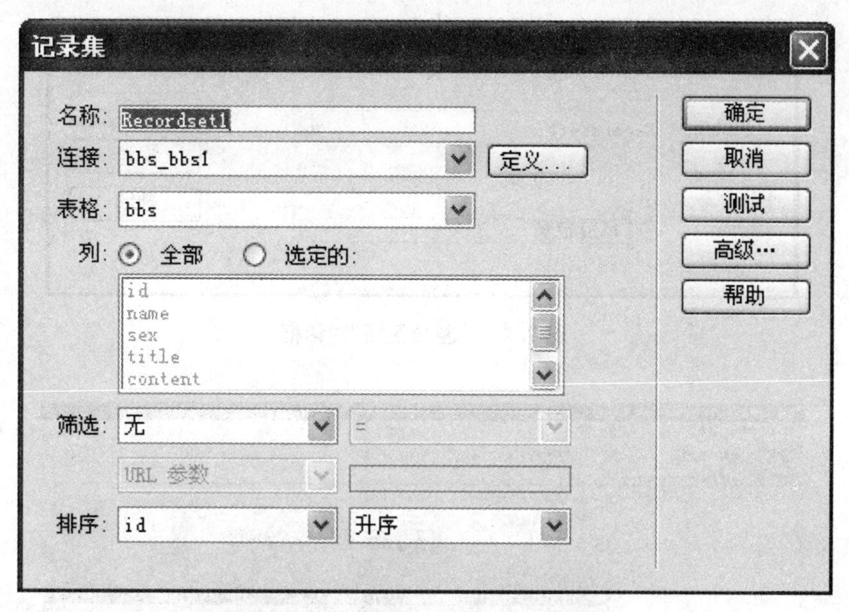

图 7.24　“记录集”对话框简单界面

③ 将显示页面 disp. asp 中的表单对象绑定到记录集。将“绑定”面板记录集 Recordset1 下的记录 id 用鼠标拖动到“设计”窗口“编号 id”字段下方的单元格中，拖动完毕，单元格中出现“{Recordset1. id}”。采用上述方法，将记录集 Recordset1 中其他选项分别拖动到“设计”面板中相应的单元格中，如图 7.25 所示。选中表格中第一条记录所在的行，在“服务器行为”面板中，单击按钮 + ，选择“重复区域”行为，弹出“重复区域”对话框，如图 7.26 所示。“记录集”选项选择 Recordset1，“显示”选项选择“所有记录”。

显示留言信息

编号id	重复名	性别	留言标题	联系方式	留言内容
{Recordset1. id}	{Recordset1. name}	{Recordset1. sex}	{Recordset1. title}	{Recordset1. tel}	{Recordset1. content}

图 7.25　“设计”窗口

④ 测试显示页面。在浏览器地址栏中输入地址：http://localhost/myweb/disp. asp，数据库 bbs. mdb 中数据表 bbs 中的全部记录显示出来，测试结果如图 7.27 所示。

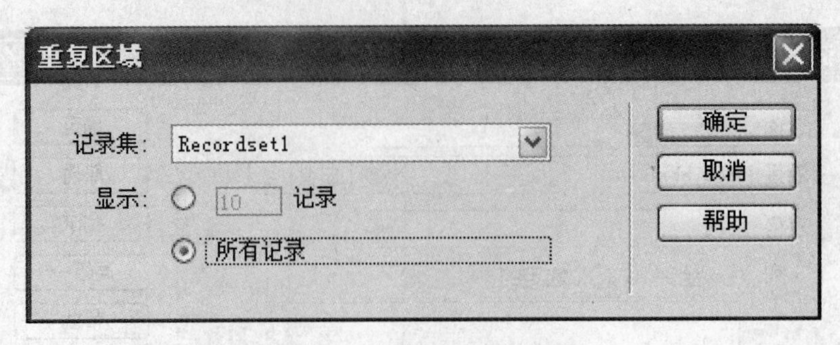

图 7.26 “重复区域”对话框

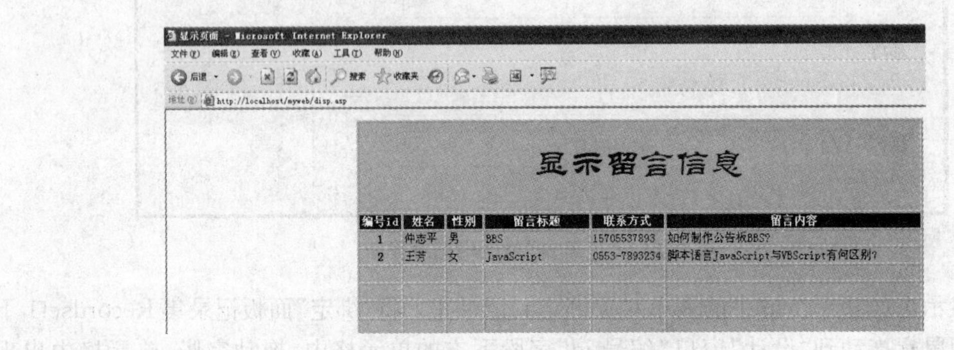

图 7.27 显示页面测试

综合练习题

上机操作题

1. 如何实现活动服务器页面与数据库的连接?
2. 如何实现登录用户身份验证?
3. 如何实现向数据库中提交表单信息?

第 8 章　网站建设概述

本章主要介绍有关网站建设的基本知识，包括建设流程、网站的规划、前期搜集加工素材等准备工作、创建网站、网站首页的设计与制作、制作二级栏目网页和内容网页、网站的测试与上传、网站的推广宣传与维护更新。

8.1　网站建设的流程

典型的 Web 开发工作流程包括以下几个阶段：

① 规划站点。

② 设置开发环境。

③ 规划页面设计和布局。

④ 网站素材的准备。

⑤ 网站的组合、测试和上传。

⑥ 网站的宣传和推广。

⑦ 网站的更新和维护。

8.2　网站的规划

在建设网站之前，要从确定网站主题、确定网站风格、构思网站栏目结构、规划网站目录结构和链接结构四个方面进行规划。

8.2.1　确定网站主题

每个网站都应该具有一个明确的主题，不同的网站其主题有所不同。在开始设计网站之前，要确定好网站的主题。在目标明确的基础上，完成网站的构思创意即总体设计方案。对网站的整体风格和特色作出定位，规划网站的组织结构。站点应针对所服务对象（机构或人）的不同而具有不同的形式。有些站点只提供简洁文本信息；有些则采用多媒体表现手法，提供华丽的图像、闪烁的灯光、复杂的页面布置，甚至可以下载声音和录像片段。好的 Web 站点把图形表现手法和有效的组织与通信结合起来，做到主题鲜明突出，要点明确，以简单明确的语言和画面体现站点的主题，调动一切手段充分表现网站点的个性和情趣，办出网站的特点。网站的主题没有定则，只要是感兴趣的任何内容都可以，但主题要鲜明，主题范围内容要做到大而全、精而深。

对于个人网站，网站主题不能像综合网站那样做得内容大而全，包罗万象，而应该找准一个自己最感兴趣内容，做深、做透，表现自己的特色，这样才能给浏览者留下深刻的印象。

对于商业网站，要明确建立网站的目标和用户需求，站点的设计是展现企业形象、介绍产品和服务、体现企业发展战略的重要途径，因此必须明确设计站点的目的和用户需求，从而做出切实可行的设计计划，根据消费者的需求、市场的状况、企业自身的情况等进行综合分析，以消费者为中心，而不是以美术为中心进行设计规划。在设计规划时要考虑：建设网站的目的是什么？为谁提供产品和服务？企业能提供什么样的产品和服务？网站的目的消费者和受众的特点是什么？企业产品和服务适合什么样的表现方式（风格）？Web 站点主页应具备的基本成分包括：① 页头，准确无误地标识站点和企业标志。② E-mail 地址，用来接收用户垂询。③ 联系信息，如普通邮件地址或电话。④ 版权信息，声明版权所有者等。

对于学习类网站，如用于介绍网页设计与制作的学习网站，则主要介绍网页制作的基础知识、网站建立的基础知识、网页制作的技巧、网页特效的制作方法、网络编程语言、动画制作方法、图像处理方法等内容，同时为读者提供大量的网页制作素材、学习网页设计和编程的视频教程，解决学习网页设计与制作过程中遇到的问题。所以该网站的主题是“提供制作素材，解决学习问题，指导网页制作”。

8.2.2 确定网站风格

站点主题确定好后，就要根据该主题选择站点的风格。一般注意问题包括：

① 设计风格要大众化，为提高浏览速度，尽量减少图片的使用，更多地使用表格实现效果。

② 背景颜色以灰色和白色为主，黄色为辅，文字颜色以黑色为主，蓝色和红色为辅。

③ 文字内容丰富、知识性强，标题简洁明了，字体一般采用宋体，大小一般为 12 像素。

④ 首页的版式结构采用典型的“国”字型结构，二级栏目网页采用“顶部和嵌套的左侧框架”结构以及简单的“左右型”结构。

8.2.3 构思网站栏目结构

根据网站主题，绘制网站的栏目结构草图，经过反复推敲，最后确定完整的栏目和内容的层次结构。

为了简化对网站的浏览过程，大部分网页通过二级栏目就能浏览内容页面。三级栏目及内容页面用数字标识其所属子类，例如网页的第一个内容页面，文件名为：wyjs_02_01.htm，“02”代表所属的子类，这一层次的网页与首页中的子菜单对应，“01”代表第一个内容页面的序号。

8.2.4 规划网站目录结构和链接结构

根据网站策划确定的栏目结构，创建站点目录，一个网站的目录结构要求层次清晰、井然有序，首页、栏目页、内容页区分明确，有利于日后的修改。例如某网站的目录结构，各文件夹所存放文件类型如表 8.1 所示。

表 8.1　网站的目录结构及其存放的主要文件类型

文件夹名称	存放的文件类型
music	音乐、音频文件
image	图像文件、照片
dmt	动画文件、视频文件、Flash 等多媒体材料
text	文字素材
css	样式表文件
js	外部脚本文件
library	库文件
templates	网页模板文件
other	其他类型的文件

文件夹和文件的名称建议不要使用中文名，因为中文名在 HTML 文档中容易生成乱码，导致链接产生错误。

网站的链接结构与目录结构不同，网站的目录结构指站点的文件存放结构，一般只有设计人员可以直接看到，而网站的链接结构指网站通过页面之间的联系表现的结构，浏览者浏览网站能够观察到这种结构。例如"网状"链接结构，如图 8.1 所示。

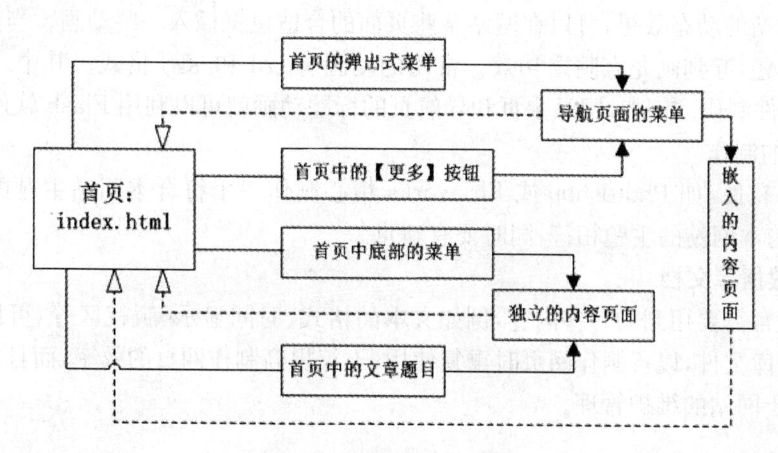

图 8.1　网站的链接结构

8.3　前期准备工作

8.3.1　选择合适的制作工具

要制作一个完整漂亮的网站，需要使用一些软件，其中包括制作网页的软件和一些辅助工具软件。一款功能强大、使用简单的软件往往可以起到事半功倍的效果。目前大多数选用的网页制作工具都是“所见即所得”的编辑工具，这其中的优秀者当然是 Dreamweaver 和 FrontPage。除此之外，还有图片编辑工具，如 Photoshop、Photoimpact 等；动画制作工具，如 Flash、Cool3d、GifAnimat 等；还有网页特效工具，如有声有色等，可以根据需要灵活运用。

网站的设计与制作，不仅需要熟悉相应制作软件工具的使用，而且还要根据网站的栏目、内容设计，链接结构设计，首页的布局结构，几个主要导航页面的布局结构，准备所需素材。所需材料既可以从图书、报纸、光盘、多媒体上得来，也可以从互联网上搜集，然后把搜集的材料去粗取精，围绕主题加工处理后才可作为做网站的素材。

8.3.2 素材的收集与加工

1. 文本的准备

准备大量网页中所需的文字资料，可以从各类网站、各种书籍中搜集文字资料，然后制作成 word 文档或文本文件，注意各种文字资料的文件名命名要科学合理，避免日后找不到所需的文本内容。

2. 加工处理图片及按钮

根据需要，从事先收集的图片库中挑选合适的图片和按钮，或自己动手利用图像处理软件制作一些图片、按钮。常用的图片格式有.jpg，.gif 格式，注意图片文件要尽可能小，尽量不用位图格式的图片。

3. 准备动画材料

为增强网站的动态效果，可以在网站某些页面的合适位置插入一些动画。当然所用的动画最好能突出主题，起到画龙点睛之功效。常用的动画有.gif 和.swf 格式。其中.swf 动画一般利用 Flash 软件制作。例如，网站主页和导航页的标题动画就可以利用 Flash 软件制作。

4. Logo 的制作

利用绘图软件，如 Photoshop 或 Fireworks 精心制作一个符合本网站主题的 Logo 标志。Logo 不仅要与本网站的主题相符，同时要有新意。

5. 建立数据库文档

网页中经常需要用到的一些内容，例如文本的格式、时间显示、版权区等，可以事先设置好层叠样式表等库文件，以备制作网页时重复使用，不仅提高制作网页的效率，而且使网页代码简洁有条理，便于网站的维护管理。

8.4 创建网站

8.4.1 创建本地站点

在开始着手设计网页之前，首先要定义站点。因为网页只是网站的一个组成部分，所有设计的网页和相关文件都要放置于站点之中。定义站点的好处在于，定义站点以后的所有操作都是在站点统一监控之下进行。如果使用了外部文件，Dreamweaver 就会自动检测并予以提示，询问是否将外部文件复制到站点内，以保持站点的完整性。如果某个文件夹或文件重新命名了，系统会自动更新所有的链接，以保证原有的链接关系的正确性。

创建站点之前，要求先建立一个文件夹，以便创建站点时为站点指定存储位置。例如，在Windows操作系统中，打开“资源管理器”，创建一个名为“会议网站”的文件夹。

创建站点的详细介绍请参见3.2节创建新站点的内容。此处只作简要说明，与第3章中的步骤有所区别。假设事先已申请了主页空间，定义站点的操作步骤如下：

① 在Dreamweaver 8.0主窗口中，单击菜单“站点”→“新建站点”，弹出站点定义对话框。在该对话框中先输入站点的名称，然后输入网址，接着单击“下一步”按钮，进入到下一步操作。

② 选择“否，我不想使用服务器技术”单选按钮，然后单击“下一步”按钮，进入到下一步操作。

③ 选择“编辑我的计算机上的本地副本，完成后再上传到服务器(推荐)”单选按钮，接着在下面的文本框中输入站点文件在本地计算机上的存放位置，也可以选择存储位置，然后单击“下一步”按钮，进入到下一步操作。

④ 选择连接到远程服务器的方式为“FTP”，然后分别输入Web服务器的主机名、在服务器上文件的存储位置、FTP用户名、FTP密码等参数。然后单击“下一步”按钮。

⑤ 选择“否，不启用存回和取出”单选按钮。接着单击“下一步”按钮，此时会显示所定义的站点信息。如果发现有误可以单击“上一步”按钮，返回到上一步操作的对话框中重新修改。如果站点定义信息符合要求，可以单击“完成”按钮，完成站点的定义。此时会自动显示“文件”面板，并且会自动切换到新创建的网站。

8.4.2 网站目录结构的搭建

创建站点后，在“文件”面板中切换到新创建的站点，然后利用快捷菜单创建文件夹及子文件夹，本网站的目录结构如图8.2所示。

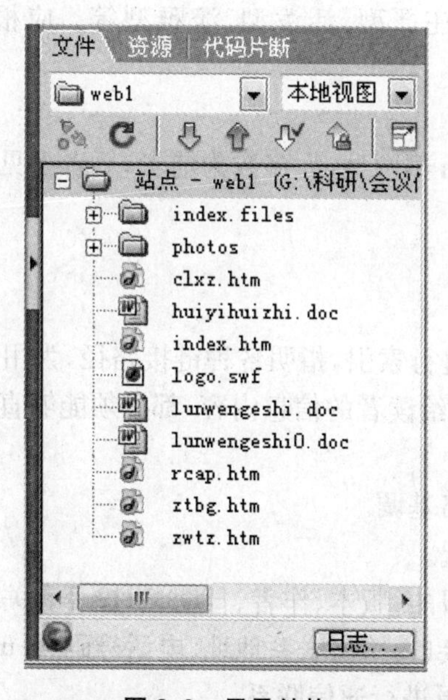

图8.2　目录结构

8.5 网站首页的设计与制作

制作网页一定要按照先大后小、先简单后复杂来进行制作。所谓先大后小，就是说在构建网站时，先把大的结构设计好，然后再逐步完善小的结构设计；所谓先简单后复杂，就是先设计出简单的内容，然后再设计复杂的内容，以便出现问题时好修改。做网站时要多灵活运用模板，这样可以大大提高制作效率。

8.5.1 网站首页

网站的首页的制作非常重要，首页（HomePage，主页，起始页）是 WWW 站点上查找信息资源的起点。当与任何一个 WWW 服务器连接上时，首先显示出来的便是该网站上的主页。网站的首页只有一个，因此可以不预先制作模板。首先在网站根目录下创建主页，并保存为 index. htm，在设计视图状态下，打开 index. htm，开始对首页进行布局设计。

8.5.2 首页类型

(1) 按照首页呈现的信息量划分

可分为简略型、详细型和中间型。门户网站或新闻类网站多为详细型，首页呈现大量的信息内容、广告等；个人网站和少数公司采用简略型，首页往往仅呈现包括网站名在内的已经形成整体的单幅图像，或几个重要模块的入口；国内各高校网站多数为介于二者之间的中间型，首页有通往各模块和栏目的链接和少数重要新闻、信息。

(2) 按照页面风格划分

可有古典型、前卫型以及庄严型、活泼型、淡雅型等。应根据首页风格选择合适的色彩基调。

(3) 按照技术手段划分

目前有 HTML 型和 Flash 型两种，大多数为前者，后者多见于设计型网站和个人主页。

8.5.3 首页的基本作用

首页的基本作用有：

① 对该站点的信息资源进行索引，指明各种链接路径，为用户访问这些资源提供迅速有效的浏览途径。网站上所有提供给读者的信息内容，都必须能够直接或间接通过首页上的超级链接得到展现。

② 确立本网站的页面风格基调。

③ 介绍该网站的基本情况。

④ 说明信息资源的编制目的、版本、作者、日期、版权等有关信息。

⑤ 为用户提供交互访问接口，给出联系地址、电话号码、E-mail 地址，让用户在浏览时只要点击鼠标，就能与站点有关人员进行通信联系。

⑥ 商业 WWW 站点的主页还常常将订单放在主页显眼处。浏览者只要将订货的品种和

数量填入适当的地方,就可将订单发回站点,极大地方便用户,扩大销售途径,从而获取更大的商业利益。

⑦ 各个公司对自己的客户进行登记或者意见调查,也可通过主页的交互访问进行。用户只需在访问主页时,填写给出的表格,点击鼠标,就将信息发出,既方便快捷,也准确可信。

⑧ 可对访问站点的用户自动计数,统计出访问的用户人数。

8.5.4 编制首页的基本原则

编制首页的基本原则包括:

① 编制首页的超文本文档的组织结构应清晰,条理分明,重点突出,可读性强,尽可能吸引用户的注意力。

② 说明文字应简明扼要,切中要害,每项内容介绍尽可能简单明确。文件过长,用户会失去读完的耐心。

③ 显示界面应简洁,模块、栏目分类明确,一目了然,便于用户迅速找到所需信息。

④ 各种文档资料的组织形式和风格要保持基本一致。如文件头,图标位置,内容介绍,操作提示等均尽可能统一,使用户能轻易地发现和了解组织形式和风格,加深对信息的印象,增加对网站继续浏览的兴趣。

⑤ 注意链接路径的正确性和易操作性。不允许因链接错误导致浏览失败,这样会降低用户浏览的耐心和兴趣。

⑥ 图像、声音等多媒体信息,虽然能使信息丰富多彩,但也不可过多过滥。

8.6 制作二级栏目网页和内容网页

8.6.1 制作模板

由于网站的二级栏目页和内容页存在大量布局结构相同的页面,它们只是具体的内容不同,为了统一外观、提高制作效率,这些页面基于模板文件创建。

开始批量制作网页之前应先根据网站所规划的不同模块或栏目分别制作出相应的网页模板。模板将网页的内容分为固定区域和可编辑区域。在多个页面中共同具有的网页元素安排在固定区域中,这些元素通常包括网站的 Logo、Banner、主题链接、网站版权注释等内容。固定区域还包括整个页面的版面布局、颜色搭配等。可编辑区域通常安排的是网页正文、资料来源等内容。

通过应用模板,可以使一组网页形成相同的页面布局和风格。因为在应用模板编辑网页时,只有可编辑区域的内容是可以改变的,固定区域的内容不能修改。通过修改网页模板,可以迅速实现一组网页乃至整个网站的页面风格的变化。这样能极大提高网页编辑的效率。

创建基于表格和层的模板的步骤如下:

① 新建一个网页文件。

② 插入一个 2 行 2 列的表格,且将第一行的两个单元格合并。

③ 在第二行左边的单元格插入一个 20 行 2 列的嵌套表格，该表格最后一行的两个单元格合并，且输入文字“返回首页”。在嵌套表格前 19 行左边的单元格插入特殊字符“☆”。

④ 为文字“返回首页”设置超链接。选中文字“返回首页”，在“链接”文本框中输入“index. htm”，在“目标”下拉列表框中选择“_parent”。

⑤ 在第二行右边的单元格绘制一个层，该层的宽度为 558px，高度为 658px。

⑥ 在 Dreamweaver 8.0 主窗口中，单击菜单“文件”→“另存为模板”，弹出“另存为”对话框。在该对话框中，选择站点“会议网站”，输入模板的名称：hywz. dwt，然后单击“保存”按钮，将当前文档保存为模板文档。

⑦ 定义可编辑区域。将页面文档保存为模板后，还需要在模板中定义可编辑区域，如果不在模板中定义可编辑区域，则基于该模板创建的网页文档都是不可编辑的。选中页面中 2 行 2 列表格中第一行，单击菜单“插入”→“模板对象”→“可编辑区域”，将会弹出“新建可编辑区域”对话框，输入可编辑区域的名称：EditReg3，然后单击“确定”按钮，完成可编辑区域的创建。按照同样的操作方法将层和嵌套表格都设置为可编辑区域，名称分别为 EditReg4、EditReg5。单击标准工具栏中的“全部保存”按钮，保存设置好的模板文档。

8.6.2 设计版面布局

版面指的是浏览器看到的完整的一个页面（可以包含框架和层）。因为显示器分辨率不同，一个页面的大小可能出现 640×480、800×600、1024×768 等不同尺寸。

设计网页的第一步是设计版面布局。布局就是以最适合浏览的方式将图片和文字排放在页面的不同位置。设计版面布局的步骤如下：

1. 草案

新建页面就像一张白纸，没有任何表格、框架和约定俗成的东西。可以不讲究细腻工整，不必考虑细节功能，只以粗陋的线条勾画出创意的轮廓即可。尽可能多画几张选定一个满意的作为继续创作的脚本。

2. 粗略布局

在草案的基础上，将所确定需要放置的功能模块（如网站标志、主菜单、新闻、搜索、友情链接、广告条、邮件列表、计数器、版权信息等）安排到页面上。这里必须遵循突出重点、平衡协调的原则，将网站标志、主菜单等最重要的模块放在最显眼、最突出的位置，然后再考虑次要模块的排放。

3. 定案

将粗略布局精细化、具体化。在布局过程中，可以遵循以下原则：

① 正常平衡亦称“匀称”，多指左右、上下对照形式，主要强调秩序，能达到安定、诚实、信赖的效果。

② 异常平衡即非对照形式，但也要平衡和韵律，当然都是不均整的，此种布局能达到强调性、信赖的效果。

③ 对比。所谓对比，不仅利用色彩、色调等技巧来表现，在内容上也可涉及古与今、新与旧、贫与富等对比。

④ 凝视。所谓凝视是利用页面中人物视线，使浏览者仿照跟随的心理，以达到注视页面的

效果,一般多用明星凝视状。

⑤ 空白。空白有两种作用,一方面对其他网站表示出突出卓越,另一方面也表示网页品位的优越感,这种表现方法对体现网页的格调十分有效。

⑥ 尽量用图片解说。图片解说的内容,可以传达给浏览者更多的心理因素。

还有其他的一些注意事项,如:网页的白色背景太虚,则可以加些色块;版面零散,可以用线条和行号串联;左面文字过多,右面则可以插一张图片保持平衡。

8.6.3　常见版面布局

1. "T"结构布局

所谓"T"结构,就是指页面顶部为横条网站标志和广告条,下方左面为主菜单,右面显示内容的布局。因为菜单条背景较深,整体效果类似英文字母"T",所以称之为"T"形布局。这是网页设计中用的最广泛的一种布局方式。

这种布局的优点是页面结构清晰,主次分明,是初学者最容易上手的布局方法;缺点是规矩呆板,如果细节色彩上不注意,很容易让人"看之无味"。

2. "口"型布局

这是一个形象的说法,就是页面一般上下各有一个广告条,左面是主菜单,右面放友情链接等,中间是主要内容。

这种布局的优点是充分利用版面,信息量大;缺点是页面拥挤,不够灵活。也有将四边空出,只用中间的窗口型设计,例如网易壁纸站。

3. "三"型布局

这种布局多用于国外网站,国内用的不多。特点是页面上横向三条色块,将页面整体分割为四部分,色块中大多放广告条。

4. 对称对比布局

顾名思义,采取左右或者上下对称的布局,一半深色,一半浅色,一般用于设计型网站。优点是视觉冲击力强,缺点是将两部分有机的结合比较困难。

5. POP 布局

POP 引自广告术语,指页面布局像一张宣传海报,以一张精美图片作为页面的设计中心。常用于时尚类网站,比如 ELLE. com。优点显而易见,漂亮吸引人;缺点就是速度慢。作为版面布局还是值得借鉴的。

8.6.4　批量生成静态网页

1. 制作各栏目的导航页

导航页是首页向正文页面的过渡,是沟通二者的桥梁。制作导航页的依据是网站模块和栏目规划、数字化网站资料的索引文件。各栏目导航页可以遵从该栏目的模板,也可以为所有导航页建立统一模板。

应根据不同模块和栏目赋予网站特定的网页文件目录组织结构,不可将所有内容都放在网站根目录中。

2. 根据模板批量生成静态网页

展现网站实质性内容和信息的页面称为正文页。由于正文页的数量庞大,因此需要采用模板文件。例如：

① 需要将图稿形式的网页模板制作成为网页编辑工具的网页模板。

② 在模板文件中设定固定区域和可编辑区域。

③ 将采集整理好的内容文件保存为 HTML 格式，并应用制作好的模板文件。

④ 对正文内容中的图像等特殊部件进行处理。

⑤ 在浏览器中预览网页，直到满意为止，否则应修改模板或具体网页。

3. 制作网站地图

网站地图(SiteMap)在某种程度上和首页相似，它能够展现整个站点的组织结构和提供比首页更详尽的超级链接。通过网站地图，读者能迅速找到所需要的信息资源。对于首页信息量较少的简略型网站而言，网站地图显得尤其重要。进入网站地图的链接点多放在首页上。编制网站地图页面时，应以文字链接为主，尽量避免使用图像，以期得到较快的访问速度。

8.7 网站的测试与上传

8.7.1 测试网站

通过超链接功能，将各个独立的页面进行组合，组合成一个完整的 Web 网站，然后，就可以通过一定方式进行测试。一个网站包含很多链接，可能会出现链接错误或断链现象，在发布站点前有必要检查整个站点的链接，以避免站点发布之后出现无效链接情形。利用 Dreamweaver 8.0 提供的“检查链接”可以检查网站中是否存在断链、孤立文件等。另外，有许多动态网页特效，例如 BBS 论坛、浏览计数、日历特效等功能，需要通过网站服务器解析后才可观察到，因此，在真正发布之前，可以将本地计算机设置成 Web 服务器进行调试。

Web 服务器设置完毕后，只要建立虚拟目录，本地站点已经可以正常工作了。将制作好的网站拷贝到相应的分区中，并将其与设置好的 Web 服务器关联起来后，就可以借助于浏览器，在地址栏中输入 http://127.0.0.1 进入本地站点，浏览网页效果。

浏览测试网页时，逐页逐个链接的进行测试，检查网站各部分的内容是否正常。检查文字、图片、链接是否有误，是否会出现乱码，网页元素定位是否准确，浏览速度和视觉效果是否满意。发现存在问题的地方，利用编辑软件进行修改。经过测试、修改、再测试、再修改，反复多次循环，直到各方面都合格方可上传发布网站。

8.7.2 发布网站

网站内容制作并检查完毕后，只有将网站发布出去，才能够让世界各地的浏览者看到。发布网站就是把网页文件上传到 Web 服务器，发布网站之前先必须申请一个主页空间，拥有网页空间的访问域名、FTP 用户名和密码。如果主页空间已成功申请，可以先与远程 Web 服务器进行连接，连接成功后，再通过单击“文件”面板上的“上传文件”按钮，往远程 Web 服务器中上传本地站点，上传成功后，就可以在浏览器中输入正确的网址访问网站了。

发布网站的方式有如下几种：

(1) 通过FTP方式发布网站

这是最常见的做法。需要提供Web服务器的IP地址、FTP方式登录服务器的用户名和密码、登录后的主目录(能借此找到网页发布目录)等信息。发布时可以使用专门的FTP工具软件,也可使用网页制作软件的FTP功能。专用FTP工具软件有WS-FTP、CuteFTP等。

(2) 通过本地/局域网发布网站

通常是将服务器上Web发布的实际目录设为根据用户名和密码访问的完全共享模式,并通过成功登录,将该目录映射成本地的一个盘符。这样,发布网站时只需将本地文件拷贝到这个盘符下的相应位置即可。

(3) 通过网页表单发布网站

这是一些个人主页提供商采用的方式。允许用户通过Web页进行个人网页管理。其网页上传机制和过程与网页电子邮件夹带附件文件的情形相似。

8.8　网站的推广宣传与维护更新

8.8.1　推广宣传

为了扩大网站的影响,增加点击率,让更多的人浏览到网页,就要不断地进行宣传,这样才能让更多的朋友认识它,提高网站的访问率和知名度。可采用下列方法来推广网站:在各大搜索引擎中注册需推广的网站;在新闻组上发布该主页;利用电子邮件群发送消息;在比较出名的ISP主页上注册;通过新闻媒体进行宣传;与相关网站作友情链接;利用留言板进行宣传;利用电子邮件发出通知;参加各种广告交换组织;使用主页注册软件;通过其他可能的方法帮助宣传。

8.8.2　维护更新

发布站点(即在服务器上部署站点并使之投入运行)是一个持续的过程。保持内容的新鲜,需要继续对站点进行更新和维护。不要一做好就不变了,只有不断地给它补充新的内容,才能够吸引住浏览者。

初步完成站点的设计建设,只是网站发挥作用的开始。为了真正发挥网站的作用,要以该站点为基础,在网上网下开展长期而有效的推广工作。

综合练习题

一、填空题

1. 主页通常命名为__________或__________。
2. 常用的网页制作工具有__________和__________。

3. 保持页面重心平衡的方式有______和______。
4. 彩色所具有的属性有______、______、______。
5. 三原色包括______、______、______。
6. HTML 标记分为______和______两种类型。
7. 在 Dreamweaver 中，页面显示视图分为：______、______、______。
8. Web 服务器主要由______和______组成。

二、选择题

1. 网页设计最核心的是______。
   A. 图像色彩　B. 软件的使用　C. 创意　D. 动态网页技术
2. Dreamweaver 属于______的网页制作工具。
   A. 标记型　B. 所见即所得　C. 编程型　D. 图像处理型
3. 站点的结构一般为______结构。
   A. 一层　B. 二层　C. 三层　D. 四层
4. 网页中动态图片格式一般为______。
   A. jpg　B. gif　C. png　D. bmp
5. Web 安全色最多支持的颜色数量是______种。
   A. 216　B. 256　C. 128　D. 64
6. 在 URL 中，最为常用的协议是______。
   A. File　B. Http　C. FTP　D. Telnet

三、简答题

1. 静态网页与动态网页有什么区别？
2. 什么是网站？什么是主页？网页的文件结构是怎样组织的？
3. 什么是 WWW 服务？
4. 常用的网页设计工具有哪些？
5. 简述域名系统结构，举例说明什么是顶层域名、二级域名和三级域名。
6. 网站推广方式有哪些？网站栏目划分的原则是什么？
7. 网站常用的版面布局形式有哪些？

四、上机操作题

1. 上网浏览各类感兴趣的网站，熟悉网址的输入方式。
2. 利用搜索引擎查找各种信息，学会利用关键词查找。尝试下载与网页设计与制作相关的软件，如绘图、制作动画等软件。

第9章　实战练习

本章安排了十几个实验，涉及网页制作的几个关键环节，通过训练，让读者掌握网页设计与制作的基本方法与技能。

实战1　制作网站首页

一、实验内容

以“江城芜湖”为主题，制作网站的首页，并设置网页属性；文本的输入和格式化；插入、编辑水平线和特殊字符；图像的插入和编辑。

二、制作步骤

1. 准备工作

在站点里新建一个名为“wuhu”的文件夹，在该文件夹里新建一个名为“img”的文件夹和名为“wuhu. htm”的文件，把所有在新网页里所要用到的图片放到“img”文件夹里。打开新网页。

2. 设置网页属性

在文档工具栏的“标题”文本框处输入标题“芜湖风光”，如图 9.1 所示。单击“属性”检查器里的页面属性按钮，设置如图 9.2 所示的外观属性和如图 9.3 所示的链接属性。

图 9.1　标题

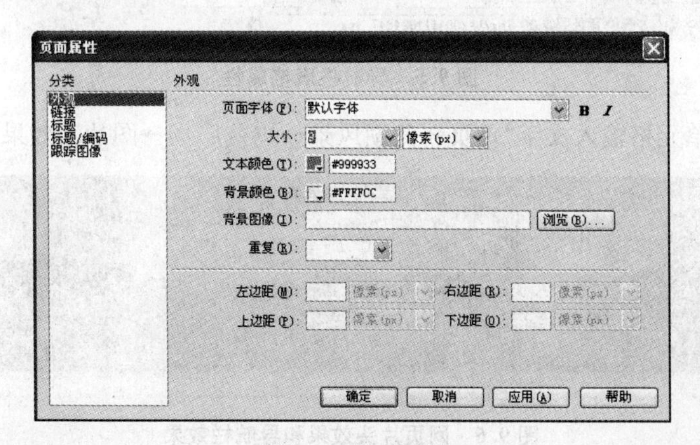

图 9.2　外观属性

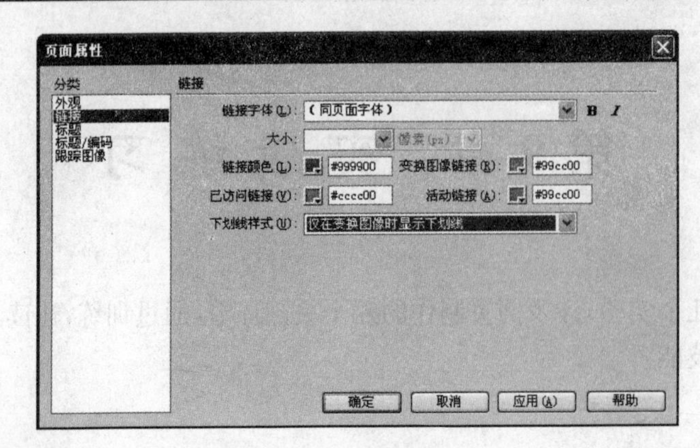

图 9.3 链接属性

3. 布局网页

(1) 制作网页片头

把光标定位在网页的顶端,选择“插入”→“表格”菜单,插入一个一行一列的表格(表格 1),选中表格 1,在“属性”检查器中设置其居中对齐,宽度为 780 像素,边框为 0,如图 9.4 所示。把光标定位在表格 1 中,选择“插入”→“图像”菜单,在跳出的“选择图像源”对话框找到“top.jpg”后插入图片,可以看到表格 1 的高度会根据图像的大小自动缩放。

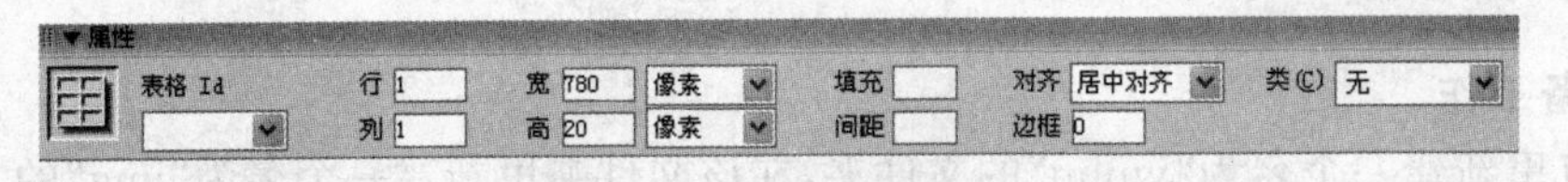

图 9.4 设置表格属性

(2) 制作网页导航栏

① 把光标定位在表格 1 下面,插入一个 1 行 3 列的表格(表格 2),设置表格 2 的属性如图 9.5 所示。把光标定位在表格 2 的左边单元格内,设置单元格宽度为 20,同样设置右边的单元格。

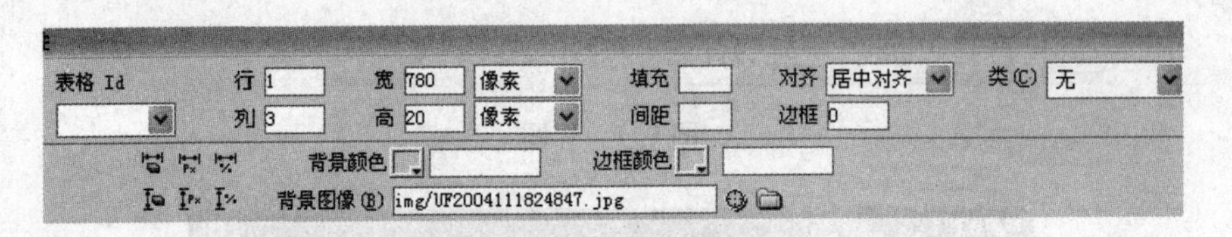

图 9.5 导航栏表格属性

② 在中间的单元格输入文字“首页→芜湖风景→鸠兹广场→图片”,效果如图 9.6 所示。

图 9.6 网页片头效果和导航栏效果

(3) 设计内容部分

① 设计表格。把光标定位在表格2下,插入一个1行1列的表格(表格3),设置表格3属性,宽度为780像素,边框粗细为1,边框的颜色为"#CCCCCC",居中对齐。

② 在表格内再插入一个9行3列的表格(表格4),设置表格4属性,宽度为780像素,边框粗细为0,居中对齐。把表格4左边和右边的列宽都设为20像素。

③ 把光标定位在表格3下面,插入一个1行1列的表格(表格5),设置表格5属性,宽度为780像素,边框粗细为0,背景颜色为"#95d152",居中对齐。

至此网页布局已基本完成,效果如图9.7所示。

图9.7 网页布局

4. 输入内容

① 设置表格4第一行的高度为40像素,单元格的对齐方式为底部对齐。直接把文件面板中的"image"文件夹里的图像拖动到表格4的第一行,并输入"芜湖风光"。

② 选择"插入"→"HTML"→"水平线"菜单,分别在表格4中的第2行、第4行、第6行、第8行插入水平线,选中水平线,设置水平线的属性,宽为100%,居中对齐,有阴影。

③ 在表格4中的各行分别输入相关的文字。

④ 在表格5中输入有关版权的信息,设置文字颜色为黑色,大小为12像素。其中特殊字符的输入可选择"插入"→"HTML"→"特殊字符"→"版权"菜单。

至此整张网页制作完成。

实战2 利用框架布局网页

一、实验内容

本实验主要介绍框架、框架集的创建和保存;设置框架集和框架的属性。

二、制作步骤

1. 准备工作

在站点里新建一个名为"kuangjia"的文件夹,在该文件夹里新建名为"image"的文件夹,把所有在新网页里所要用到的图片都放到“image”文件夹里，新建网页。

2. 布局网页

① 选择“插入”栏的“布局”选项，在下拉菜单里选择“左侧框架”，在弹出的对话框里选择“确定”，再把光标定位在右侧框架，选择“右侧框架”，在弹出的对话框里选择“确定”，效果如图 9.8所示。

② 把光标定位在图 9.9 中的框架 2 中，选择“底部框架”，在弹出的对话框里选择“确定”，再把光标定位在上部框架中，选择“顶部和嵌套的左侧框架”，在弹出的对话框里选择“确定”，效果如图 9.9 所示。

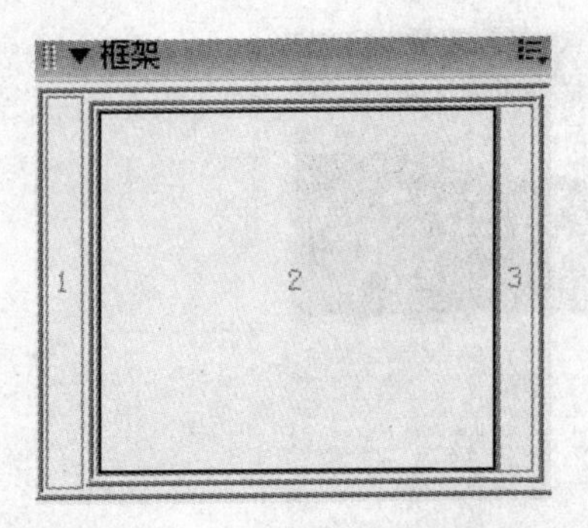

图 9.8 插入“左侧框架”和“右侧框架”的效果图

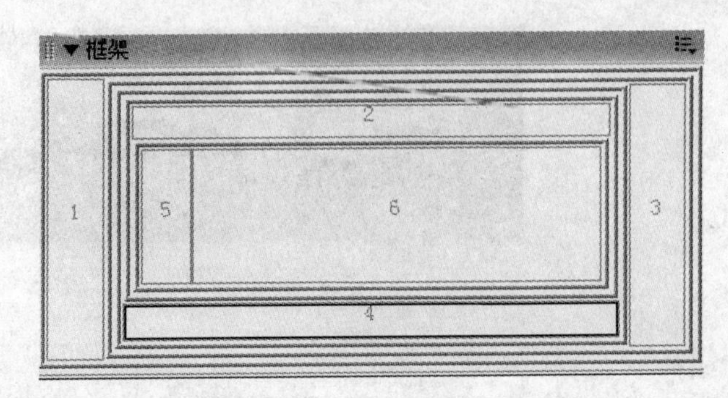

图 9.9 插入“底侧框架”和“顶部和嵌套的左侧框架”的效果图

③ 把光标定位在图 9.9 中的框架 6 中，选择“右侧框架”，在弹出的对话框里选择“确定”，框架布局后的效果如图 9.10 所示，框架面板如图 9.11 所示。图 9.10 的“1”和“3”是为了使网页打开后居中。

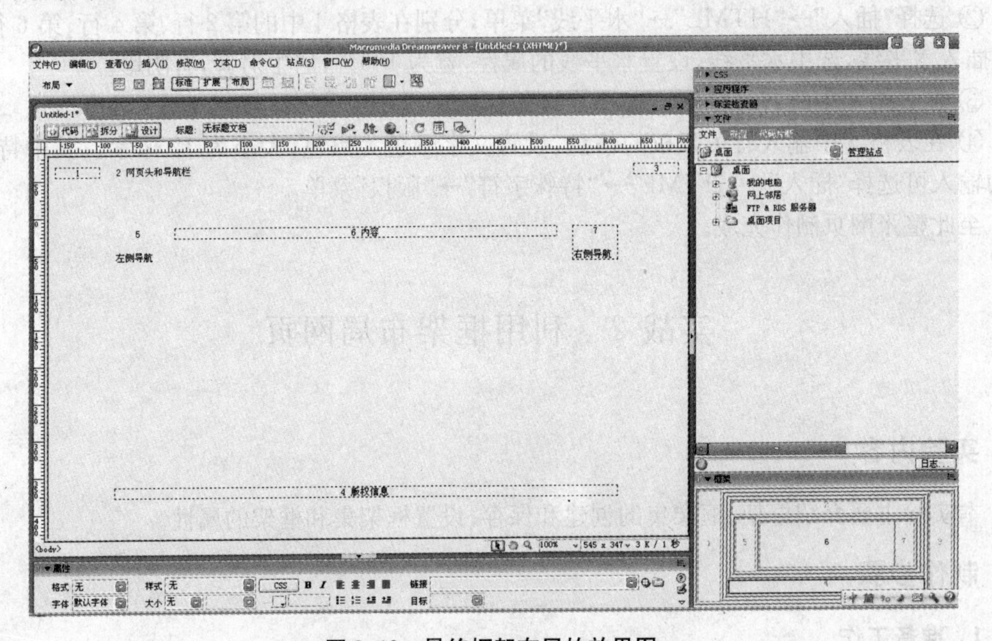

图 9.10 最终框架布局的效果图

图 9.11 框架面板

3. 保存框架集和框架

选择“文件”→“保存全部”菜单，把框架集保存为“index. htm”，图 9.11 中框架 1、2、3、4、5、6、7 分别保存成“left. htm”、“top. htm”、“right. htm”、“bottom. htm”、“leftframe1. htm”、“main. htm”、“rightframe1. htm”。

4. 添加框架内容

(1) 添加 top 框架内容

① 把光标定位在 top 框架上，设置页面属性的链接选项，如图 9.12 所示。

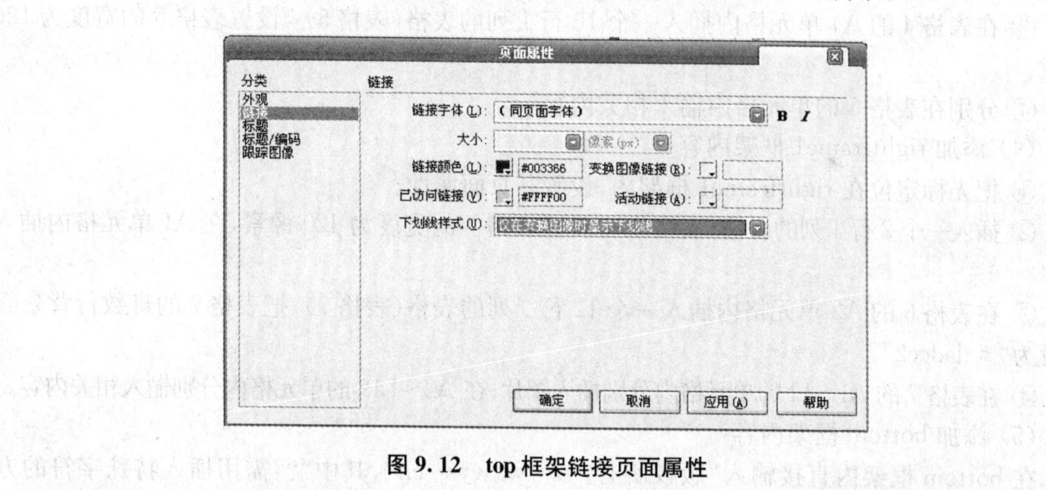

图 9.12 top 框架链接页面属性

② 插入 2 行 1 列表格(表格 1)，在第一行 B1 插入图片“topic. jpg”。效果如图 9.13 所示。

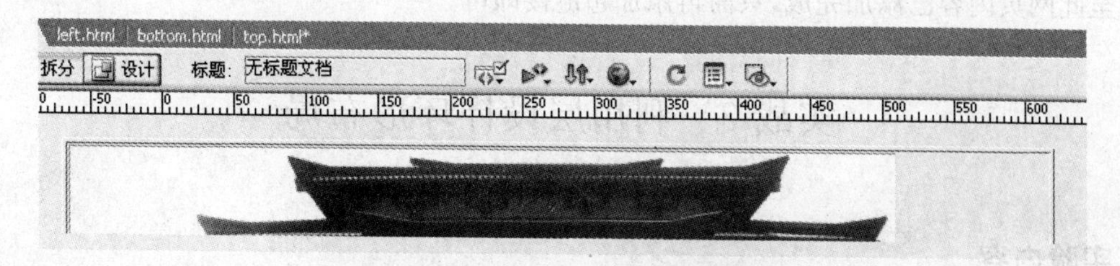

图 9.13 插入图片后的顶部框架效果

③ 把光标定位在B2,插入一个1行5列的表格(表格2),设置表格2的边框为0,间距为1,宽度为574像素。选中表格2的所有单元格,单元格背景颜色为#999999。

④ 在各单元格加入相关文字,效果如图9.14所示。

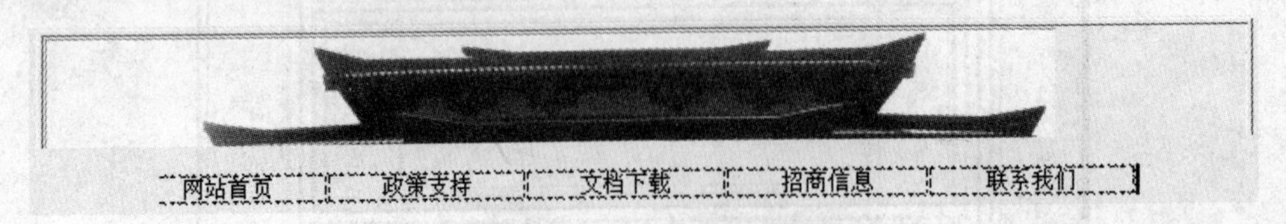

图9.14 top框架效果

(2) 添加leftframe1框架内容

① 把光标定位在leftframe1框架上,设置页面属性的链接选项。

② 插入一个8行2列表格(表格3),设置表格3属性,边框为0,间距为1,宽度为160像素。选中表格3的所有单元格,单元格背景颜色为"#CCCCCC",高为30像素。

③ 在各单元格加入相关文字。

(3) 添加main框架内容

① 把光标定位在main框架上,设置页面属性的链接选项。

② 在main框架内插入一个1行3列的表格(表格4),设置表格4属性,宽为500像素,左边单元格宽为240像素,中间单元格宽为20像素,右边单元格宽为240像素。

③ 在表格4的A1单元格内插入一个16行1列的表格(表格5),设置表格5的宽度为120像素。

④ 分别在表格5的单元格内输入相关内容。

(4) 添加rightframe1框架内容

① 把光标定位在rightframe1框架内,设置其页面属性。

② 插入一个2行1列的表格(表格6),设置表格6的宽度为120像素,在A1单元格内插入图片。

③ 在表格6的A2单元格内插入一个12行2列的表格(表格7),把表格7的奇数行背景颜色设为"#dadce2"。

④ 在表格7的A1~L1的单元格内分别插入图片;在A2~L12的单元格内分别输入相关内容。

(5) 添加bottom框架内容

在bottom框架内直接输入"版权所有? www.wysj.cn",其中"?"需用插入特殊字符的方式插入。

至此网页内容已添加完成,只需再添加超链接即可。

实战3 利用层设计环形布局

一、实验内容

本例介绍插入层和嵌套层,设置层的背景和大小,合理设置层的位置使文字成环形布局,给层里的文字添加超链接。最终效果如图 9.15 所示。

图 9.15　“彩色师大”效果图

二、制作步骤

1. 准备工作

在站点里新建一个名为“caiseshida”的文件夹，在该文件夹里新建一个名为“img”的文件夹和名为“caiseshida. htm”的文件，把所有在新网页里所要用到的图片都放到“img”文件夹里。打开新网页。

2. 设置页面属性

在文档工具栏的“标题”文本框处输入标题“生命之源”，单击“属性”检查器里的“页面属性”按钮，设置如图 9.16 所示的外观属性。

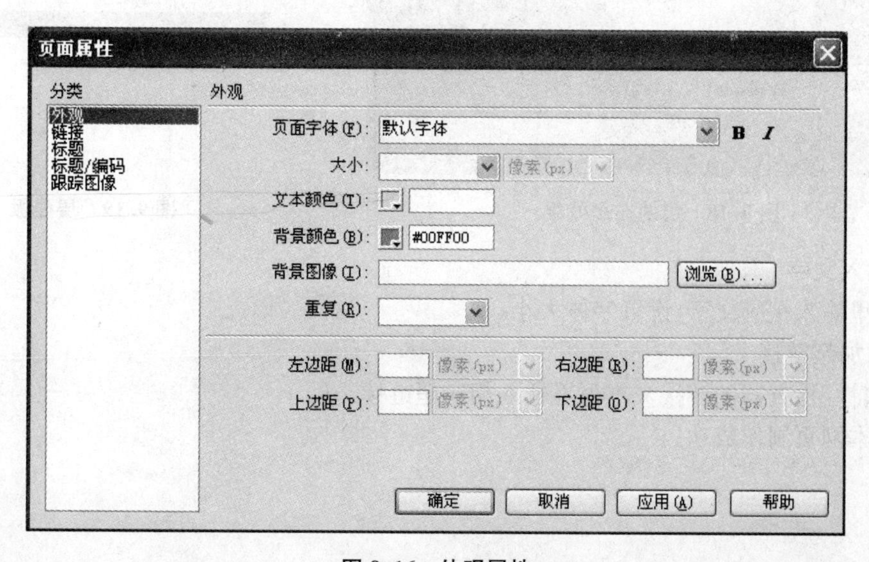

图 9.16　外观属性

3. 布局网页

选择“插入栏”的“布局”选项，单击“绘制层”按钮，在文档窗口拖动鼠标绘制出一个层（层 1）；设置层 1 属性如图 9.17 所示，宽 401 像素，高 232 像素，把层拖到合适的位置，单击“背景图像”的“浏览”按钮，在弹出的对话框里选择“img”文件夹里的“caiseshida.jpg”。其他属性选项默认即可。

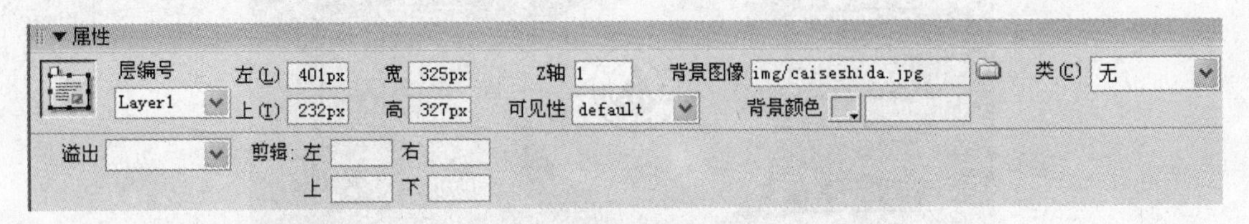

图 9.17 设置层属性

4. 插入嵌套层

把光标定位在层 1 里，点击“插入”→“布局对象”→“层”，将新层插入到层 1 里面，即插入了一个嵌套层（层 2）。拖动层 2 到合适的位置并调整层的大小。用同样的方法再插入 7 个嵌套层，合理设置这些层的位置和大小。最终的布局效果如图 9.18 所示，层面板如图 9.19 所示。

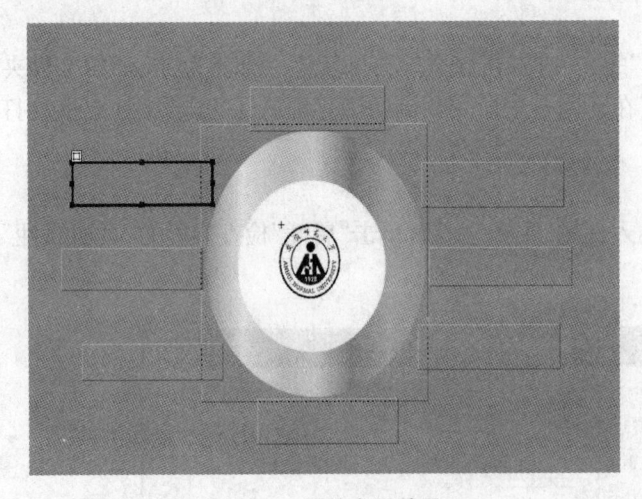

图 9.18 层的布局效果

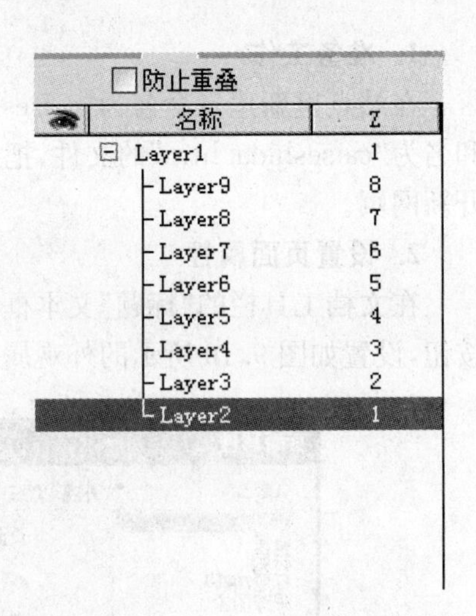

图 9.19 层面板

5. 输入文字

在层里输入相应文字，设置字体大小。

6. 添加超链接

在“属性”检查器的链接文本框里输入相应超链接。

至此本网页制作成功。

实战4 利用表格布局网页

一、实验内容

本例介绍制作“安徽师范大学一角”网页，效果如图9.20所示。主要通过插入表格，将表格合并单元格和拆分单元格，并插入图像，完成网页的制作。

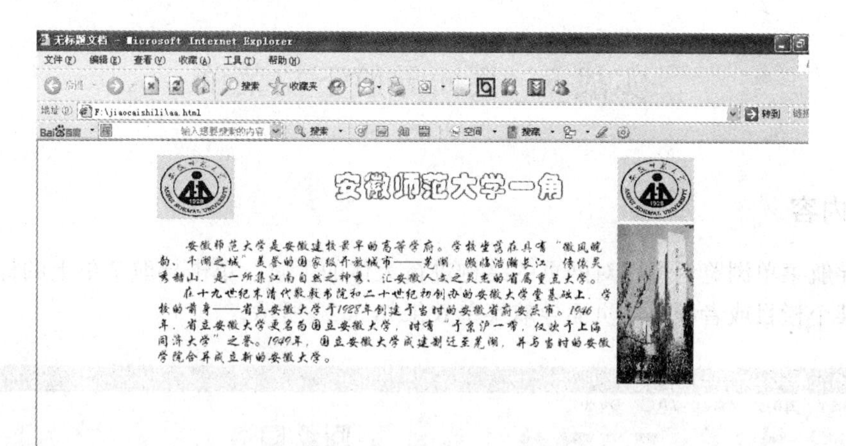

图9.20 “安徽师范大学一角”效果图

二、制作步骤

① 在站点中新建一个基本页HTML文档。

② 单击“插入”面板“常用”子面板中的“表格”按钮，弹出“表格”对话框，在“表格大小”选项区中，设置“行数”为2，“列数”为3，表格宽度为700像素。

③ 选中表格，将“边框”值设为0，“对齐方式”为居中对齐。

④ 单击“确定”按钮，插入表格，选中表格第2行，单击“修改”→“表格”→“合并单元格”命令或单击属性面板中“合并所选单元格”按钮，然后再单击“修改”→“表格”→“拆分单元格”命令或单击属性面板中“拆分单元格为行或列”按钮，弹出“拆分单元格”对话框，在“单元格拆分”选项区中选中列单选按钮，在列数数值框中输入2，如图9.21所示。单击“确定”按钮。

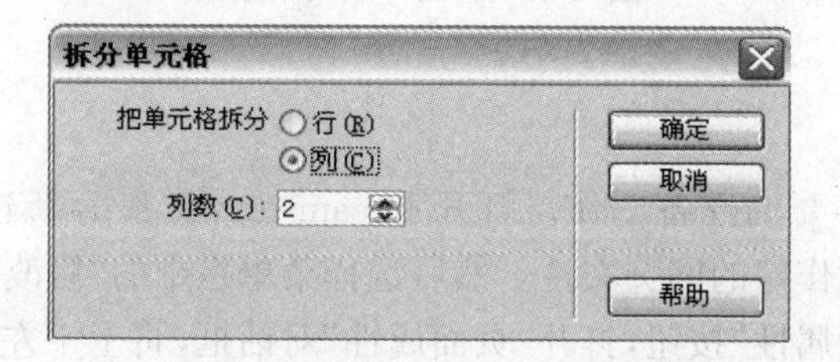

图9.21 “拆分单元格”对话框

⑤ 将鼠标移到表格第 1 行第一格，单击“插入”→“图像”命令或单击“插入”面板“常用”子面板中的“图像”按钮，弹出选择“图像源文件”对话框，选择需要的图片，单击“确定”，插入图像。

⑥ 将鼠标移到表格第 1 行第二格，插入相应的文字内容，在“字体属性”面板中设置字体为华文彩云，大小为 36，并单击“颜色”按钮，设置其为紫色。

⑦ 将鼠标移到表格第 1 行第三格，分别插入图像。

⑧ 将鼠标移到表格第 2 行第一格，插入相应的文字内容，在“字体属性”面板中设置字体为华文行楷，大小为 24，并单击“颜色”按钮，设置其为黑色。

⑨ 将鼠标移到表格第 2 行第二格，插入图像。

实战 5 页面导航下拉菜单

一、实验内容

通过导航菜单浏览者可以对网页的结构进行大体的了解。单击导航菜单上的标题，还可以快速进入某个栏目或者频道。页面导航菜单效果如 9.22 所示。

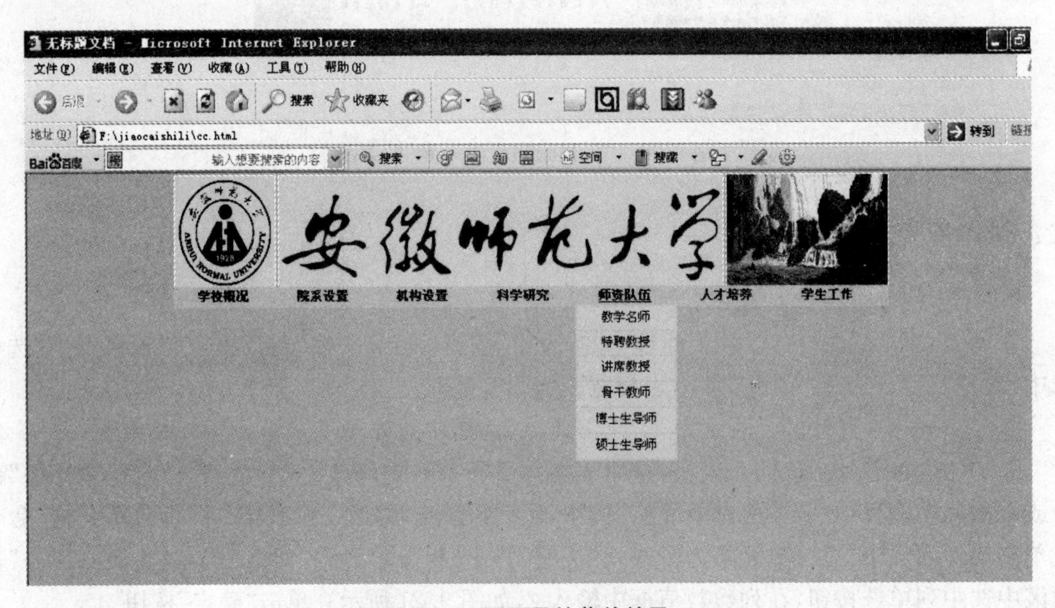

图 9.22 页面导航菜单效果

二、制作步骤

① 首先进行一些必要的准备工作。打开 Dreamweaver 8.0，新建立一个 HTML 网页文件，或者直接打开一个制作好的网页文件。然后选择菜单栏中的“修改”→“页面属性”命令或者单击属性面板中的“页面属性”按钮，打开“页面属性”对话框，将上下左右 4 个边距都设置成 0，如图 9.23 所示。

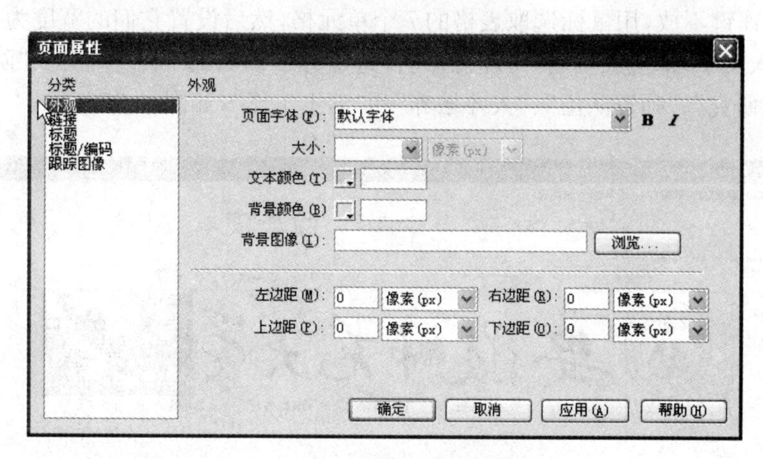

图 9.23 设置页面属性

② 选择菜单栏中的"插入"→"布局对象"→"层"命令或者单击"插入"面板"布局"子面板中的"绘制层"按钮，插入一个图层，如图 9.24 所示。

③ 选中层，在编辑窗口下方的属性面板中，在层编号文本框中填入 Layer1，左、上、宽、高文本框中分别填入 146、110、710、15，背景颜色填入＃CCFF00。

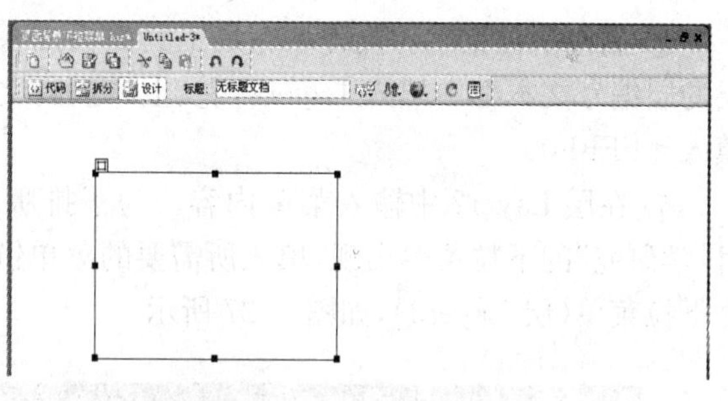

图 9.24 插入一个层

④ 将光标置于层内，选择菜单栏中的"插入"→"表格"命令或单击"插入"面板"常用"子面板中的"表格"按钮，插入一个 1 行 7 列的表格，表格的相关参数设置如图 9.25 所示。

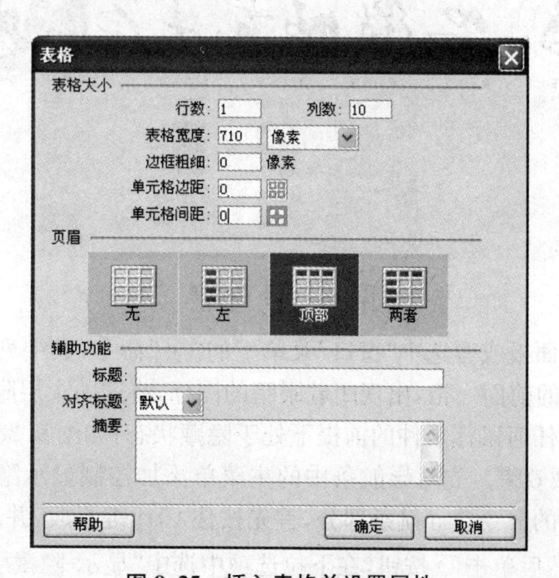

图 9.25 插入表格并设置属性

⑤ 按住 Ctrl 键不放，用鼠标选取表格的 7 个单元格，然后设置它们的宽度为 100，并在前两个单元格中输入文字，即主菜单名，可随意命名，这里分别命名为“学校概况”、“院系设置”、“机构设置”、“科学研究”、“师资队伍”、“人才培养”和“学生工作”，如图 9.26 所示。

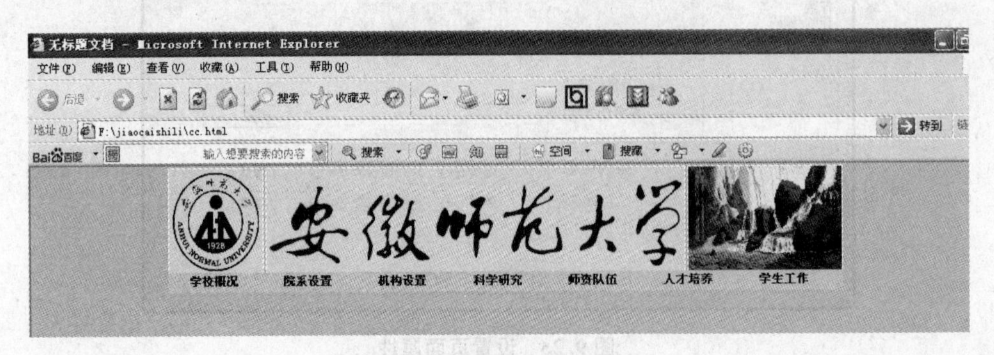

图 9.26 设置单元格的内容

⑥ 制作下拉菜单。同样从布局工具面板插入一个层到前面制作好的导航条的下方，在图层的层编号文本框中填入 Layer2，左、上、宽、高文本框中分别填入 146，115，100，80，背景颜色填入＃FFFF00。

⑦ 在层 Layer2 中输入菜单内容。为了排版方便，使用表格来制作菜单。这个层将作为“科学研究”的下拉菜单出现，填入所需要的菜单链接。用同样的方法，再为“师资队伍”制作一个下拉菜单（层 Layer3），如图 9.27 所示。

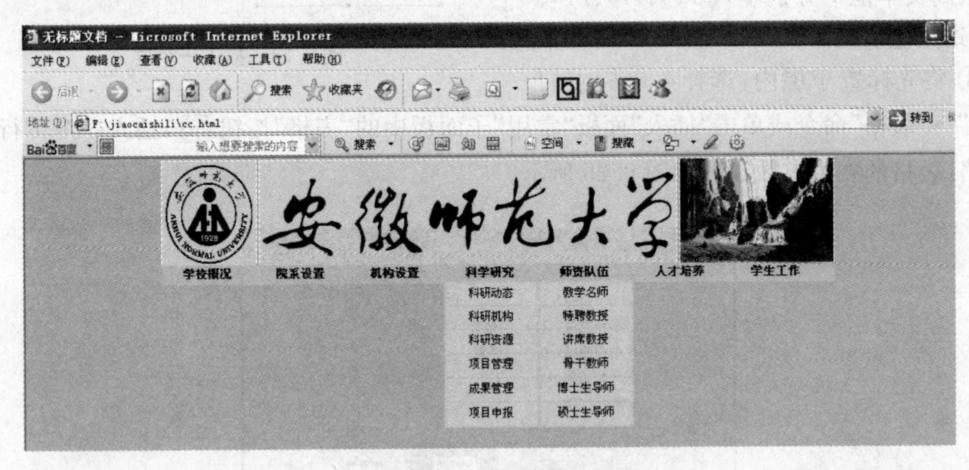

图 9.27 下拉菜单

⑧ 按 F2 键打开层面板或者选中“窗口”菜单下的“层”命令，其中列出了网页中的 3 个层，单击 Layer2 和 Layer3 的前面一格，出现闭着眼睛的图标，将这两个层隐藏起来，这样做的目的是为了在下拉菜单没有任何鼠标事件的前提下处于隐藏状态，如图 9.28 所示。

⑨ 添加显示和隐藏效果。先对导航条中的主菜单添加控制显示隐藏的命令，然后给下拉菜单本身添加显示隐藏的命令。导航条部分，首先按住 Ctrl 键不放，并用鼠标单击选中导航条中的科学研究单元格，然后单击按钮，在下拉选项中选中“显示-隐藏层”，如图 9.29 所示。

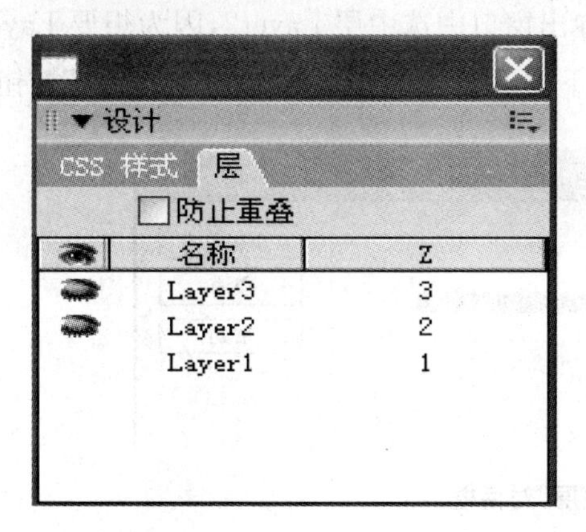

图 9.28 隐藏 Layer2 和 Layer3

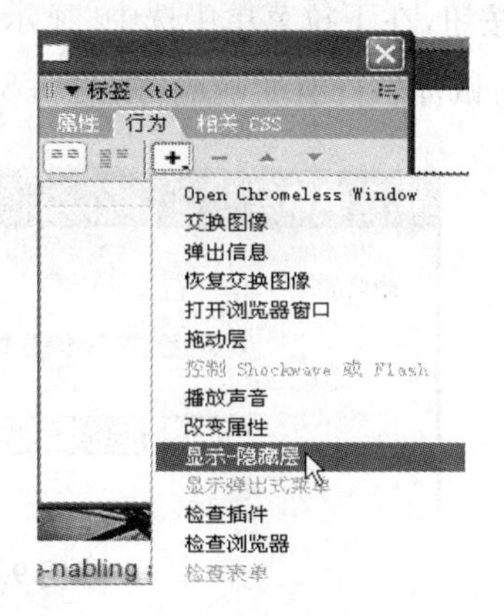

图 9.29 行为面板上"显示-隐藏层"

⑩ 这时将会弹出一个对话框，在"命名的层"显示框中列出了当前网页所有的层，选中层 Layer2，然后单击下面的"显示"按钮，最后单击"确定"按钮，如图 9.30 所示。

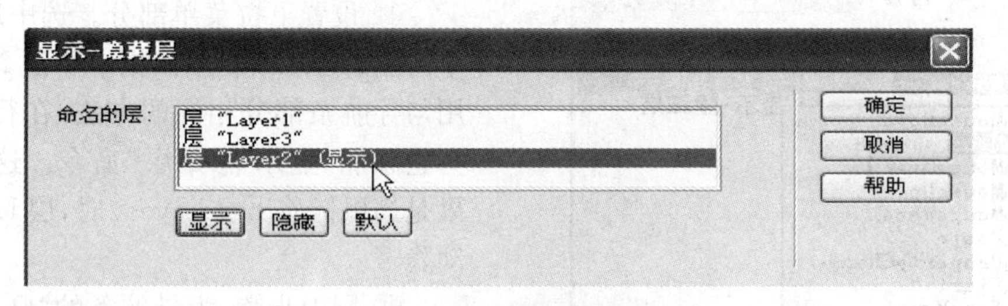

图 9.30 "显示-隐藏层"对话框

⑪ 回到行为面板，出现如图 9.31 所示的窗口，单击"事件"下的文字"onClick"，会出现一个向下的小箭头，单击它，从下拉列表中选中"onMouseOver"。

图 9.31 选择鼠标行为

⑫ 让下拉菜单 Layer2 在鼠标离开"科学研究"单元格时变为隐藏状态。再单击行为面板

中的按钮，在下拉菜单中选中“显示-隐藏层”，在弹出窗口中选中层 Layer2，因为想要 Layer2 这个层对鼠标事件有所响应，如图 9.32 所示。单击下面的“隐藏”按钮，最后单击“确定”按钮。

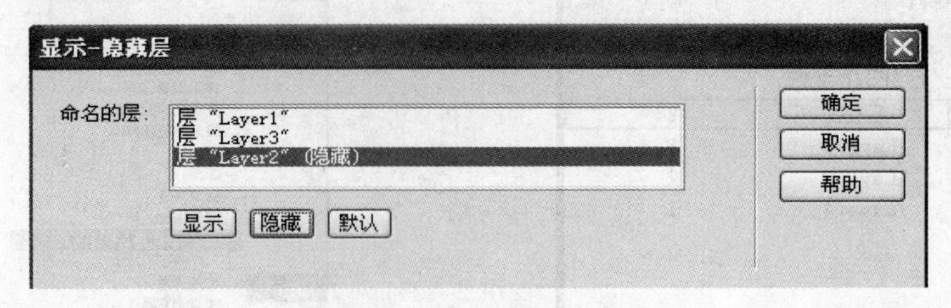

图 9.32 “显示-隐藏层”对话框

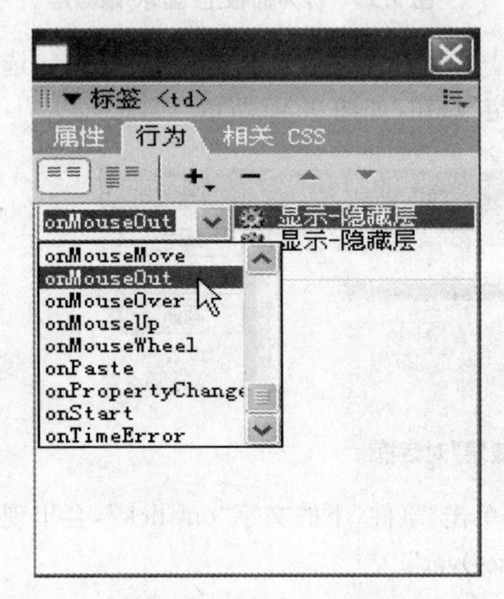

图 9.33 选择鼠标行为

⑬ 回到行为面板，单击向下的小箭头，在下拉菜单中选中“onMouseOut”，如图 9.33 所示。

⑭ 设置下拉菜单部分。选中层 Layer2，单击层的边缘或在层面板中单击 Layer2。使用与导航条部分相同的方法，在行为面板中为它添加“显示-隐藏层”命令。这样做的效果是当鼠标移出层 Layer2 时，层 Layer2 就自动隐藏。

⑮ 同上步骤，为导航条的“师资队伍”主菜单和层 Layer3 添加“显示-隐藏层”命令，按下 F12 键观察下拉菜单的功能效果。如果感觉菜单的颜色或者位置和网页不太协调，可以再次调整层的位置和表格的颜色等属性。至此导航菜单就制作完毕。

实战 6 利用 Flash 制作动画

一、实验内容

本实验要求熟悉 Flash 软件的使用，并制作出简单的动画。

二、制作步骤

1. 自由落体制作步骤

① 新建 Flash 文档，新建层 1，选择矩形工具，然后将其笔触颜色设置为无（即单击图标），填充色设置为由淡蓝色（＃66CCFF）到白色的线性填充，绘制天空背景。选择填充变形

工具 ，改填充渐变的方向为从上至下由淡蓝色变成白色，适当改变渐变填充的范围，效果如图 9.34 所示。

② 在层 1 的 20 帧、40 帧处分别插入关键帧，并在时间轴上点击鼠标右键创建补间动画。效果如图 9.35 所示。

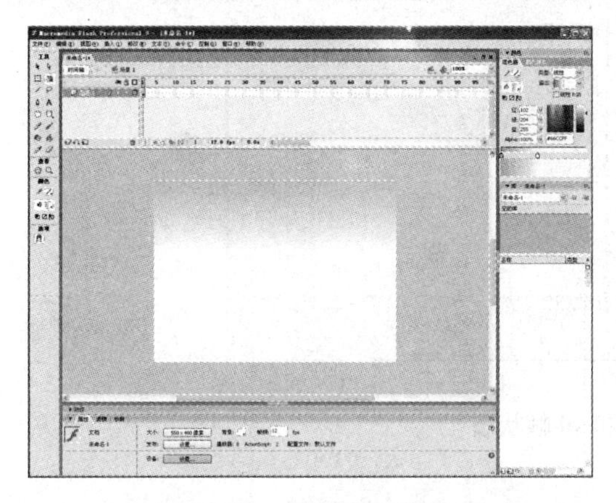

图 9.34　绘制天空背景

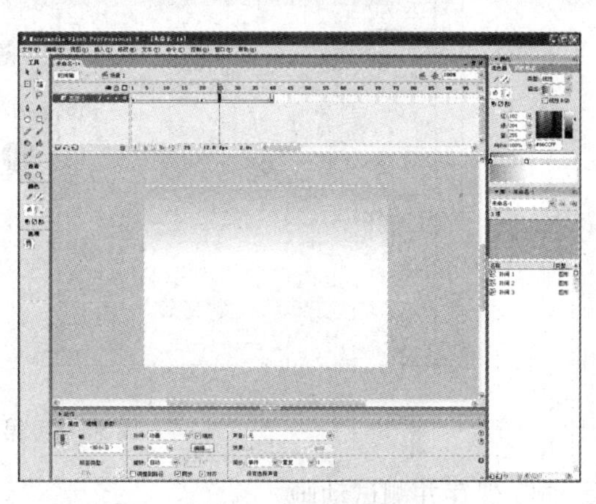

图 9.35　插入关键帧

③ 锁定图层 1，新建图层 2，选择椭圆工具 ，将其笔触颜色设置为无，颜色为红黑放射性渐变。在图层 2 绘制一个小球。用选择工具 选中小球，执行菜单栏的“修改”→“形状”→“柔化填充边缘”命令，打开如图 9.36 所示的“柔化填充边缘”对话框，在距离文本框中输入 10px，在步骤数文本框中输入 4，在方向选择栏中选择“扩展”单选项，将边缘效果设置为一个渐变效果。选中小球，点击鼠标右键将椭圆转换为图形元件，如图 9.37 所示，调整小球到中间适当位置。

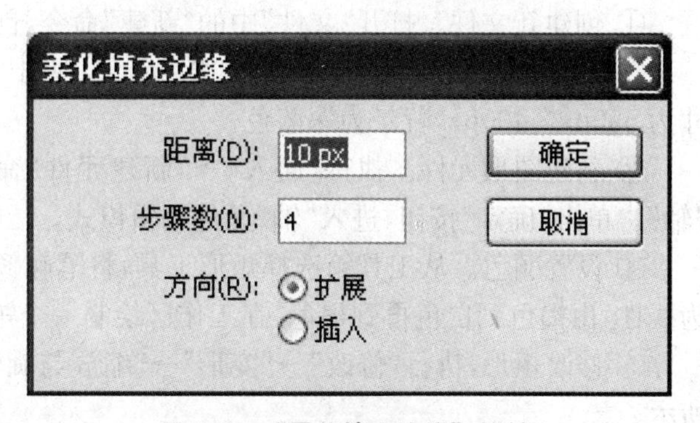

图 9.36　“柔化填充边缘”对话框

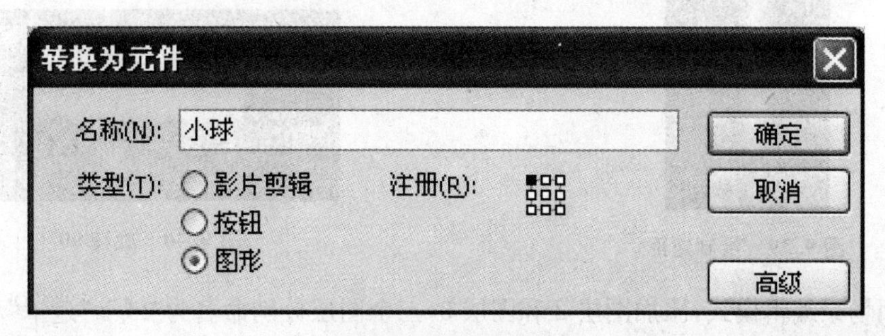

图 9.37　转换为元件

④ 分别在第 20 和 40 帧，按 F6 功能键，插入关键帧，然后创建补间动画，分别选择第 20、40

帧，打开菜单栏“窗口”→“属性”命令，在“补间”选择栏中选择“形状”，选择第 20 帧将太阳向下方移动一小段距离，并用任意变形工具 进行适当变大；在第 40 帧做同样操作，但关键帧距离比前一关键帧大，形状比前一关键帧大。每个关键帧的效果及时间轴如图 9.38 中(a)、(b)所示。

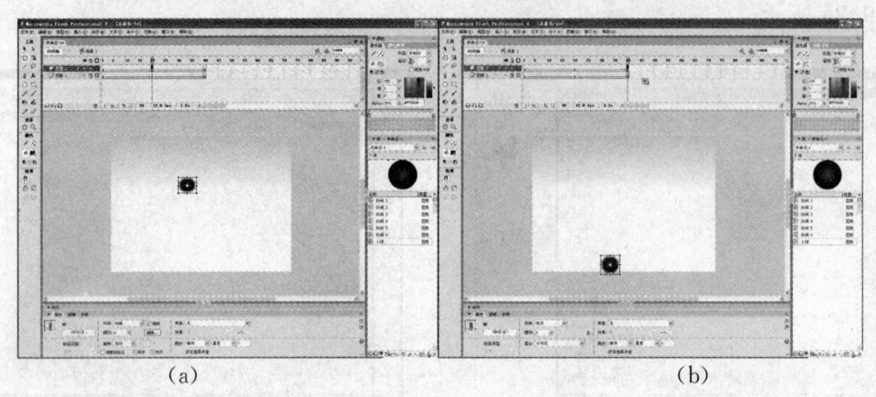

(a) (b)

图 9.38 第 20 和 40 帧状态

⑤ 保存并测试动画。

2. 对联展开效果操作步骤

① 创建新文件。打开“文件”中的“新建”命令，创建一个新的文件。

② 设置文档。执行“修改”→“文档”命令，弹出“文档属性”对话框。在其中设置文档的尺寸为 550px×400px，背景为深蓝色。

③ 新建图形元件。执行“插入”→“新建元件”命令，新建一个图形元件，输入元件名称为“轴”。单击“确定”按钮，进入“轴”元件编辑模式。

④ 设置颜色。从工具箱选择矩形工具，将笔触颜色设置为无，在“混色器”面板中设置颜色为线性，由褐色到白色再到褐色，在工作区绘制一个矩形，如图 9.39 所示。

⑤ 修改矩形，执行“修改”→“变形”→“缩放与旋转”命令，在其中设置为旋转 90°，如图 9.40 所示。

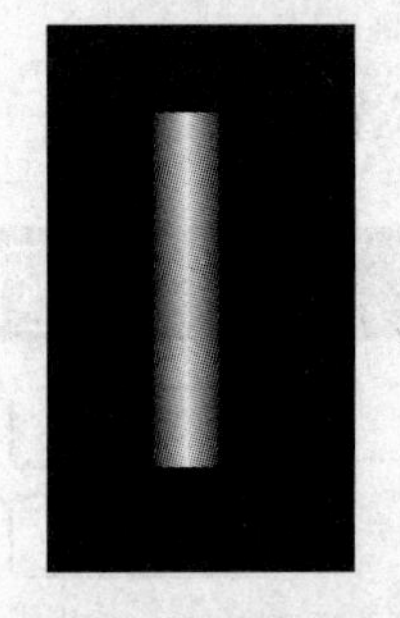

图 9.39 绘制矩形

图 9.40 旋转 90°

⑥ 返回场景编辑模式，添加图层 2 和图层 3，三个图层分别命名为“纸”、“遮罩”和“转轴”。

⑦ 填充颜色。单击“纸”图层的第 1 帧，从工具箱中选取矩形工具，在填充色中选择黑色，然后在工作区绘制一个矩形，再将填充色改为白色，在黑色矩形框中绘制小的白色矩形框。

⑧ 添加文字。从工具箱中选取文本工具，在“属性”面板中，设置为“静态文字”，字体为宋

体，大小为30，文本颜色为黑色。然后在工作区输入文字“有容乃大”，并将文字通过变形工具调到合适的大小，并拖至中央，如图9.41所示。

⑨ 重复步骤，选中“转轴”图层的第1帧，将“轴”移到条幅上方，用任意变形工具将“轴”缩放到与条幅同宽。重复前面的几步，同样制作“无欲则刚”。

⑩ 复制条幅。单击“遮罩”图层的第一帧，然后从工具箱中选择矩形工具，设置笔触颜色为无，填充色为绿色，在工作区中绘制一个和条幅同宽的矩形，并复制拖到另一条幅上，如图9.42所示。

图9.41　添加文字

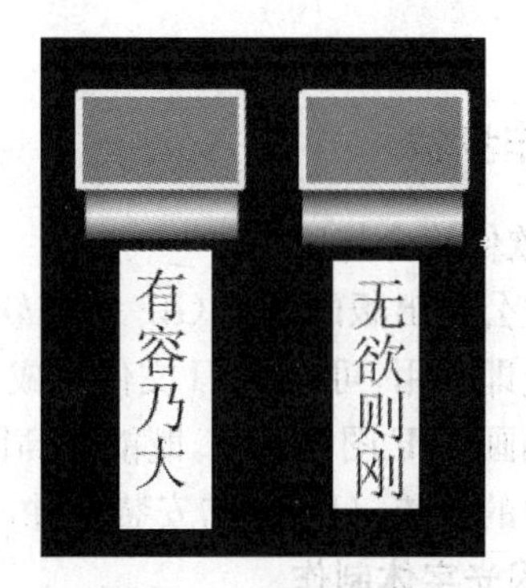

图9.42　复制条幅

⑪ 下轴制作。按住CTRL键，依次单击三个图层的第60帧，按下F6插入关键帧，再单击“遮罩”图层的第1帧，将绿色矩形拉伸至覆盖整个条幅，如图9.43所示。单击“转轴”图层的第60帧，将“轴”移到条幅下面，如图9.44所示。

图9.43　覆盖条幅

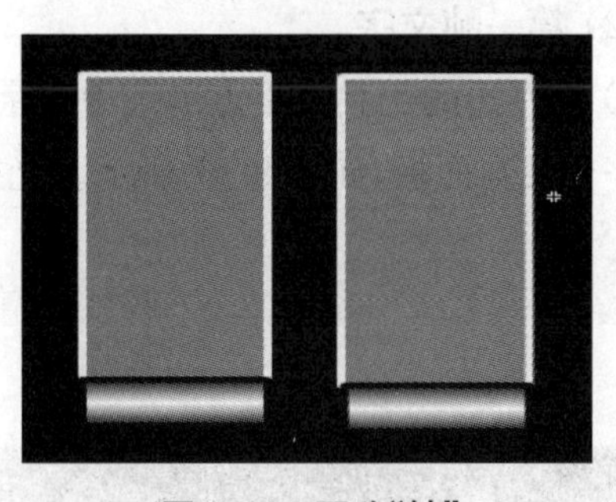

图9.44　下移“轴”

⑫ 属性设置。单击“遮罩”图层的第1帧，设置属性面板中的补间为形状，再单击“转轴”图层的第1帧，在属性面板中设置补间为动作。

⑬ 遮罩层设置。右击“遮罩”图层，在弹出的快捷菜单选择“遮罩层”选项，如图9.45所示。

⑭ 保存文件后测试影片。

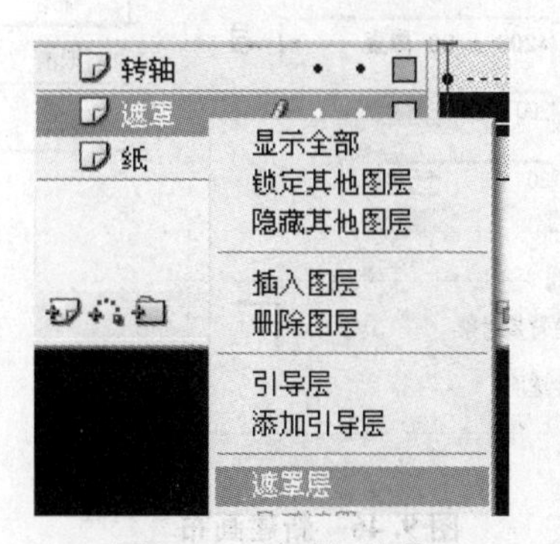

图9.45　遮罩层设置

实战 7 GIF 动画的制作

一、实验内容

利用 Ulead GIF Animator 软件制作 GIF 动画，要求制作两幅动画：闪光字体、打字效果的 Banner。

二、制作步骤

1. 软件简介与安装

友立公司出版的动画 GIF 制作软件 Ulead GIF Animator，内建的 Plugin 有许多现成的特效可以立即套用，可将 AVI 文件转成动画 GIF 文件，而且还能将动画 GIF 图片最佳化，能将网页上的动画 GIF 图档减肥，既能提高网页浏览速度，又可增加动态效果。

软件的安装，只要点击安装文件，按照安装常规软件的办法即可完成安装过程。

2. 闪光字体制作

动画的原理是，许多图片快速连续播放，它是利用颜色的变化来产生闪光字效果，人眼睛看着就是一个连贯的动画了，下面来看一个简单的动画。

(1) 启动程序

启动成功后，新建一个 200×80 的画布，如图 9.46 所示。

(2) 第一帧文字

① 在左边的工具箱里点击选中文字工具 **T**，然后在中间的白色画布上点一下，在右下角出来一个文本面板，如图 9.47 所示。光标在下面的文本框中一闪一闪，提示输入文字。

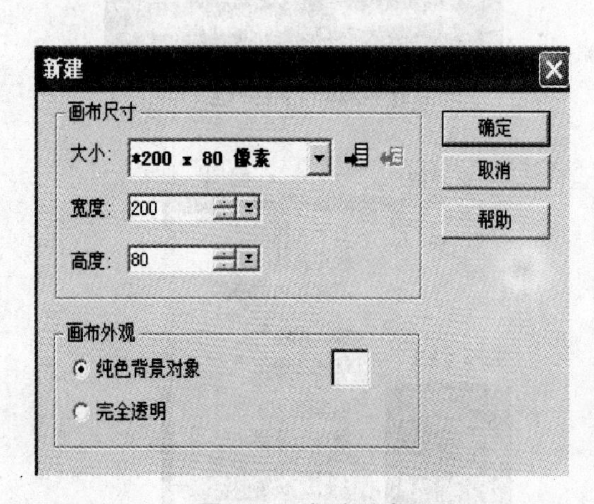

图 9.46 新建画布

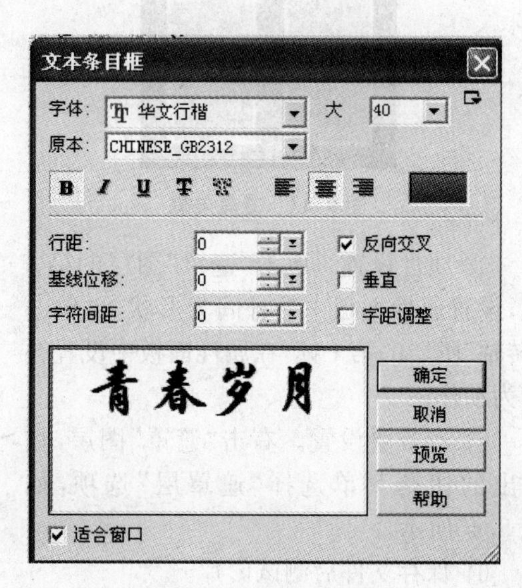

图 9.47 文本条目框

② 调出中文输入法，在里面输入“青春岁月”，然后点击上边的黑色颜色块，在弹出的菜单中，选择第一个“Ulead 颜色选择器”，如图 9.48 所示。

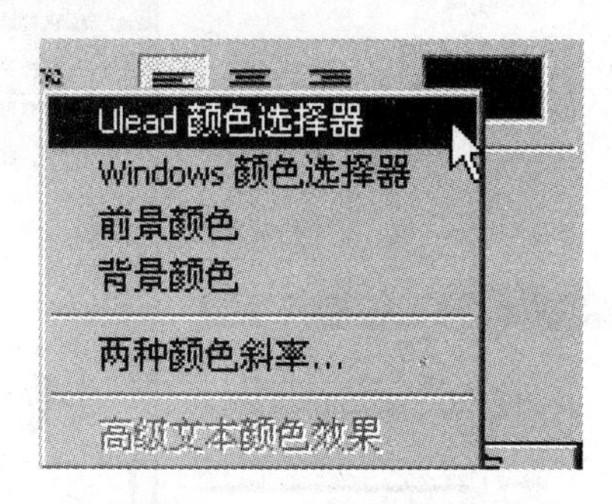

图 9.48 颜色选择器

③ 在弹出的颜色面板中选择绿色，点击右上角的“OK”按钮返回文本框。

④ 然后点击“确定”按钮，工作区里面有一个虚线框包围的文字，如图 9.49 所示。

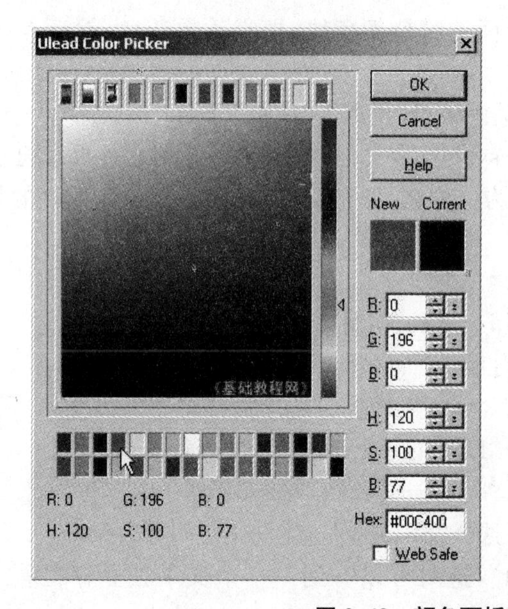

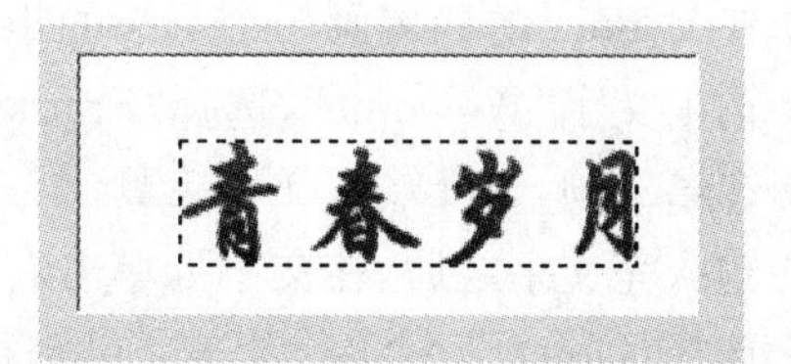

图 9.49 颜色面板及调后效果图

⑤ 点击菜单“编辑”→“修整画布”命令，把多余的白色部分裁切掉，注意保持虚线框的选中状态。

(3) 第二帧文字

① 点击菜单“编辑”→“复制”命令，把第一帧的文字复制一下。

② 点击下面帧面板的白色“添加帧”按钮，添加一个空白帧。

③ 点击菜单“编辑”→“粘贴”命令，粘贴一个相同的文字对象，注意第一帧有白色背景，第二帧是透明背景。如图 9.50 所示。

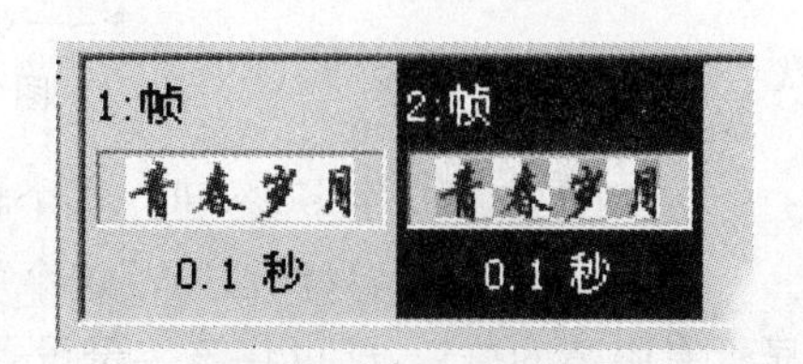

图 9.50 第 1、2 帧图

④ 把鼠标移到窗口的工作区中，瞄准绿色文字单击

鼠标右键，弹出一个菜单，选择“文本”→“编辑文本”命令，注意瞄准绿色笔画。如图 9.51 所示。

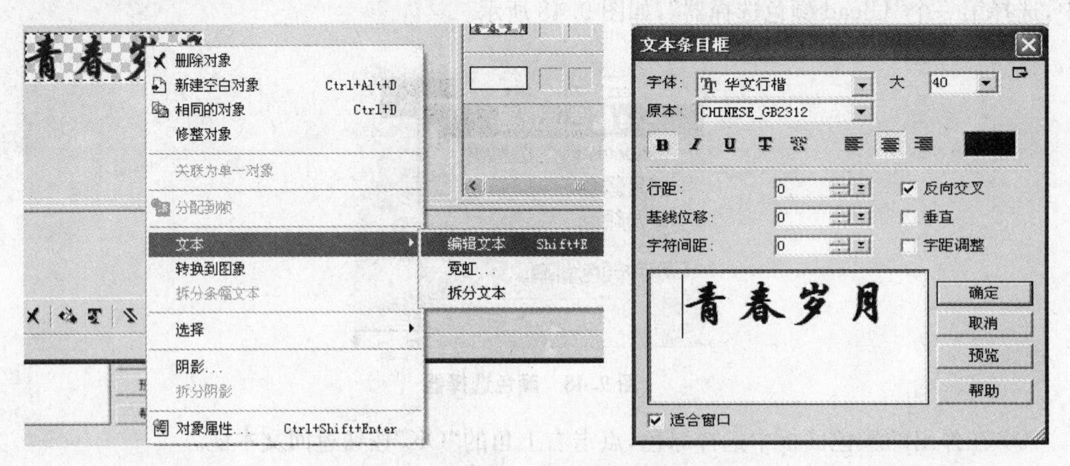

图 9.51　文本编辑

⑤ 这时右下角出现文本框面板，点击上面的绿色颜色块，把它改成蓝色，然后点“确定”返回。

⑥ 点击“文件”上的“预览”标签，看一下动画效果，再点击“编辑”标签返回。

⑦ 点击菜单“文件”→“保存”命令，以“qcsy. gif”为文件名，保存文件到文件夹。再点菜单“文件”→“另存为”→“Gif 文件”，也以“文字”为文件名，保存文件到文件夹，这次保存的是 GIF 图片文件。

3. 打字效果的 Banner

使用 Simple Text Objects 制作一个文字 Banner。具体步骤如下：

① 先建一个 460×80 的文件，背景色为白色。

② 在 Banner 的四周画一个细小的矩形。

③ 输入文字“Welcome”，选择“Frame”→“Duplicate Frame”新建一个帧。

④ 在第二帧，选择输入文本工具。

⑤ 输入完文字之后，在文字处单击右键，选择“Shadow”。建立文字阴影效果。

⑥ 选择“Object”→“Text”→“Split Text”，这时可以看到一个个文字独立存在着。如图 9.52 所示。

图 9.52　将第 2 帧文字拆开

⑦ 现在按照文字多少，建立 8 个帧。

⑧ 在第二帧中，只保留“W”这个字母，其他字母层均为隐藏，即在该帧所对应的层中，点击显示有眼睛的按钮，即可将该字母设置为隐藏。如图 9.53 所示。

⑨ 在第三帧时，保留“W”和“e”这两个字母，其他字母为隐藏属性。

⑩ 依此类推，就可以建立出正在打字的效果，如图 9.54 所示。

图 9.53　隐藏字母的设置

图 9.54　打字动态效果

实战 8　留言簿页面制作

一、实验内容

浏览者在浏览完网页后可能会有一些感想和建议，因此需要在网页中制作一些留言簿、意见反馈表单。让浏览者可以很方便地把对网站的建议和想法通过留言簿反馈给网站建设者。最终效果如图 9.55 所示。

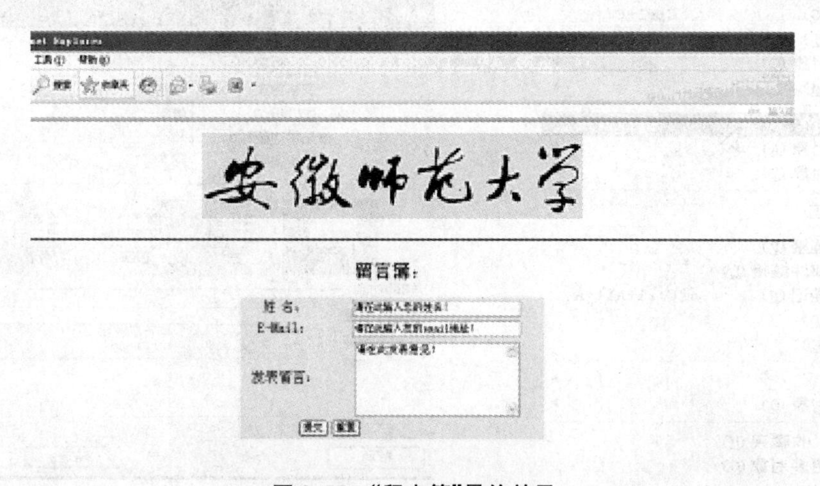

图 9.55　“留言簿”最终效果

二、制作步骤

① 首先打开 Dreamweaver 8.0 新建一个 HTML 网页文档窗口，然后保存。在第 1 行输入“留言簿”。

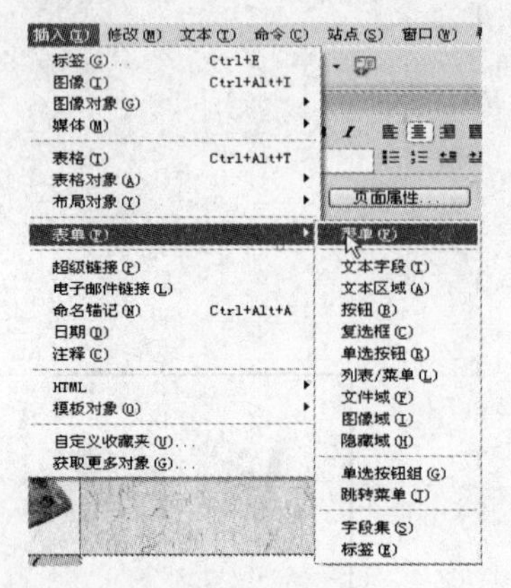

图 9.56 表单菜单

② 插入表单。将光标移动到文档窗口中要插入表单的位置，然后选择菜单栏中的“插入”→“表单”→“表单”命令或者单击“插入”面板中的子面板“表单”中的“表单”按钮，如图 9.56所示。

③ 设置表单的属性。单击选中的表单，在“属性”面板中设置表单名称“form”，方法选择“POST”，其他选项取默认值即可，如图 9.57 所示。

图 9.57 设置表单属性

④ 把光标移动到表单内，选择菜单栏中的“插入”→“表格”命令或者单击“插入”面板的“常用”子面板中的“表格”按钮，插入一个表格，如图 9.58 所示。弹出“表格”对话框，设置表格为 4 行 2 列，表格宽度 400，边框 0，如图 9.59 所示。

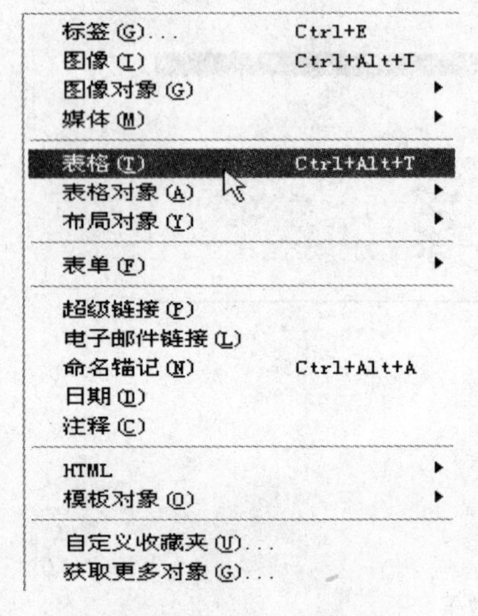

图 9.58 插入表格命令

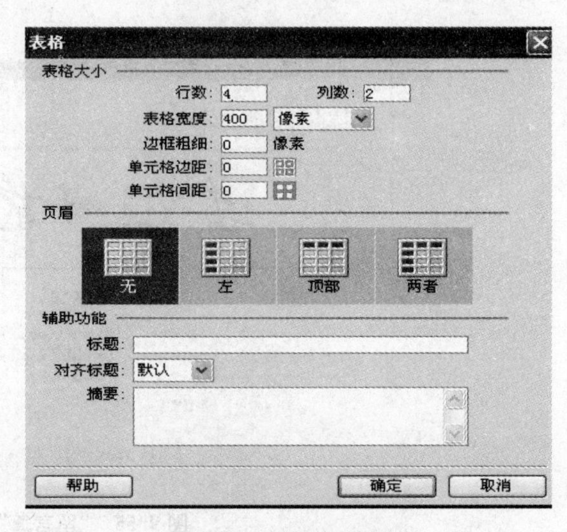

图 9.59 设置表格属性

⑤ 在表格左侧的单元格中输入表单的文字提示，例如，姓名、E-mail等。

⑥ 插入文本域。将光标置于表格右侧的单元格内，选择菜单栏中的“插入”→“表单”→“文本字段”命令，在表单内插入文本域，如图 9.60 所示。

⑦ 用鼠标单击选中刚才插入的“文本字段”文本框，在属性面板中设置“文本字段”框中的文本域名称为“textfield”，最多字符数30，类型为单行，初始值输入文字“请在此输入您的姓名”。其他选项取默认值即可，如图 9.61 所示。

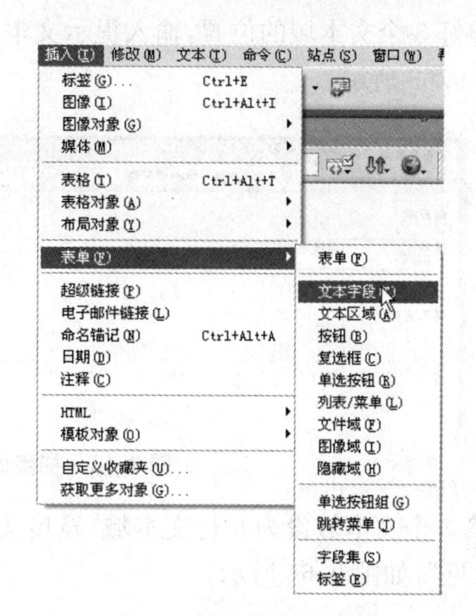

图 9.60　插入文本字段

图 9.61　设置文本字段的属性

⑧ 用同样的操作步骤插入第 2 个文本字段，作为填写 E-mail 的位置。

⑨ 选择菜单栏中的“插入”→“表单”→“文本区域”命令，插入文本框(可输入多行的文本域)。如图 9.62 所示。

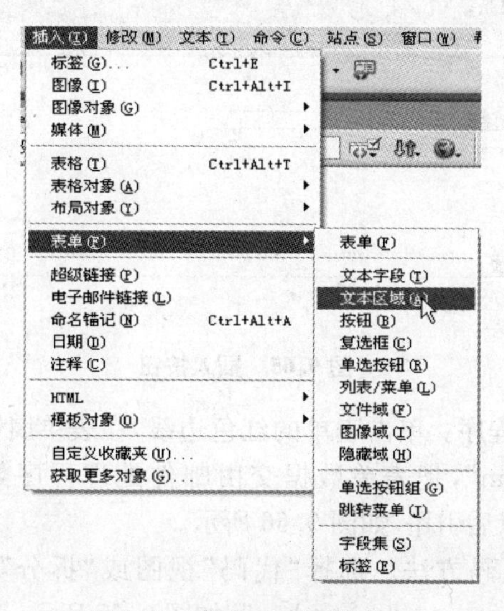

图 9.62　插入文本区域命令

⑩ 调整好3个文本域的位置，输入提示文本“姓名”、“E-mail”、“请您留言”。在编辑窗口中的效果如图9.63所示。

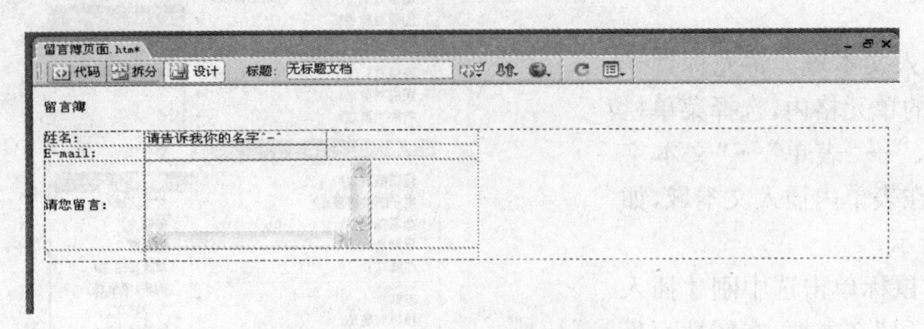

图9.63　初步做好的留言薄

⑪ 把第3个文本域设为6行文本域，宽度为28个字符。在“初始值”域中输入“请给我们多提宝贵意见”，如图9.64所示。

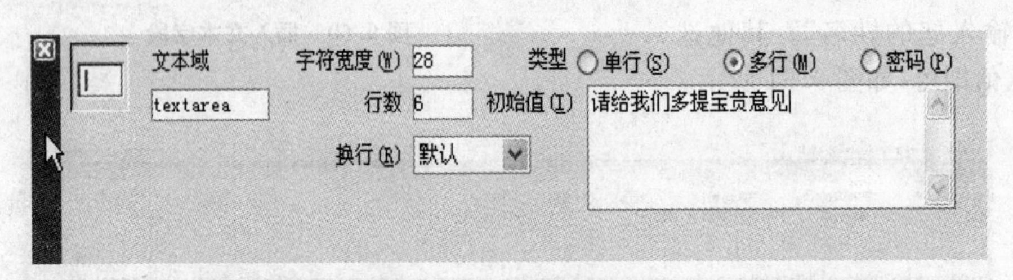

图9.64　设置文本域

⑫ 插入按钮。把光标移动到表格的最后一行，选择菜单栏中的“插入”→“表单”→“按钮”命令，在表单中连续插入两个按钮，并将两按钮的属性分别改为“提交”和“重置”，如图9.65所示。

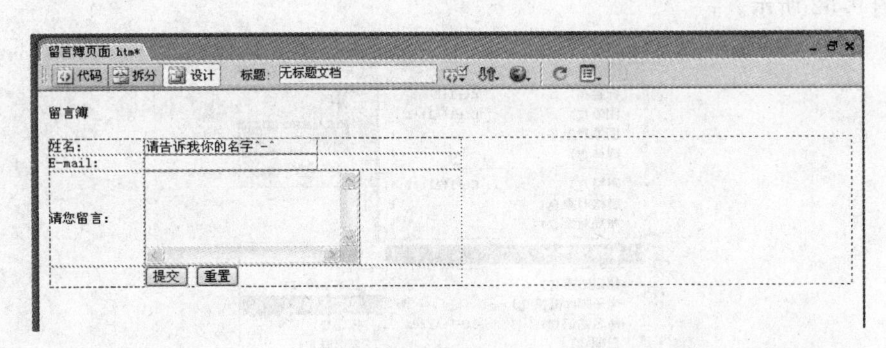

图9.65　插入按钮

⑬ 指定表单数据处理程序。单击表单的红色边线，在表单属性检查器中的“动作”域中输入“mailto:zpz404@163.com”，把表单数据交由邮件处理程序处理；在“表单名称”域输入“form”，给表单命名，以便以后引用，如图9.66所示。

⑭ 指定表单数据的编码方法。选择“代码”视图或“拆分”视图，在HTML源码中的method="post"后面加上enctype="text/plain"，如图9.67所示。

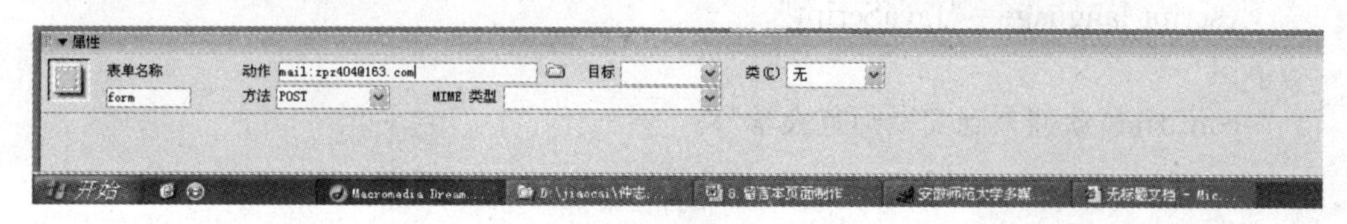

图 9.66 设置表单动作

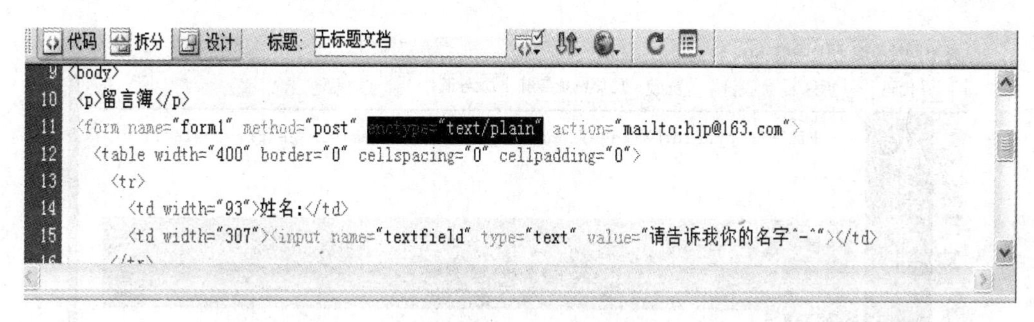

图 9.67 加入代码

⑮ 保存文件,按 F12 键用浏览器浏览,测试留言簿。如果已经联网,就可以把访客的留言发送到指定的邮箱。在 Dreamweaver 8.0 中,还要根据网页的情况对表单进行适当修改。

这样,网站就可以传达信息,也可以有信息的反馈了。Dreamweaver 8.0 提供的表单就是用来进行信息交流的。例如读者看了网站后的建议或者意见,发表对文章的看法等。

实战 9 在网页中添加特效代码

一、实验内容

为使网页具有一些动态的效果,实现一些特定功能,可以通过 Dreamweaver 的代码区域,在网页中添加相应特效代码的方式来实现。本训练要求通过添加代码的方式实现如下几种常见的网页特效:

① 在首页弹出欢迎窗口。

② 在页面中添加滚动字幕。

③ 在页面中添加设为主页。

④ 在页面中添加加入收藏。

⑤ 从网上申请获得免费计数器,在合适的位置添加计数器。

二、制作步骤

1. 在首页弹出欢迎窗口

① 用 Dreamweaver 打开相应的首页。

② 如图 9.68 所示,在<head></head>中加入下列代码:

```
〈script language="JavaScript"〉
〈! --
confirm("欢迎来到安徽师范大学");
//--〉
〈/script〉
```

③ 实例效果如图 9.69 所示。

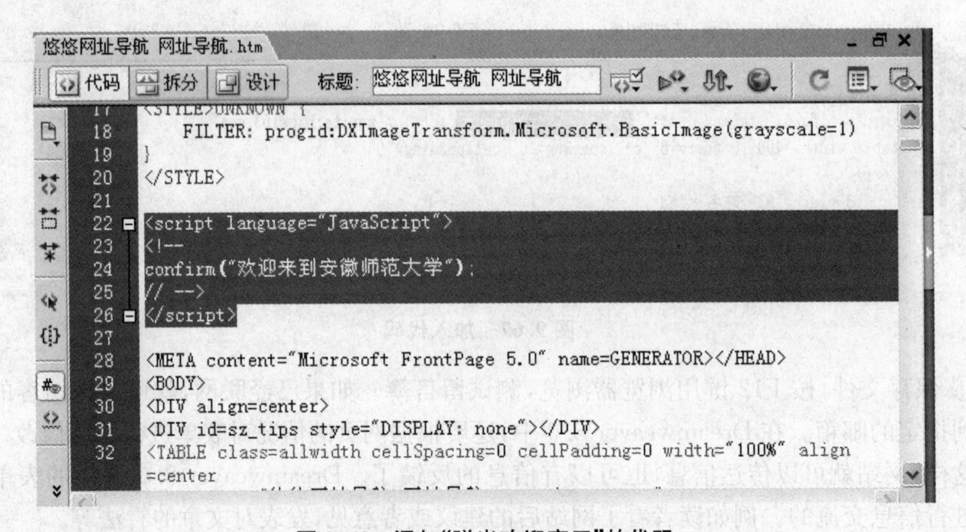

图 9.68 添加“弹出欢迎窗口”的代码

图 9.69 弹出欢迎对话框

2. 添加滚动字幕

要在网页中添加活动字幕，常用的方法是利用标签〈marquee〉…〈/marquee〉。例如，可以在安徽师范大学首页的底部加上“欢迎光临安徽师范大学网站”的字幕。

具体步骤是：

① 利用 Dreamweaver 打开“安徽师范大学网站.htm”网页，把视图改成“代码”视图。

② 在代码的最后区域中〈/body〉和〈/html〉之间加上如下代码：

```
〈marquee direction="left" amout="12" scrolldelay=80 width=700 height=
    12 align="middle"〉
欢迎光临安徽师范大学网站
〈marquee〉
```

③ 保存修改后预览页面，运行结果如图 9.70 所示。

图 9.70　添加滚动字幕效果

将 direction 文字移动方向改为 up，且调整显示宽度，并将显示区域放置在页面的适当位置，就可以实现公告栏效果。

3. 添加设为主页

① 用 Dreamweaver 打开某个网页，例如“hao 123. htm”网页。

② 把视图改成“拆分”视图，在设计窗口中用鼠标定位某个单元格，在代码窗口中可以看到相应的鼠标定位。

③ 如图 9.71 所示，在鼠标定位处插入如下代码（域名地址可以根据需要修改为自己想要的域名地址）：

〈A class＝f3 style＝"BEHAVIOR：url(＃default＃homepage)"

onclick＝"this. style. behavior＝′url(＃default＃homepage)′；this. setHomePage(this. href)；return(false)；" href＝"http：//www. hao123. com/"〉〈IMG src＝"hao123－我的上网主页. files/home. gif"〉

把 hao123 设为主页〈/A〉

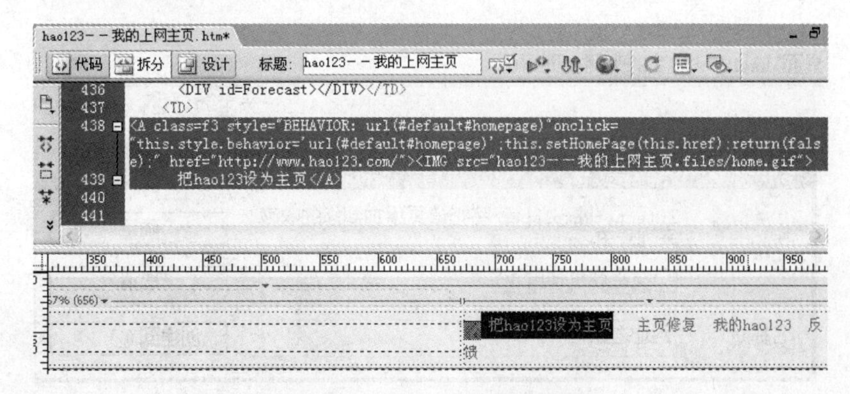

图 9.71　插入“设为主页”代码

④ 保存修改后预览页面，在网页上单击“把 hao 123 设为主页”，可以看到如图 9.72 所示的对话框。

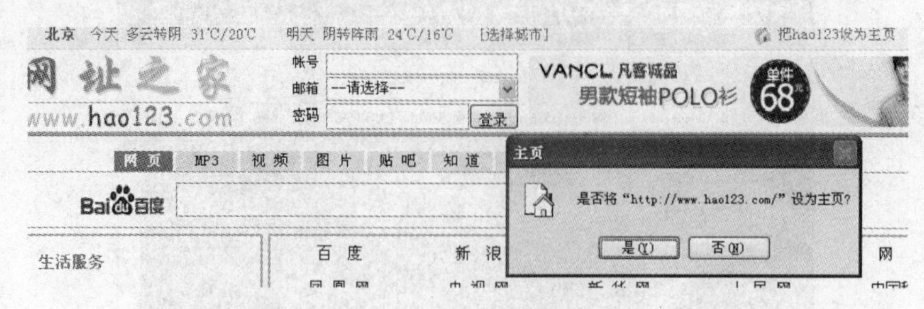

图 9.72　设为主页效果图

4. 加入收藏

① 打开“hao123——我的上网主页.htm”网页，把视图改成“拆分”视图，在设计窗口中，将鼠标定位在“把 hao123 设为主页”后的一个单元格中。

② 如图 9.73 所示，在代码窗口中找到到相应的鼠标定位，在鼠标定位处插入如下代码(域名地址和文件名称可以根据需要修改为自己想要的域名地址和文件名称)：

〈a href＝"javascript：window. external. AddFavorite(http://www. hao123. com ，网址之家)" 〉加入收藏〈/a〉

图 9.73　插入“加入收藏”代码

③ 保存后预览页面，在网页上单击“加入收藏”，可以看到如图 9.74 所示的对话框。

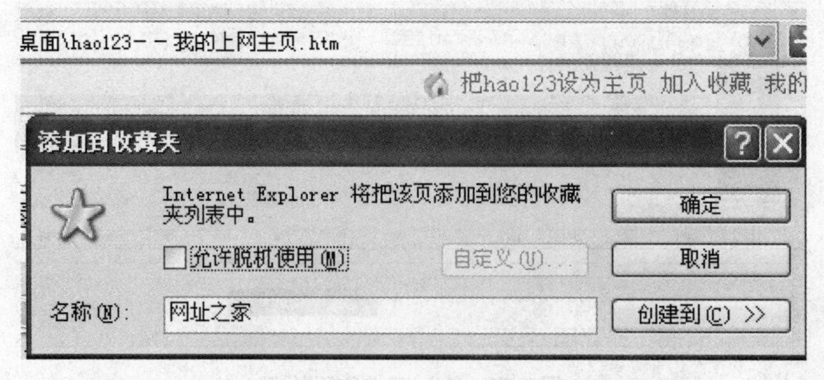

图 9.74　“加入收藏”对话框

5. 添加计数器

在网站的适当页面中添加计数器，以统计浏览网页的人数。相应免费计数器的代码可以从网上申请获得。以 http://www.newzgc.com/others/counter/Style.asp 为例，在浏览器的地址栏输入该网址，打开该网页，填写申请资料，申请成功的话，会有免费计数器样式列表出现，如图 9.75 所示。步骤如下：

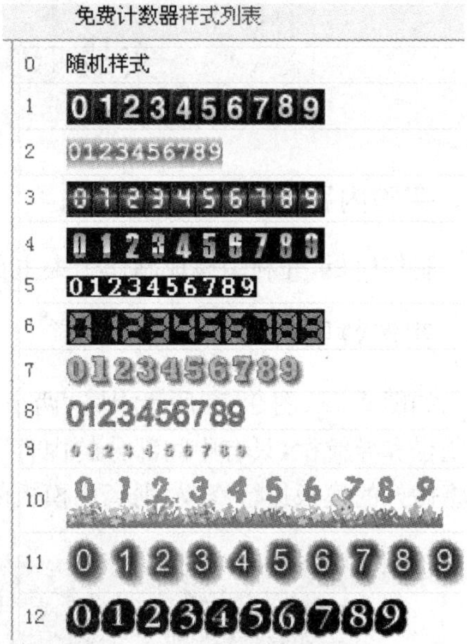

免费计数器样式列表

0	随机样式
1	0123456789
2	0123456789
3	0123456789
4	0123456789
5	0123456789
6	0123456789
7	0123456789
8	0123456789
9	0123456789
10	0123456789
11	0123456789
12	0123456789

图 9.75　申请计数器不同样式

① 添加代码。打开“网址之家.htm”网页，把视图改成“拆分”视图，在代码窗口中的〈/body〉结束符前插入如下代码：

```
〈script src=http://count.knowsky.com/count2/count.asp? id = 1132&sx = 1&ys=43〉〈/script〉
```

并在代码前输入“您是第”，在代码后输入“位访问者”。可以在设计窗口的左下角看到相应的“您是第　位访问者”。效果如图 9.76 所示。

图 9.76　插入计数器代码

② 合理设置计数器的位置和文字格式。在设计窗口选中“您是第　位访问者”，在属性面板里设置为居中，把文字格式设置为 12 号黑色宋体。

③ 保存后预览网页，可以看到网页下端居中位置已加上了计数器。效果如图 9.77 所示。

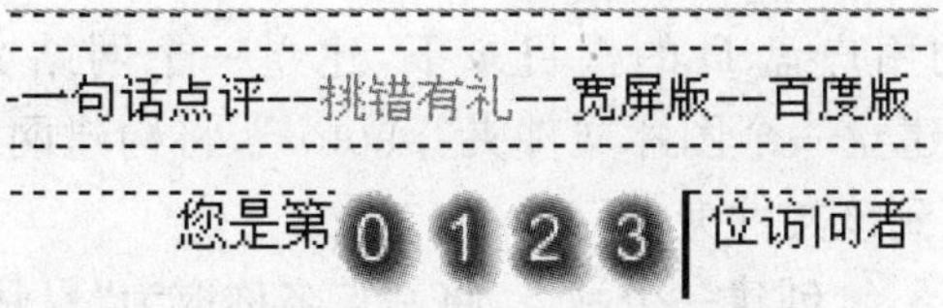

-一句话点评--挑错有礼--宽屏版--百度版

您是第 0123 位访问者

图 9.77　添加计数器效果

实战 10　利用模板设计网页

一、实验内容

制作模板,并利用模板制作个人主页模板——“岁月留声”。

二、实例效果

如图 9.78、图 9.79 所示,从这两个页面来看,它们有一个共性,就是拥有相同的框架结构、标题栏和导航栏,只有中间部分的内容不一样,这样采用模板来制作就非常方便。使用模板,只要将做好的模板进行修改,则套用模板的页面就会自动修改,这样可以大大提高工作效率。

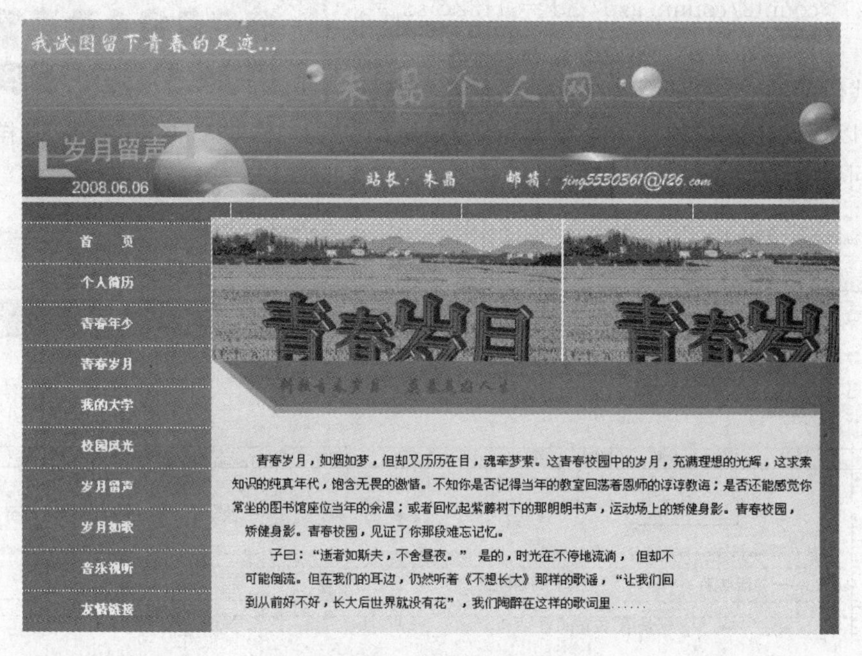

图 9.78　青春岁月页面

三、制作步骤

下面介绍制作模板及利用此模板制作页面的步骤。

1. 制作模板

① 在本地计算机中的用户盘 D 的根目录下,建立一个网站文件夹“website”,即“D:\website”,再在此文件夹下建立一个图片文件夹“photos”,将构建网站所需图片用相应的软件处理并命名好后,全部保存到该文件夹中。

② 打开 Dreamweaver 8.0,创建一个站点,将站点名称取为“岁月留声”,并将其文件另存到“D:\website”文件夹中。

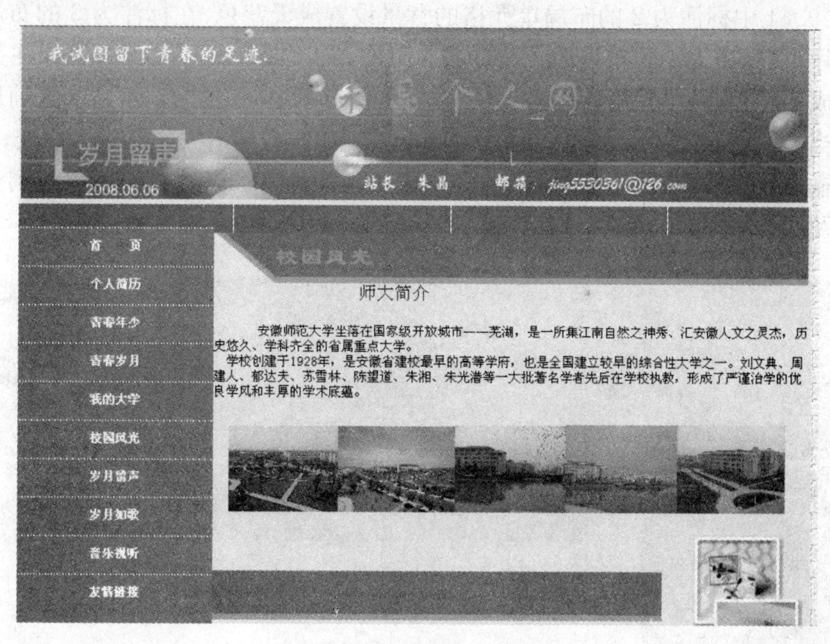

图 9.79　校园风光页面

③ 在此站点下新建一个文档文件，在插入栏中，单击“布局”选项卡，然后单击“布局”模式按钮，如图 9.80 所示。

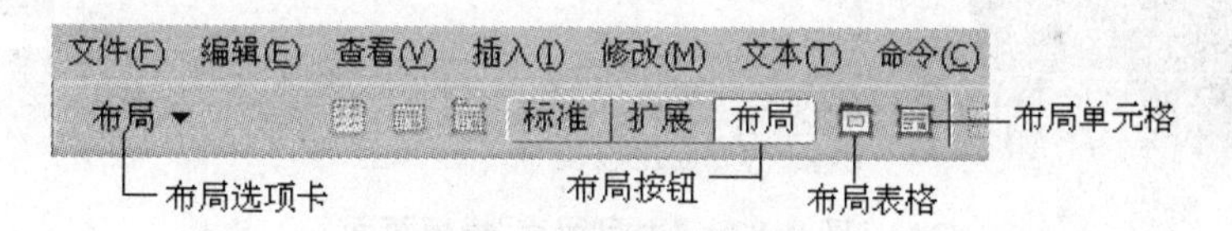

图 9.80　布局相关应用

④ 单击“布局单元格”按钮，在文档上布局，如图 9.81 所示。

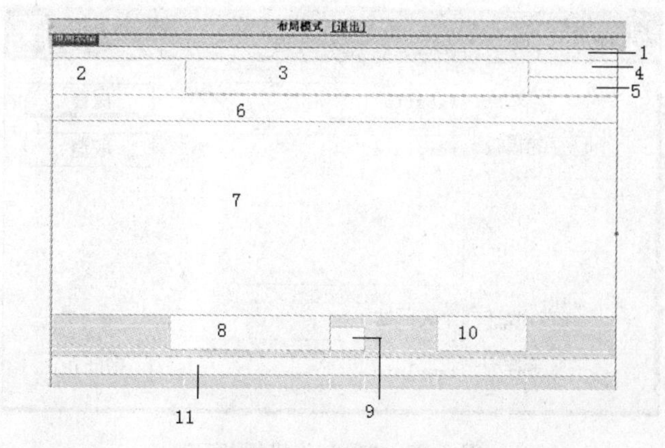

图 9.81　布局单元格

⑤ 将图 9.81 中标注为 2 的布局单元格的背景设置成天蓝色；在标注为 3 的布局单元格中插入背景图片；在标注为 1 的布局单元格中插入文件夹中“logo. swf”文件；将标注为 2 的布局单元格分拆成 10 个水平单元格，在其中分别建立如图 9.82 所示的“首页”、“个人简历”等栏目，并控制好适当的间距；在标注为 8 的单元格中输入文字“版权所有”及 E-mail 地址；在标注为 9 的单元格中输入电话号码；再将标注为 11 的布局单元格的背景设置成淡蓝色。调整所输入的文字的大小及字体后，结果如图 9.82 所示。

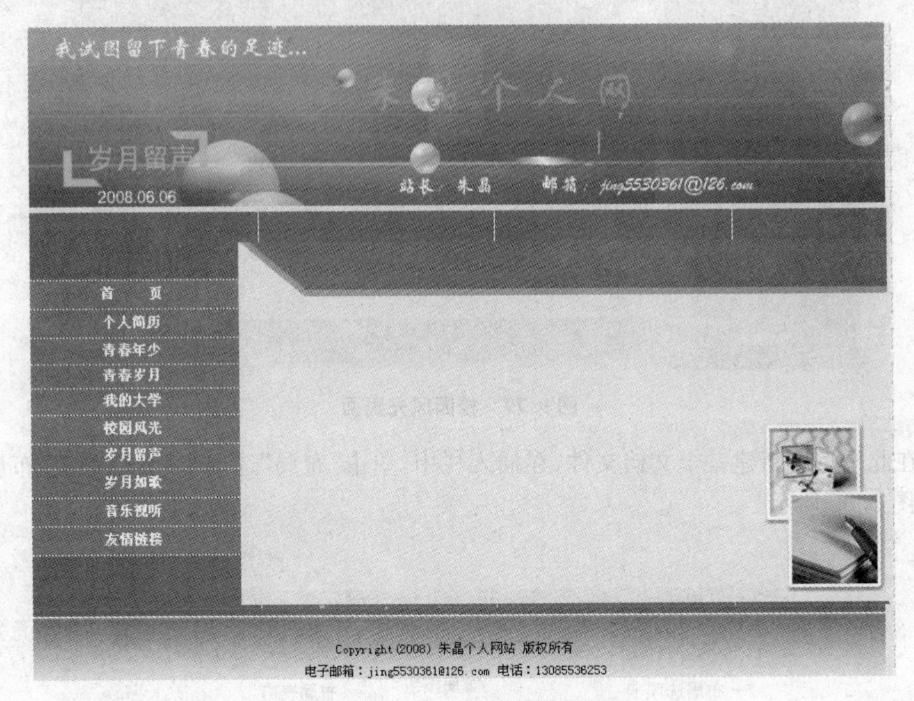

图 9.82 “岁月留声”模板页面

⑥ 选择“文件”→“另存为模板”，将其命名，如 template. dwt。模板文件是保存在 templates 文件夹中的，这个 templates 文件夹会自动生成，如图 9.83 所示。

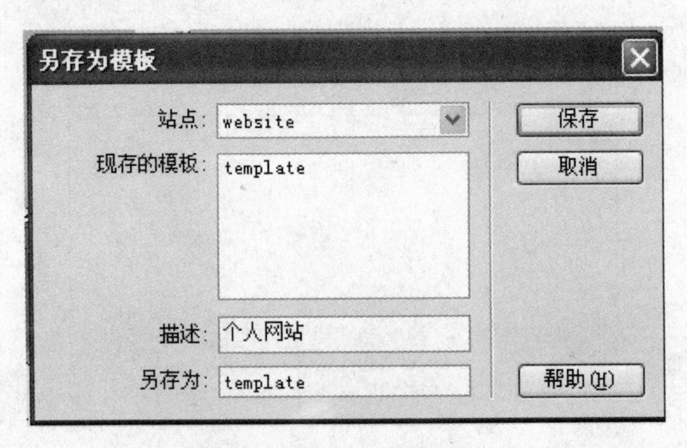

图 9.83 “另存为模板”窗口

2. 设置可编辑区

① 选择中间空白的部分,单击“插入”→“模板对象”→“可编辑区域”,弹出如图 9.84 对话框,输入名称,也可选择默认的名称。

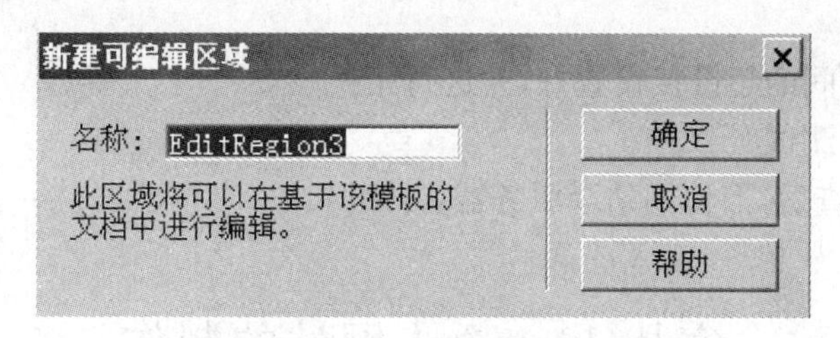

图 9.84 新建可编辑区域

② 单击“确定”,则可编辑区域就会被一圈蓝线框住,如图 9.85 所示。

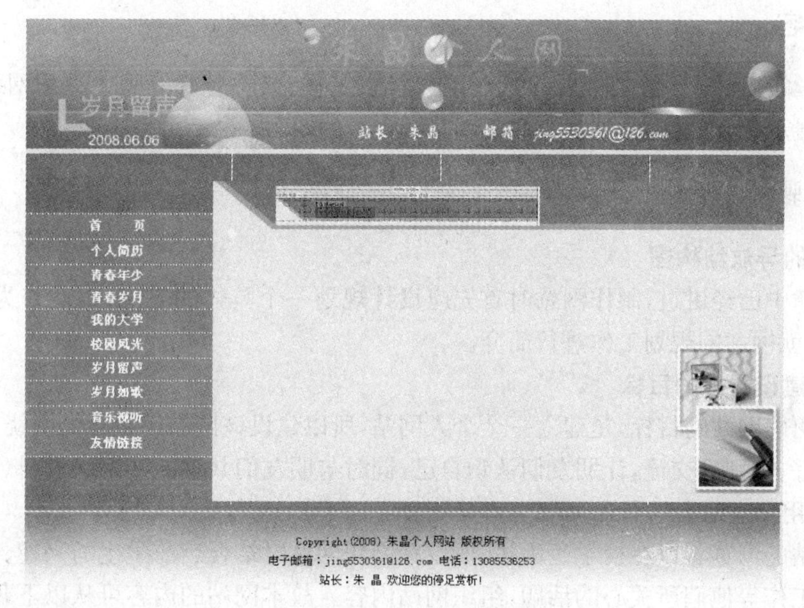

图 9.85 可编辑区

③ 考虑到要将图 9.85 中左侧导航栏的 10 个页面互相链接,为了简化工作,所以将相互链接的任务放在模板中做。步骤如下:选中文字“首页”,在下面的属性面板中链接一栏写入 index. htm(假设主页名字为 index. htm),然后选中文字“首页”,在下面的属性面板链接一栏中写入 grjl. htm(个人简历页面的文件名为 grjl. htm),同样选中导航栏其他条目文字,在下面的属性面板链接一栏中分别填写每个对应页面的文件名称,再选中“岁月留声”文字,在下面的属性面板链接一栏中输入“#”,设为假链接。

④ 将导航栏各个页面之间的链接做好后,选择保存,这样就完成了模板文件的制作。具体各个页面的制作可以调用模板页面进行对应修改即可。

3. 利用模板制作各个页面

① 单击“文件”→“新建”,在出现的对话框中单击“模板”,在“模板用于站点”中选择“站点‘岁月留声’”,在中间一栏“站点‘岁月留声’”中选择 template。

② 再单击“创建”,打开一个文档,输入一段有关首页相关的内容,设置字体为宋体,字号为14。单击“文件”→“保存”,将文件名保存为 index. htm 即可。

③ 用同样的方法制作其他各个页面,分别命名并保存为对应的网页文件,这样就做好了“岁月留声”个人网站。

④ 将各个页面之间的超链接设置好,并进行相关检查。

4. 网站的上传与测试

将做好的网站检查后,上传网站至服务器,并测试。

实战 11 个人网站的制作

一、实验内容

利用所学知识制作一个以反映个人学习、生活、工作、兴趣爱好等为主题的网站,通过网站的展示可以展示个人的魅力,结识一些具有共同兴趣的朋友。

二、制作步骤

1. 网站的导航结构图

在第 8 章中已经讲过,制作网站时首先应设计规划一个具体的方案,以此作为进一步工作的依据,下面就网站的规划工作进行简介。

1. 确定建设网站的目标

首先要明确网站的目标,是建立一个个人网站,所以建设该网站的目标是围绕介绍自己、自己的兴趣爱好、和别人交流,让朋友们认识自己,同时与朋友们共享一些网络资料。

2. 了解用户对站点的需求

个人网站的浏览者以在校学生为主,所以在制作网站时结合当前学生的兴趣、爱好、热点问题、交友、找工作等他们所关心的话题,组织网站内容。故本网站的内容可从以下几个方面来划分:本人简历、兴趣爱好、大学生活、休闲娱乐、心情日记、软件下载、给我留言等,整个站点的导航结构如图 9. 86 所示。

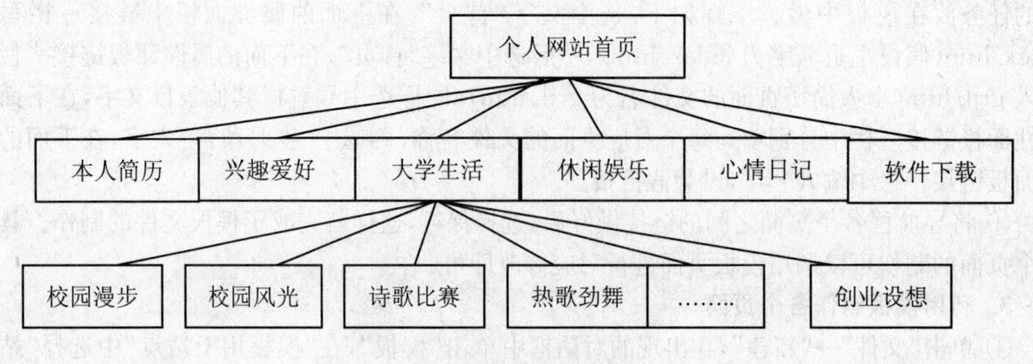

图 9. 86 站点结构图

3. 确定网站风格

由于属于个人网站,所以从整个网站风格来考虑,将该网站的风格定为它直接反映个人的不同个性、展示个人的风采与魅力为主题。

4. 新建站点

① 在本地计算机的用户盘D中新建一个文件夹"mywz"。

② 启动Dreamweaver,选择"站点"→"管理站点"→"新建站点"命令,在定义站点对话框中确定站点名称。单击"下一步",把文件存储在计算机上的"D:\grwz"。在站点根文件夹指定好之后,就可以根据站点设计方案在根目录中添加一些文件夹,搭建起站点的组织结构,如图9.87所示。将此网站中用到的图片、音乐文件及Flash动画保存在站点"photos"、"musics"及"swf"文件夹中,同时再建一个文件夹"other",用来存放三级页面。

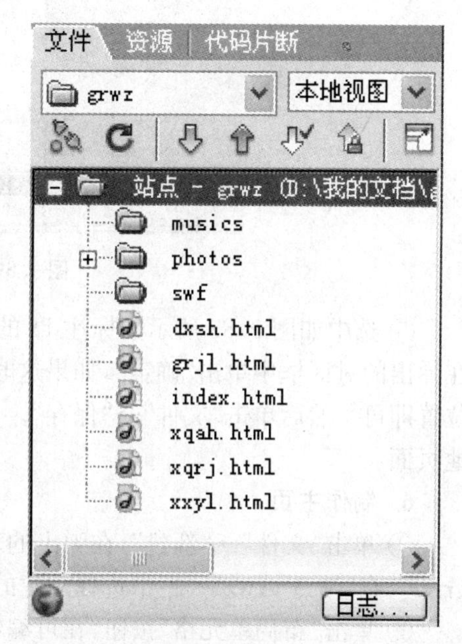

图9.87　站点文件夹组织结构图

5. 模板制作

由于主页和大多数二级页面的主要布局相同,所以准备做一个模板,以简化网站制作的流程。

① 在"grwz"站点下新建文档文件。

② 在"插入"栏中,单击"布局"选项卡,然后单击"布局"模式按钮。

③ 单击"布局单元格"按钮,在文档上布局。如图9.88所示。并使整个布局表格居中。

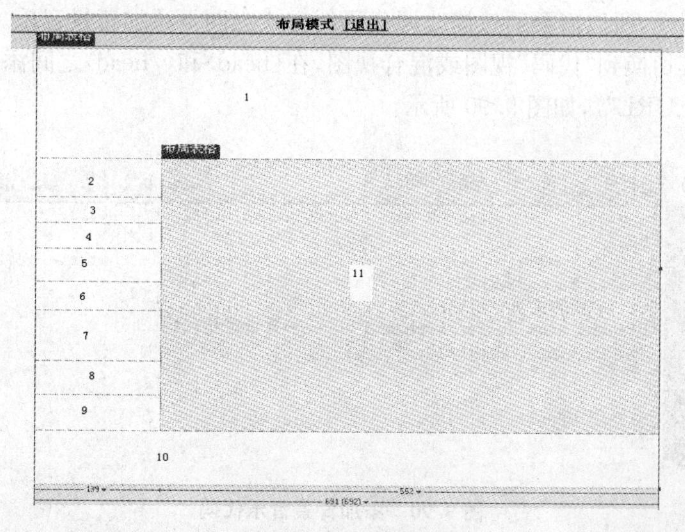

图9.88　布局单元格

④ 在标注1单元格中插入"images/top.jpg"图片,再标注2至9单元格,修改背景色,并输入文字,作为导航条。然后单击"文件"→"另存为模板",在弹出的如图9.89所示的对话框中单

击“保存”。

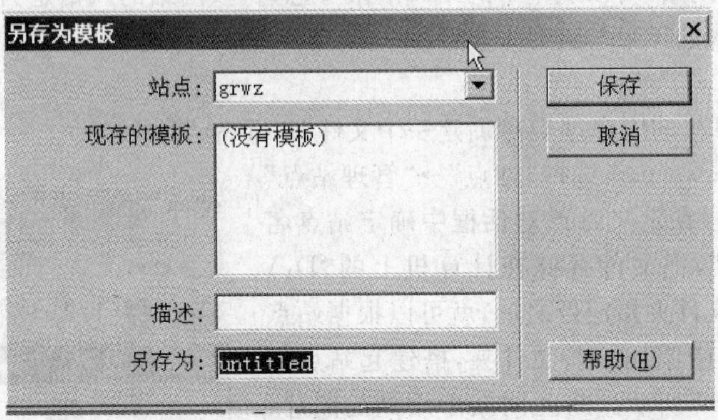

图 9.89 “另存为模板”对话框

⑤ 选中如图 9.88 所示的标注 11 的布局表格，单击“插入”→“模板对象”→“可编辑区域”，在弹出的对话框中单击“确定”，如果这时的单元格有脱节的现象，则稍稍调整单元格的高度及位置即可。然后单击“文件”→“保存”。则模板制作完毕，下面就可以利用此模板制作主页和其他页面。

6. 制作主页

① 单击“文件”→“新建”，在弹出的对话框中选择“模板”，在“模板用于”一栏中选择“站点 grwz”，在“站点 grwz”一栏中选择刚建的模板“mb. dwt”，然后单击“创建”。

② 单击“布局单元格”按钮，在可编辑区域中绘制一个布局单元格。

③ 在刚绘制的布局单元格中，添加首页所需的元素。然后单击“文件”→“保存”，并将其取名为 index. html。如果想在打开页面的时候播放音乐，则可以插入音乐。由于背景音乐并不是一种标准的网页属性，所以需要通过修改源代码的方式为网页添加背景音乐。方法是，单击“代码”或“拆分”，将其切换到“代码”视图或混合视图，在〈head〉和〈/head〉之间添加代码：〈bgsound src=“背景音乐的 URL”〉，如图 9.90 所示。

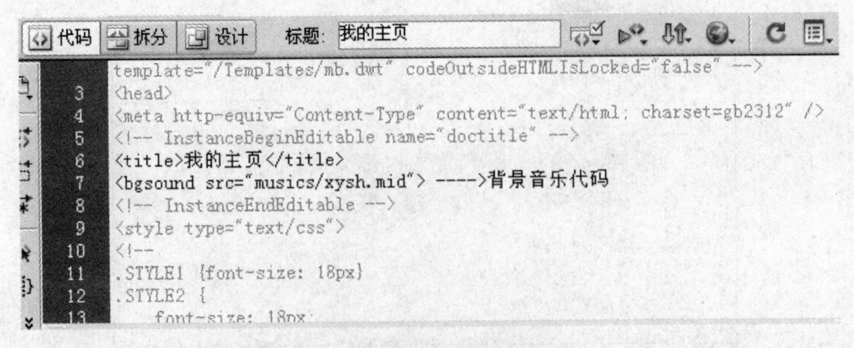

图 9.90 添加背景音乐代码

④ 然后单击“文件”→“保存”，则首页制作完成。

⑤ 按照上述步骤分别制作其他二级页面。

7. 页面间的超级链接

首页及二级页面做完了，然后将各个页面之间的超链接做好，但是各个页面互做超链接的工作量比较大，最为简捷的方法是在模板中做好超链接。

在 Dreamweaver 打开模板文件，选中“首页”图片，在属性面板的链接一栏中输入“index.htm”；选中导航栏中“个人简历”文字，在属性面板的链接一栏中输入“.../grjl.htm”；选中“兴趣爱好”文字，在属性面板的链接一栏中输入“.../xqah.htm”；按照此种方法将各个页面的超链接做好，然后单击“保存”，在出现的“更新模板”对话框中单击“更新”。当更新完毕后关闭即可。

8. 三级页面的制作

① 模板制作。对于三级页面的制作，也可以先准备一个模板，然后按照上述类似的方法进行。并将所做的三级页面另存到新的文件夹“sanji”。

② 建立超链接。做好了这几个三级页面后，就可以与对应的二级页面一一进行超链接。

9. 检查整个网站并准备发布

实战12 企业网站的制作

一、实验内容

设计制作一个企业的网站，并确定建设网站的目标为围绕公司而展开，包括制作公司相关介绍、展示产品、客户交流、产品在线销售等环节的页面。

二、制作步骤

1. 网站的导航结构图

因浏览公司网站的对象一般都是一些客户，故网站的内容可从以下几个方面来划分：公司首页、公司简介、展示产品、客户登录、客户留言、在线订单等，整个站点的导航结构如图9.91所示。

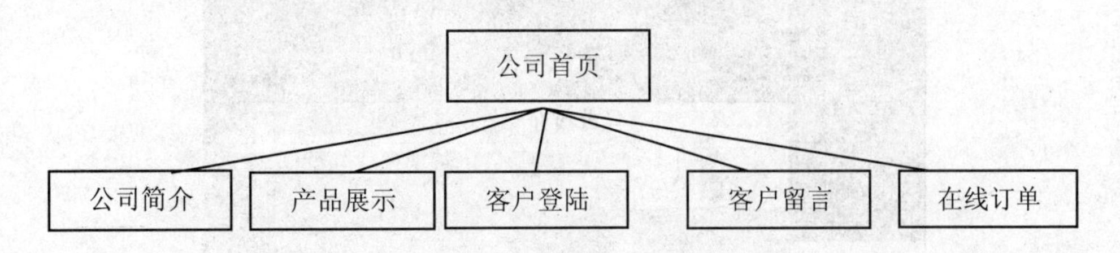

图9.91 企业网站结构图

本企业网站是由“公司首页”、“公司简介”、“产品展示”、“客户登陆”、“客户留言”、“在线订单”等页面组成，二级页面下还有三级页面。如图9.92所示。

2. 确定网站风格

对于企业网站，主要介绍公司的情况及产品，便于客户留言及在线订单，所以整个网站风格可确定为“信息类型”。

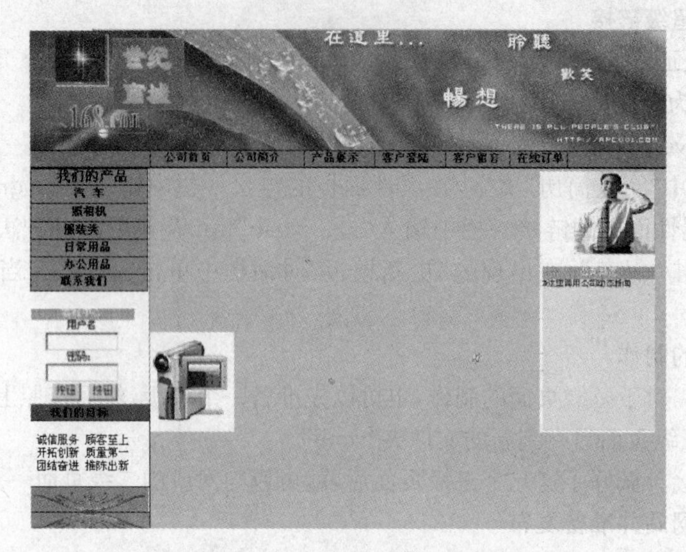

图 9.92　企业网站的模板及主页

3. 新建一个站点

步骤如下：

① 新建一个名为“qywz”的文件夹，保存在用户 D 盘中，即“D:/qywz”。

② 启动 Dreamweaver，选择“站点”→“管理站点”→“新建站点”命令，建立一个企业网站的站点，同时指定好站点的根文件夹。在站点根文件夹指定好之后，就可以根据站点设计方案在根目录中添加一些文件夹，如保存图片的 photos 文件夹、多媒体材料的 musics 文件夹、三级页面的 sanji 文件夹等，搭建起站点的组织结构。

4. 模板制作

该公司的网站效果图如图 9.93、图 9.94、图 9.95 所示。下面先制作一个模板，然后制作其他页面。

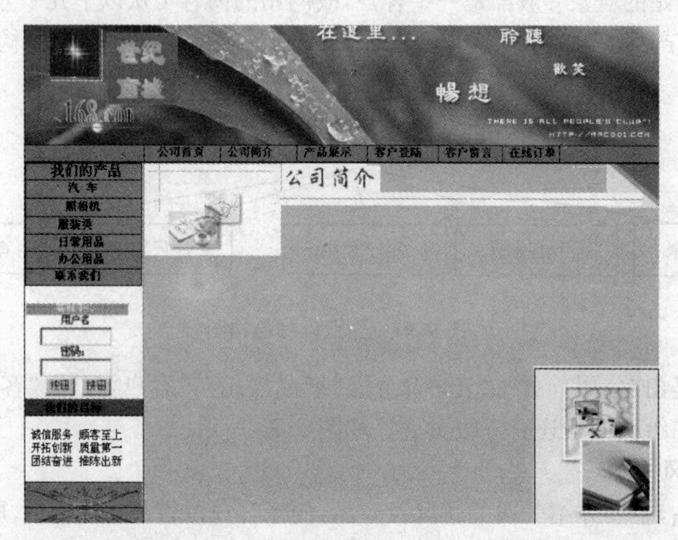

图 9.93　公司简介页面

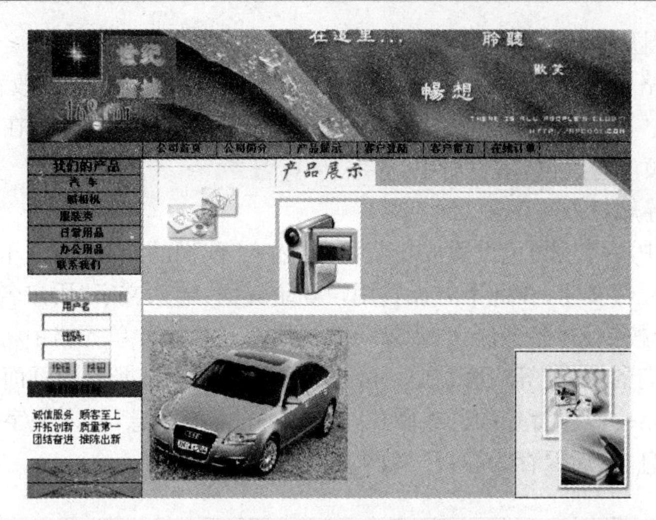

图9.94 产品展示页面

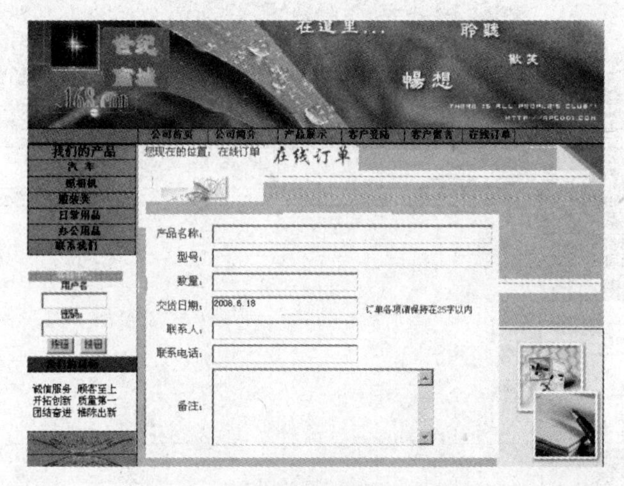

图9.95 企业网站在线订单页面

(1) 公司页面布局

在企业网站站点下新建文件 index. htm,在“布局选项卡”下布局文档,如图 9.96 所示。

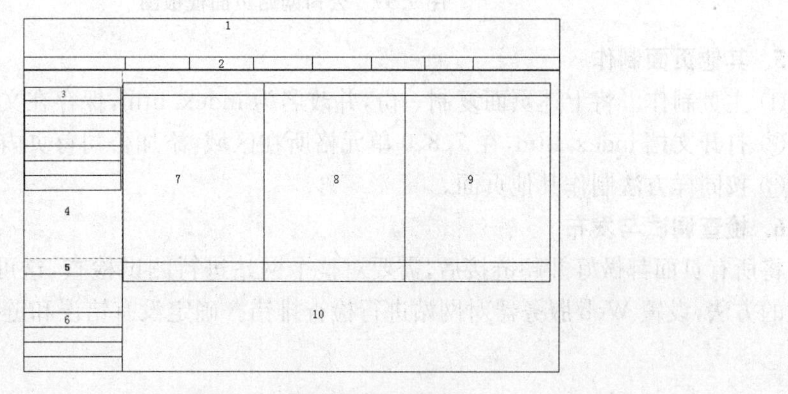

图9.96 公司网站页面布局图

(2) 设置题头图片和导航条

在标注 1 单元格中插入图片“photos/top.jpg”,在标注 2 单元格中修改背景颜色,输入导航条文字“公司首页”、“公司简介”、“产品展示”、“客户登陆”、“在线留言”、“在线订单”,并将此文字大小设置成 14,颜色为黑色,垂直居中。

(3) 设置左侧导航栏

在左侧单元格中将背景颜色设置成粉蓝色,并输入“我们的产品”、“汽车”、“照相机”、“服装类”、“日常用品”等栏目文字;在此下方设置用户登录界面:输入文字“用户名”、“密码”并插入相应文本框,添加两个按钮,并命名值为“登录”和“注册”;在标注 6 单元格中将背景颜色设置成白色,并输入文字“我们的目标”等内容;在标注 7~9 单元格中,根据不同页面的需要进行相应设置;在标注 10 单元格中设置背景颜色或图片,添加公司相关信息,输入文字“公司简介”、“联系我们”,以及版权信息,然后保存为模板。效果如图 9.97 所示。

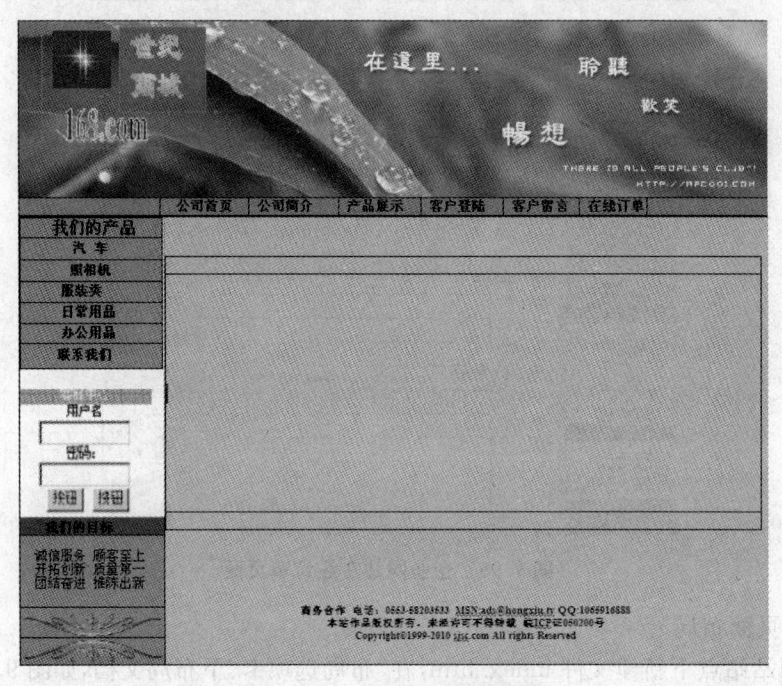

图 9.97 公司网站页面模板图

5. 其他页面制作

① 主页制作。将上述页面复制一份,并改名为 index.htm,保存在文件夹中。

② 打开文档 index.htm,在 7、8、9 单元格所在区域,添加公司首页内容,布局排版后保存。

③ 按同样方法制作其他页面。

6. 检查调试与发布

将所有页面都做好并超链接后,需要对整个网站进行测试检查,这可以按照前面章节中所讲述的方法,设置 Web 服务器对网站进行检查排错。确定没有错误和链接问题后即可发布。

附录　常用的 HTML 标签

标记	类型	译名或意义	作 用
文件标记　主要网页主架构的介绍			
〈html〉	●	文件声明	让浏览器知道这是 HTML 文件
〈head〉	●	开头	提供文件整体资讯
〈title〉	●	标题	定义文件标题，将显示于浏览器顶端
〈body〉	●	本文	设计文件格式及内文所在
文字排版标签			
〈！ ——注解——〉	○	说明标记	为文件加上说明，但不被显示
〈P〉	○	段落标记	为字、画、表格等之间留一空白行
〈br〉	○	换行标记	令字、画、表格等显示于下一行
〈hr〉	○	水平线	插入一条水平线
〈center〉	●	居中	令字、画、表格等显示于中间
〈PRE〉	●	预设格式	令文件按照原始码的排列方式显示
〈div〉	●	区隔标记	设定字、画、表格等的摆放位置
〈nobr〉	●	不折行	令文字不因太长而绕行
〈wbr〉	●	建议折行	预设折行部位
字体标签　设定文字的字体、颜色、行距、变化等			
〈strong〉	●	加重语气	产生字体加粗 Bold 的效果
〈b〉	●	粗体标记	产生字体加粗的效果
〈em〉	●	强调标记	字体出现斜体效果
〈I〉	●	斜体标记	字体出现斜体效果
〈TT〉	●	打字字体	Courier 字体，字母宽度相同
〈u〉	●	加上底线	加上底线
〈h1〉	●	一级标题标记	变粗变大加宽，程度与级数反比
〈h2〉	●	二级标题标记	将字体变粗变大加宽
〈h3〉	●	三级标题标记	将字体变粗变大加宽
〈h4〉	●	四级标题标记	将字体变粗变大加宽

续表

标记	类型	译名或意义	作 用
〈h5〉	●	五级标题标记	将字体变粗变大加宽
〈h6〉	●	六级标题标记	将字体变粗变大加宽
〈font〉	●	字形标记	设定字形、大小、颜色
〈basefont〉	○	基准字形标记	设定所有字形、大小、颜色
〈big〉	●	字体加大	令字体稍为加大
〈small〉	●	字体缩细	令字体稍为缩细
〈strike〉	●	画线删除	为字体加一删除线
〈code〉	●	程式码	字体稍为加宽如〈TT〉
〈kbd〉	●	键盘字	字体稍为加宽，单一空白
〈samp〉	●	范例	字体稍为加宽如〈TT〉
〈var〉	●	变数	斜体效果
〈cite〉	●	传记引述	斜体效果
〈blockquote〉	●	引述文字区块	缩排字体
〈dfn〉	●	述语定义	斜体效果
〈address〉	●	地址标记	斜体效果
〈sub〉	●	上标字	指数
〈sup〉	●	下标字	下标字
清单标签			
〈ol〉	●	顺序清单	清单项目将以数字、字母顺序排列
〈ul〉	●	无序清单	清单项目将以圆点排列
〈li〉	○	清单项目	每一标记标示一项清单项目
〈menu〉	●	选单清单	清单项目将以圆点排列，如〈UL〉
〈dir〉	●	目录清单	清单项目将以圆点排列，如〈UL〉
〈dl〉	●	定义清单	清单分两层出现
〈dt〉	○	定义条目	标示该项定义的标题
〈dd〉	○	定义内容	标示定义内容
表格标签如何在网页中运用表格			
〈table〉	●	表格标记	设定该表格的各项参数
〈caption〉	●	表格标题	做成一打通列以填入表格标题

续表

标记	类型	译名或意义	作 用
〈tr〉	●	表格行	设定该表格的行
〈td〉	●	表格栏	设定该表格的单元
〈th〉	●	表格标头单元	相等于〈TD〉,但其内之字体会变粗
表单标签　如何制作可填写用的表单			
〈form〉	●	表单标记	决定单一表单的运作模式
〈textarea〉	●	文字区块	提供文字方盒以输入较大量文字
〈input〉	○	输入标记	决定输入形式
〈select〉	●	选择标记	建立 pop-up 卷动清单
〈option〉	○	选项	每一标记标示一个选项
图形标签 如何在网页中植入图像			
〈img〉	○	图形标签	用以插入图形及设定图形属性
链接标记 如何设定超链接,以及开视窗的条件			
〈a〉	●	链接标记	加入链接
〈base〉	○	基准标签	可将相对 URL 转绝对及指定链接目标
框架标签 可让同一个视窗由多个网页一起组成			
〈frameset〉	●	框架设定	设定框架
〈frame〉	○	框窗设定	设定框窗
〈iframe〉	○	页内框架	于网页中间插入框架
〈noframes〉	●	不支援框架	设定当浏览器不支援框架时的提示
影像地图			
〈map〉	●	影像地图名称	设定影像地图名称
〈area〉	○	链接区域	设定各链接区域
多媒体标签 让整个网页背景可以设定为图片或是声音			
〈bgsound〉	○	背景声音	背景播放声音或音乐
〈embed〉	○	多媒体	加入声音、音乐或影像
其他标签			
〈marquee〉	●	走动文字	令文字左右走动
〈blink〉	●	闪烁文字	闪烁文字
〈isindex〉	○	页内寻找器	可输入关键字于该页内寻找

续表

标记	类型	译名或意义	作 用
〈meta〉	○	开头定义	让浏览器知道这是 HTML 文件
〈link〉	○	关系定义	定义该文件与其他 URL 的关系
StyleSheet 标签			
〈style〉	●	样式表	控制网页版面
〈span〉	●	自订标记	独立使用或与样式表同用

说明：●表示该标记属成对出现的标记；

○表示该标记属不需成对出现的标记。

参 考 文 献

[1] 唐红亮. ASP动态网页设计应用教程[M]. 北京:电子工业出版社,2009.
[2] 黄爽,郭胜,高平茹. ASP网络程序设计教程[M]. 北京:清华大学出版社,2007.
[3] 聂小燕,鲁才. Dreamweaver CS3完全自学教程[M]. 北京:机械工业出版社,2009.
[4] 史晓燕,苏萍. 网页设计基础[M]. 北京:清华大学出版社,2006.
[5] 熊锡义. Dreamweaver网页制作教程[M]. 北京:清华大学出版社,2007.
[6] 耿国华,索琦,黄新荣. 网页设计与制作[M]. 北京:高等教育出版社,2004.
[7] 刘艳丽. 网页设计与制作实用教程[M]. 北京:高等教育出版社,2003.
[8] 雷运发. 网页设计与制作实用教程[M]. 北京:中国水利水电出版社,2006.
[9] 王传华. 多媒体网页制作技术教程[M]. 北京:清华大学出版社,2003.
[10] 赵丰年. 网页制作教程[M]. 北京:人民邮电出版社,2007.
[11] 刘艳丽. 网页设计与制作实用教程[M]. 北京:高等教育出版社,2003.
[12] 魏善沛. 网页设计创意与编程[M]. 北京:清华大学出版社,2006.
[13] 徐国平,武装. 网页设计与制作教程[M]. 北京:高等教育出版社,2008.